生活中的非洲植物誌

# 利未亞的禮物

AFRICAN
plants

胖胖樹 王瑞閔——著

Contents

或許是非洲離我們太遠了，或許是撒哈拉沙漠太有名了，給我的感覺除非植物名中有非洲的字眼，或是多肉植物之類的以外，似乎不大會想到那些植物是來自非洲。看了胖胖樹的《利未亞的禮物——生活中的非洲植物誌》一書才知誤會大了，原來鳳凰木、西瓜、高粱、蓖麻、葫蘆、茼蒿、麒麟花等很多常見的植物都源自非洲，最崩潰的是書上都說是因戰爭糧食匱乏而灑播的昭和草居然不是來自日本，而是非洲。

無論您是熱愛植物的專業人士，還是初次踏入植物學領域的新手，都能在這書得到有關植物來源、分布、型態、栽培等多方面的啟發與知識。這書是胖胖樹對熱帶雨林植物介紹的最後一本，若能完整看完這一系列的書，就能對全世界的熱帶雨林植物有更完整的認識。

國立自然科學博物館生物學組研究員　王秋美

「植物傳教士」，從胖胖樹的第一本書開始，聽過他演講，就覺得他擔當得起此名號。

胖胖樹是個說故事高手，使我們從植物圖鑑的科屬種亞種等枯燥硬背的知識跳脫出來；更讓搞不清楚方位的地理癡，透過他的著作繞著地球跑，總算有點方位概念。這本把我們很陌生的非洲和當地植物說得趣味滿溢，好多熟悉的植物居然是來自人類起源地！

從流行歌曲、旅遊文學、詩人詞人、戲劇、動畫，童話等，骨子裡要談植物地理學的他就是想盡辦法由淺入深，要讓每位讀者落入植物坑；入坑還要對植物有所了解，以免因誤會而分開，可惜了與植物好不容易建立的緣分。

藉一次次的書寫硬仗，胖胖樹的植物科普功力在這本《利未亞的禮物》，更大幅躍進，簡直是具備身兼「九陰真經」、「降龍十八掌」、「左右互搏術」的郭靖，既情深又武功高強，怎能不被推坑？

上下游副刊總編輯　古碧玲

感謝胖胖樹送給讀者的禮物，我也被這本植物聖經療癒。從北非的尼羅河女兒到東非的獅子王，重新了解非洲的地理與植物，從瓜子到菜豆仔，驚嘆非洲植物就在我們的生活裡⋯，原來，海芋源自非洲式的浪漫！胖胖樹用最接地氣的方式，讓高冷的植物學書籍變得可愛可親，內容引人入勝。植物可以沒有人類，但人類不能沒有植物，而我認為，認識植物不能沒有胖胖樹。

生態節目製作人／主持人　白心儀

「樹頭顧乎在，不怕樹尾做風颱⋯⋯引申有鞏固根本之意」出自胖胖樹「第八章，根的定位」。想瞭解植物，卻畏懼艱澀植物學的朋友，尤其不能錯過本書「給大人的植物學」與「認識及觀察植物的方法」，胖胖樹不藏私分享他數十年與時俱進的植物學自學工具與珍貴實用的學習歷程，書中文字如夏日晚風，不時吹拂並砥礪讀者們，讓我們於世俗喧囂之外，更清楚聽見真正的植物職人，深入文化，暖心而堅定、恆有力量的聲音。

植物繪圖師／北鳥　巫佩璇

年少時，台南有家叫做遠離非洲的咖啡店，日光映照著三毛的撒哈拉，在很熱的夏天點一杯衣索比亞咖啡，伏案寫一首叫做裂瓣朱槿的詩，探看褥夏窗外兀自艷紅的鳳凰花，對我而言便是最貼近非洲的時光。

如今，當胖胖樹開始寫作他擘畫已久的非洲植物之書。如何完成台灣與非洲間的地理拼圖？是鄭和下西洋還是尼羅河女兒？做為台灣植物跨洋身世的揭秘者，除了細緻梳理台灣／非洲的植物文化史，作為系列叢書的末卷，更加入植物學科普知識與個人經驗，讓讀者貼近作者本心。

外來植物已成為台灣資源與文化的重要養分，感謝胖胖樹以植物地理學為台灣的外來植物立傳，推薦讀者們展讀全系列書籍，重新認識跨洋交匯與文化融合的台灣植物。

民族植物學家　董景生

東亞橫斷山的深谷，生長著源自非洲的多種植物：高大的木棉和美麗的蝦子花。它們是科學家眼中，印度碰撞亞洲這場巨變的見證者，也是我眼中非洲植物神奇的緣由。然而，作為岡瓦納古大陸的核心，非洲與全世界的連結其實既幽微且繁複，卻鮮為臺灣人所知。這種遺憾凸顯了《利未亞的禮物》的問世和存在的意義。教科書是為學生編寫，而胖胖樹的書卻是為所有臺灣人所創作。透過本書，你將發現非洲植物與我們生活的交織，原來如此生動而真實。

臺大森林系博士、《橫斷臺灣》作者

游旨价

◎ ◎ ◎

非洲是人類祖先的原鄉，可是對我們來說，在心理上似乎比其他大陸更遙遠和陌生。讀了胖胖樹這本臺灣熱帶植物五部曲的非洲篇，才豁然開朗地發覺，原來各種各樣源自非洲的花草樹木，早就生活在我們周遭，有些甚至已是我們老祖宗自古就很熟悉的——彷彿它們就原生於歐亞大陸。另外，胖胖樹也在這本好書中，探討了植物學林林總總的實用知識，讓我們一起長出綠手指成為植物達人吧！

國立清華大學生命科學系副教授

黃貞祥

《利未亞的禮物——生活中的非洲植物誌：給大人的植物學，來自非洲大陸的植物學啟蒙》，是胖胖樹王瑞閔書寫世界熱帶雨林的最後一塊拼圖，帶給我無限驚奇。

走訪胖胖樹的雨林植物園，再讀這本新書，我才知道，原來台灣與非洲如此親近：金門的高粱、火熱的鳳凰木、阿拉比卡咖啡豆、陽明山海芋，竟然都來自非洲。

台灣不止是移民之島，更是世界雨林植物匯聚之地，胖胖樹把雨林植物介紹給讀者，啟發讀者五感體驗，在日常生活享受植物的美好與療癒。

獨立評論＠天下頻道總監　廖雲章

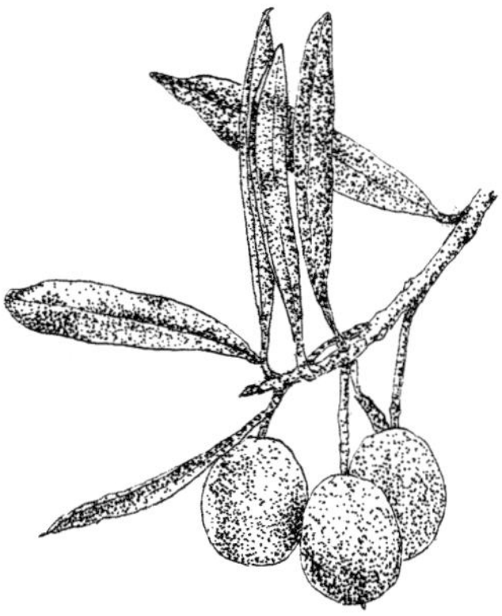

作者序

# 來自利未亞的禮物——我被植物療癒的一生

胖胖樹的熱帶植物誌系列終於要繞地球一周了。這本書就如同大家所推測，將是台灣與非洲的連結。這一次，藉由我最熟悉的植物學，還有我學習植物的歷程，分區介紹台灣生活中常見的非洲植物。

在《被遺忘的拉美》寫作過程中，許多原本已經很久不再想起的幼年記憶，突然湧上心頭。我一方面盤點當中與拉丁美洲植物相關的記憶，完成第四本著作；一方面，還有一些關於非洲植物的零散記憶也縈繞心頭，一直想找個主題將它們集結成冊。

於是，當上一本書完成後，開始陸續整理非洲植物名單，並寫寫個別植物。可是每當有人問我下一本書要寫什麼，除了大方向「非洲」，對於細節卻沒有想法，不知道該以什麼樣的主題連結這些來自非洲大陸的植物。

一年多以來，多位朋友給予寶貴的建議，建議我先不要管非洲了，可以寫自己的夢想，建議我寫有趣的植物學，建議我寫有趣的樹木學，或是找其他人合作開闢新的主題……越多人期待壓力越大，越寫不出來。一直想一直想，終日苦思未果，後來決定妥協，暫時擱下非洲吧！

正巧植物孩子們又到了搬家之際，二〇二二年前三季心思幾乎都放在找地，好不容易找到合適的地點，又得擔心新家需要的各項設施與搬遷費用。待植物孩子們終於在新家落腳，開始日復一日整理植物，逐一盤點、換盆；除了下雨天與日正當中，多數時間都在田裡工作，破曉即起，或是弄到帶月荷鋤歸。

整理植物這段時間，在肯園創辦人溫佑君老師、上下游副刊古碧玲總編輯，還有麥浩斯張淑貞社長鼓勵下，完成了《我有一個夢想，為台灣留下一座熱帶雨林植物園》一書書稿，除了將夢想中的植物園畫下來，更進一步將夢想實際內容講清楚，說明白。

整理植物的半年多時間裡，雖然身體疲累，心裡卻十分快樂且滿足。回想起至今的人生，每一次遇到挫折，植物總是能夠帶給我許多啟發；因為擁有一個植物園的夢想，以及對植物的興趣與熱忱，人生不會沒有方向感。特別是這些年透過寫作、演講，一次又一次整理植物帶給我的感動，除了更加認識自己，也療癒了自己因為嘗試錯誤，跌跌撞撞所造成的傷。人生中很多的遺憾與不滿，都因為植物而能夠放下。

然而，非洲卻還一直懸在心裡，無法割捨，總覺得沒有完成會是一生的遺憾。我想，人生就是如此吧！念念不忘必有迴響。老天爺彷彿聽到我心中的期盼，突然有一天靈光一閃，何不將非洲植物與我學習植物的歷程連結呢？從田裡返家後，快速地完成本書的大綱。

擬定大綱過程，想起上幼稚園之前，今生第一次跟母親說要購買的植物香龍血樹便是來自非洲；想起孩提時家中從事瓜子的生產與銷售，原料西瓜子來自非洲；中學時，仔細觀察並認識其他具有二回羽狀的豆科植物基礎鳳凰木，來自非洲；曾經無比喜愛卻怎麼也栽培不好的多肉植物石頭玉來自非洲；大學時也著迷過一陣子，但是梅雨季節幾乎全軍覆沒的許多種地中海芳香植物，故鄉也包含了非洲……離開亞馬遜前薩滿對我說的話彷彿又在耳邊迴盪：「不要侷限在雨林之中，打開你的心，它會帶你到更寬廣的世界。」

這些年來，因為寫作獲得許多讀者的反饋，陸續發現大家認識與學習植物上的障礙。不禁想起了那個曾經認識植物不多，不斷貪婪地從書籍裡吸取知識養分的自己；想起了曾經花很多時間找尋植物卻處處碰壁的自己；想起了挖草回家種卻一次又一次失敗的自己。寫作第一本書前，曾聽一位老師說過：「植物圖鑑彷彿是以看得懂的文字寫作的天書。」那時候我期許自己，千萬不要讓第一本書變成了天書，要以說故事的方式，讓人人都願意來接觸植物、認識植物。

「莫忘初衷」！提醒自己寫作是為了讓更多人喜歡植物，進而願意了解植物，不是嗎？既然如此，下一本，何不跟大家分享自己是如何進入浩瀚的植物學領域，且不斷學習？突然間，豁然開朗。原來，非洲不在物外，而是一直在我的心裡，一直都在我學習植物的歷程之中。

第一本書《看不見的雨林——福爾摩沙雨林植物誌》從生活中的熱帶雨林植物，以及雨林生態為始。第二本書《舌尖上的東協——東南亞美食與蔬果植物誌》透過美食連結東南亞，拉近大家與東南亞的距離。第三本書找到台灣與南亞最緊密的連結是佛教，因而特別以《悉達多的花園——佛系熱帶植物誌》為名。當踏上拉丁美洲，我看見許多故鄉熟悉的植物，喚醒了童年記憶，於是有了《被遺忘的拉美——福爾摩沙懷舊植物誌》。

胖胖樹熱帶植物誌系列的最後一塊拼圖《利未亞的禮物——生活中的非洲植物誌》，將非洲串聯這些年來熱門的「自學」，不只是如同前面四本，藉由生活中的植物典故引起大家的興趣，並期望能夠進一步介紹植物學，讓有心更加了解植物學的人有一個學習方向與系統。

「利未亞」是明清時期華人認識世界的教科書《職方外紀》中對非洲的稱呼，而「禮物」指的是植物。植物來到我的生命之中，帶給我諸多的美好，彷彿是上天給予最棒的禮物，希望有更多人可以獲得這份禮物。「生活中的非洲植物誌」、「給大人的植物學」，則代表企圖藉由生活中大家熟悉的非洲植物，分享如何認識植物、學習植物學。希望讓所有非植物相關科系畢業，但這些年因為疫情而開始接觸植物的大人們，或是出社會後才意外踏入植物相關產業的工作者，有一個自學植物學的方向與系統。

依舊如先前的每一本著作分成兩部。第一部，藉由熟悉的電影或書籍，分區介紹非洲以及各區特色與植物；第二部則分享個人從小是如何接觸、觀察、栽培植物，最後進入大學殿堂，讓植物成為自己的專業。希望這些經驗能對所有喜歡植物，想要進一步學習的讀者有所助益。當然，這本書不是死板板的教科書，依舊是以說故事的方式，循序漸進讓大家了解植物學中的各大分支，包含植物形態、分類、生理、生態、植物地理與民族植物學各層面，究竟這些是什麼，又該如何深入。

在苦思這本書的主題時，同時想過各式各樣的書名，例如被擁抱的非洲，無框架的非洲。因為不清楚要跟什麼主題連結，連帶的書名也莫衷一是，沒有一個滿意的結果。但說也奇怪，就在我想到將非洲植物和自學及植物學連結時，突然想起了《職方外紀》中的「利未亞」。書名《利未亞的禮物》便與大綱同時在腦海中形成，就跟前面幾本一樣的結構。不過第二本《舌尖上的東協》與第四本《被遺忘的拉美》，書名中主角在後；而本系列第五本《利未亞的禮物》則跟第三本《悉達多的花園》一樣，主角在前。完美地呼應了我龜毛人想要的對稱感。

感謝王秋美博士、古碧玲總編輯、白心儀製作人、巫佩璇老師、游旨价博士、黃貞祥老師、董景生博士、廖雲章總監的鼓勵與推薦。感謝王秋美博士、李文瑗小姐、陳志雄先生、陳煥森老師、潘慧蘭老師、蔡惠霙小姐、春及殿殿主 Alvin Tam，以及我的摯友思驊和經紀人瑋湞提供珍貴的照片。感謝淑貞社長再次給瑞閔機會，完成這本書。感謝總編輯貝羚在編輯過程提供許多寶貴建議，並且替我打理書籍的一切。感謝Bianco再次操刀設計這本書，抓住我想要的非洲感。感謝雅云協助排版，處理我編排上的需求。

感謝我的母親跟家人，總是在背後支持我。

這些年因為書籍受訪，曾經不止一次有人問我：「寫作帶給我最大的收穫是什麼？」我想藉由這本書回答大家，寫作帶給我最大的收穫是「認識自己」。

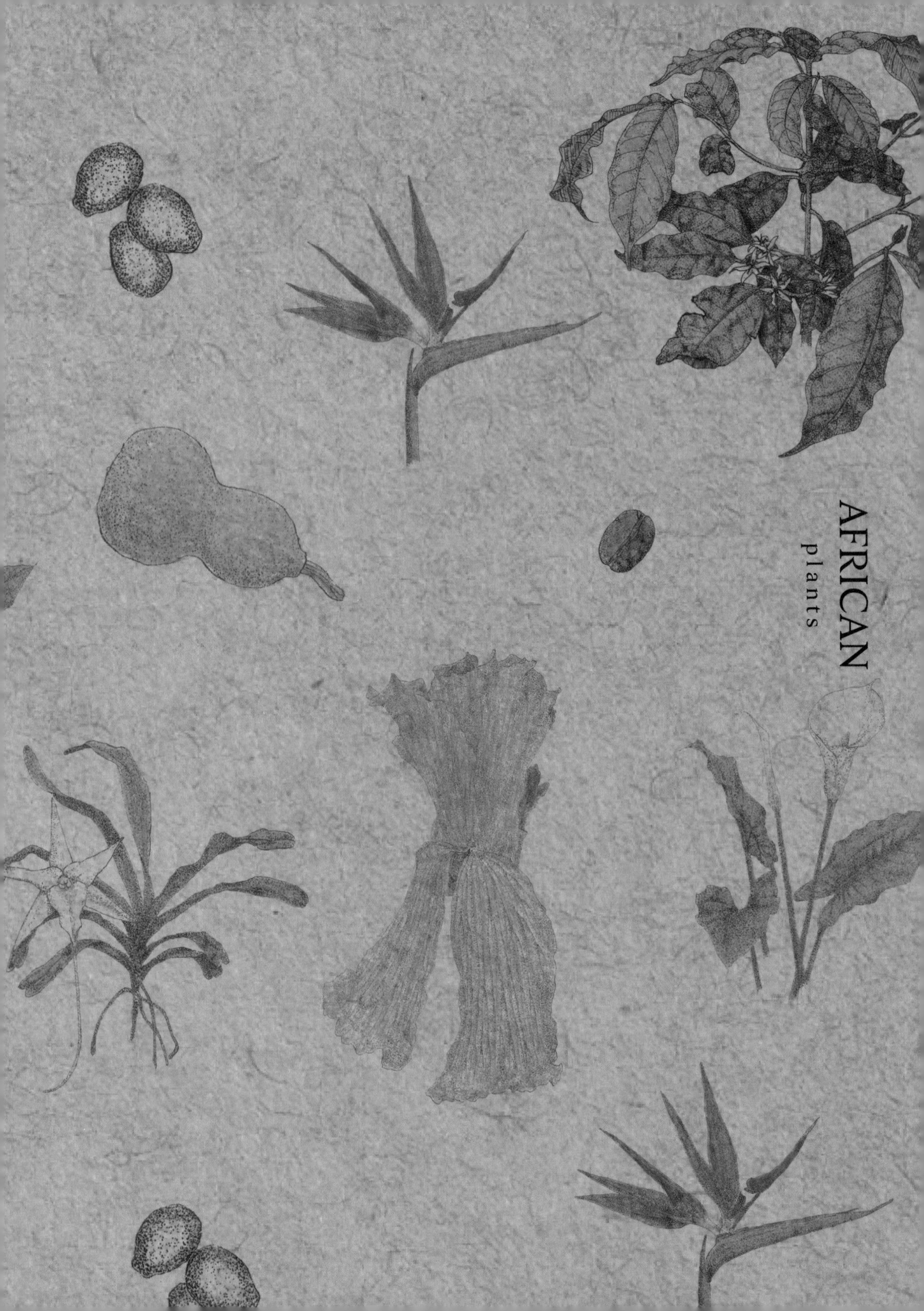
AFRICAN
plants

# 第一部

## 從熟悉的電影或書籍
## 認識生活中的非洲植物

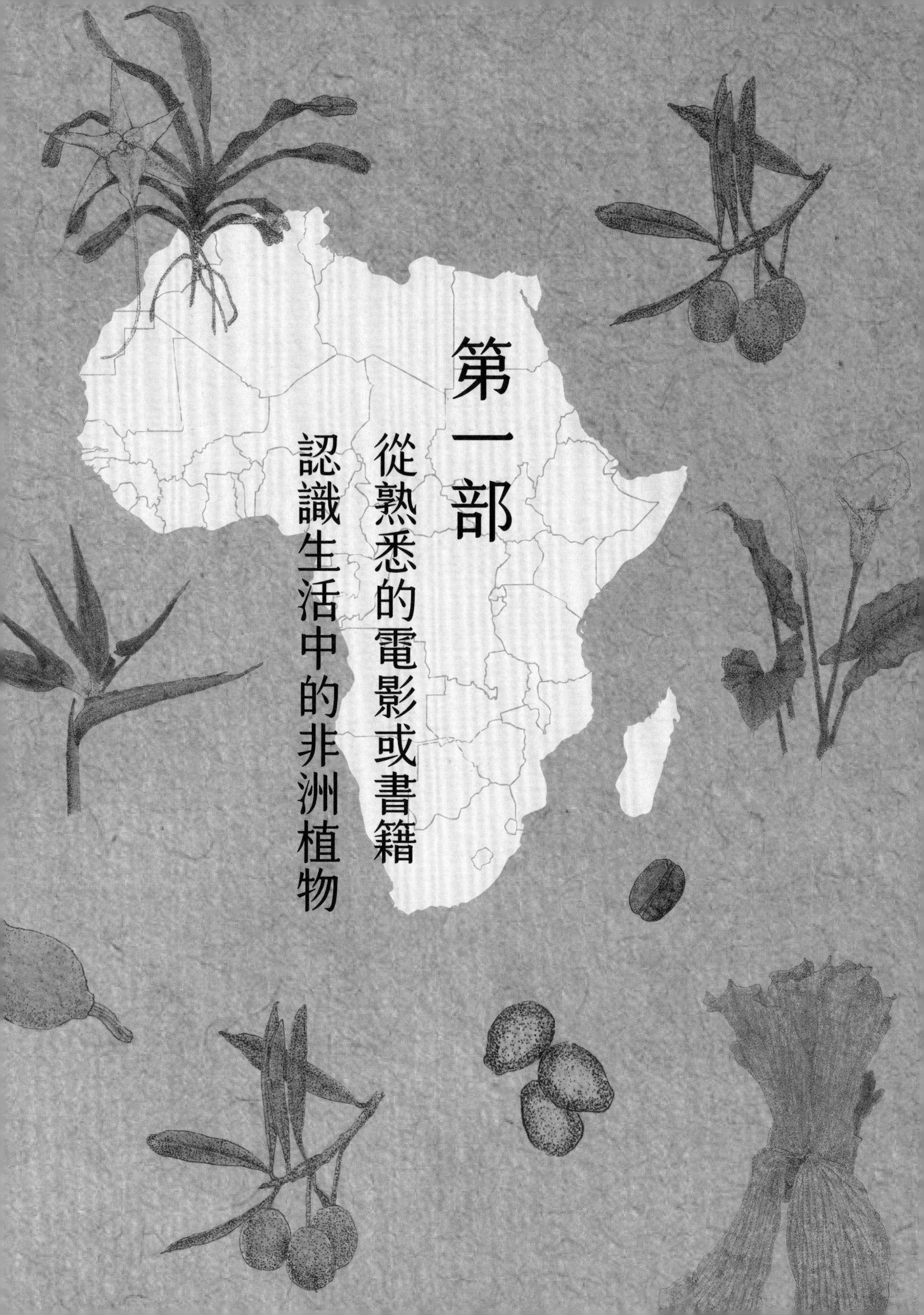

Ch—01

# 從鄭和下西洋到飢餓三十——認識非洲的歷史文化與植物

Photo by Texco Kwok / unsplash

說到非洲，大家會想到什麼呢？黑暗大陸、黑人、飢荒、落後，乃至於戰亂？各種可怕疾病的源頭，如黃熱病、愛滋病、伊波拉出血熱、非洲人類錐蟲病[1]？又或者是人類的起源地，大草原上的動物大遷徙，充滿了生命力？

非洲是面積與人口都僅次於亞洲的第二大洲，約有十四億人；涵蓋周邊島嶼，面積達三千零三十萬平方公里，約佔陸域面積五分之一。此外，因為特殊的歷史，非洲成為國家數最多的大洲，有五十四個獨立國家，以及兩個實質上獨立卻不被承認的國家。

赤道剛好切過非洲中部，巧妙地讓非洲的氣候與生態約略呈現南北對稱。絕大多數區域都位於熱帶，加上世界最大的撒哈拉沙漠，讓非洲炎熱的意象深植人心。

概略來說，赤道兩側最潮濕，越往外圈雨量越少，樹木也越來越少，到最後連草原都消失，只剩下沙漠。赤道通過非洲幾內亞灣，幾內亞灣沿岸往內陸二至四百公里，是終年潮濕、樹木高大的熱帶雨林。雨林往外第一圈是乾季明顯的熱帶季風林，類似台灣西南部的環境。再往外是疏林，然後漸漸過渡成大家熟悉的非洲地貌——充滿各種大型野生動物的稀樹草原。出了南北回歸線，南北各有一個大沙漠。最後，南北兩端點則各有一塊夏乾冬雨的地中海型氣候，充滿了奇特的植物。

在我午夜夢迴時，心所嚮往的非洲，是金字塔與人面獅身像所在的埃及與尼羅河三角洲；是達·伽馬率領艦隊抵達亞洲必經的好望角。還有維多利亞湖、坦干依喀湖、馬

1 俗稱昏睡病或嗜睡病

拉威湖中絢爛斑斕的慈鯛；大象、犀牛、斑馬、長頸鹿、河馬、牛羚羊、非洲水牛、疣豬、獅子、獵豹、鬣狗恣意奔馳的大草原。當然，那裡的森林也是黑猩猩、大猩猩的家。還有馬達加斯加島的猴麵包樹大道，以及形形色色的狐猴與變色龍。我想都是喜歡自然生態、喜歡動植物的人們夢想的境地。

非洲，是人類文明的起源。人類與猿類的中間型南方古猿，化石主要都在南非與東非出土。其中，最著名的阿法南方古猿化石名為露西，更成為法國導演盧·貝松知名科幻電影《露西》片名的靈感來源。而後，真正人科人屬的巧人在地球上出現，發現化石的地點依舊位於今日東非。到了舊石器時代，能夠站立並製作簡單石器的直立人，則已經從非洲逐漸走向世界。

尼羅河下游孕育了埃及古文明。考古學家發現，早在五千多年前，尼羅河谷就有人類部落。約莫西元前三千一百年前，古埃及建立史上第一個王朝，西元前二七〇〇年進入金字塔時代。

雖然古埃及被波斯消滅，後來又被亞歷山大統治，消逝在文明的舞台。但是，今日埃及的金字塔、人面獅身像，還有諸多神殿，都是人類重要的文化遺址，更成為近代知名的旅遊景點。

北非以外，西非、中非、東非、南非，面積遼闊且物產豐富的非洲大陸，也在往後的歷史中，陸續建立了貝南帝國、迦納帝國、桑海帝國、剛果王國、阿比西尼亞帝國、祖魯王國……

不幸的是，十五世紀地理大發現時代開始，葡萄牙、西班牙等歐洲國家，開始自中非、西非等區域綁架當地黑人，將非洲的黑人大量送到美洲從事廉價的勞力工作。一直到十八世紀工業革命後，不再需要大量人力，此時，美國、英國、丹麥開始立法禁止奴隸貿易，而後，其他歐洲國家陸續跟進。到了十九世紀，有一部分歐美人士開始主張廢除奴隸制度，美國還曾於一八二〇年將黑人遣返回西非賴比瑞亞。

這些都是非洲歷史上無法抹滅的傷痛。不過，對於非洲而言，不幸的事情卻不只於此。

因為只有一海之隔，歐洲自古就知道非洲的存在，曾經橫跨歐亞非三洲的六個帝國之中，也有三個是源自歐洲。不過，歐洲國家一開始似乎對非洲內陸並不感興趣。地理大發現後，殖民主義國家的目標先是新世界，而後轉向當初刺激發現新大陸的東南亞。

此時對於歐洲殖民主義國家而言，非洲不過就是航向東方的「中繼站」罷了。被皺稱為「最後大陸」或「黑暗大陸」的非洲，只有沿海地區被殖民，殖民面積比例很低。

不幸的是一八七〇年代發現了鑽石與黃金的礦藏，又引來歐洲國家的覬覦。一八八四年由葡萄牙倡導，德國首相出面邀請，十多個國家參與了一場柏林會議後達成協議，次年開始瓜分非洲。至一九一四年，非洲幾乎全部土地都被西方國家掌控，只剩下阿比西尼亞[2]與賴比瑞亞兩個國家未受殖民。直到二次世界大戰結束後，因為歐洲各

2 即今日的衣索比亞

國經濟衰退，沒有能力再維繫這些殖民地，非洲各國才逐漸走向獨立。

時至今日，非洲許多國家仍因為這些礦藏，連年處於內戰的狀態，導致民不聊生。而非洲的黑人，即使有許多人在運動、歌唱領域備受矚目，也出現過許多世界知名的明星，但是歧視的眼光依舊無法完全消除。

非洲對東亞而言，無論是實際距離，或是心理距離，皆是遙遠的存在。

提到東亞古代對非洲的記載，多數人第一時間會想到的應該都是鄭和下西洋曾抵達東非，並帶回當時視作麒麟的長頸鹿。但事實上，東亞對非洲的認識還要更早。至少可以往前推到唐代。

以八世紀中葉為背景的古裝劇《長安十二時辰》當中，崑崙奴葛老由黑人演員所飾演並非無中生有。雖然長安與非洲距離遙遠，但是當時善於航海的阿拉伯帝國，不僅與大唐有往來，也與非洲大陸通商。所以當時出現在長安的阿拉伯人或波斯人，帶著非洲裔一同出現倒也合情合理。

《看不見的雨林》中曾提到一位唐代的神奇人物段成式，他的筆記小說《酉陽雜俎》包羅萬象，大大開啟我的眼界。這本書多半被當成志怪小說，或是唐代中西方交流的紀錄，但是書中也提到不少植物，尤其吸引我。此外，第四卷中〈異境〉篇所描述的諸多國家，根據近代學者研究，一部分位於今日東非索馬利蘭至坦尚尼亞一帶。但很可惜〈異境〉篇中，非洲國家的描述沒有關於植物的紀錄，連動物也寥寥可數，非洲的印象並不鮮明。

段成式本人並沒有去過非洲，卻在著作中特別介紹非洲國家，可見當時這位大唐的博物學家已經知道阿拉伯帝國再往西南有其他熱帶國家的存在。不過，成書於九世紀的《酉陽雜俎》並不是唐代最早有關於非洲紀錄的書籍。再早半個世紀，大唐不僅有人介紹非洲，甚至去過非洲。

《看不見的雨林》書中也多次引用的書籍《通典》，成書於八〇一年，是當時宰相杜佑花了三十多年時間所編撰。這本書在邊防章節中，數次引用了杜佑族姪杜環已散佚的著作《經行記》，才讓這本書有機會留下隻字片語，後世也才得以窺見文獻中，東亞第一位抵達非洲大陸之人所留下的紀錄。

七五一年，大唐帝國與阿拉伯帝國爆發怛羅斯戰役，戰敗生還的杜環被俘虜，後來甚至被編入阿拉伯軍隊中服役，因此有機會被派駐到各地。直到七六一年，杜環才終於搭船回到廣東。他將當時曾經抵達的地方一一記錄下來，今日學者研究，包含中亞、西亞、非洲與南亞。其中，離西亞最遠，要渡海才能抵達，「其人黑」又「無草木」的摩鄰國，很容易聯想到非洲的撒哈拉沙漠。

接下來再看看《舌尖上的東協》書中曾介紹過的幾本記錄東亞古代與海外貿易的書籍，仔細查閱也不難找到關於非洲的描述。

依成書年代先後介紹。首先來看廣西桂林地方官周去非的筆記書《嶺外代答》吧！這本書成書時間在十二世紀南宋淳熙年間[3]，書中提到「崑崙層期國」，當地「土產大象牙、犀角。又海島多野人，身如黑漆，拳髮。」從象牙、犀牛角還不能確定地點，畢竟亞洲也有犀牛與大象。但是當地人身如黑漆、拳髮，以上文字來推斷，應該是非洲大陸。學者研究，可能是在東非沿海一帶。

而一二二五年成書的《諸蕃志》也是必讀的經典。這本書是泉州海關的管理人[4]趙汝適訪問國際商人所見所聞的紀錄。書上所記錄的非洲國家又比《嶺外代答》還要多，除了東非，比較明確的地點還有埃及，西北非摩洛哥一帶，甚至可能有更遙遠的西非。當中記載的非洲物產、動植物不少，像是大家熟悉的駝鳥、長頸鹿、斑馬，皆名列其中。

時至元代，造船與航海技術越來越好。無法想像的話，請回憶一下《倚天屠龍記》，不論是金毛獅王綁架了張無忌父母到冰火島，或是張無忌長大後出海尋找義父金毛獅王，便可以理解元代海運已經十分發達。當時最著名的航海家汪大淵兩次遠渡重洋，在外旅行時間長達八年，並且於一三四九年完成《島夷志略》[5]一書，記錄旅行的所見所聞。雖然部分地點尚有爭議，但是學者一般相信汪大淵最遠曾抵達非洲大陸。

至於，十五世紀鄭和下西洋的相關紀錄，一般都是從翻譯官馬歡的著作《瀛涯勝覽》[6]、鞏珍《西洋番國志》[7]，以及費信《星槎勝覽》[8]等書，了解當時的情況。不過，很特殊的是，最為人稱讚記錄詳實的馬歡卻跳過了非洲，僅《星槎勝覽》有提到幾個位於東非的地點。相比之前的時代，卻沒有介紹更多當地的動植物，難免令人失落。

到了十六世紀末，那位將帶來世界地圖的傳奇人物，來自義大利的宣教士利瑪竇終於踏上大明王朝的領土。又經過數年奔走，終於見到萬曆皇帝，並且完成了號稱中國古代第一幅世界地圖的《坤輿萬國全圖》。至此，東亞終於知道「世界」真正的樣貌，也終於知道非洲在何處。

只有圖還不夠，還需要更多的介紹。於是，一六二三年，另一位義大利宣教士艾儒略和楊廷筠合力編著並出版了世界地圖圖集《萬國全圖》，以及介紹世界各國風土民情的書籍《職方外紀》。這本奇書一共五冊，分別為亞細亞（亞洲）總說、歐羅巴（歐洲）總說、利未亞（非洲）總說、亞墨利加（美洲）總說。

相比過去所有文獻，《職方外紀》的描述更加全面且具體。包含世界全貌、非洲的經緯度、當地的風土民情，皆有記載。自此以後，隨著東西方交流日益頻繁，東亞文人對非洲，乃至於世界的理解便越來越清晰。

十九世紀，面向世界的思潮興起，對非洲的介紹，終於跳脫過往，走向世界史與世界地理的格局。中國的文化界開始關心全球與國際，特別是清末開辦報刊雜誌後，還可以看到當時列強瓜分非洲、禁奴、販奴的相關報導。例如一九〇二年，梁啟超於當時《新民叢報》發表的文章〈亞洲地理大勢論〉，也特別寫到「萬里不毛之沙漠，橫亘其中央，炎熱瘴癘，而利用極難」的非洲，正遭逢歐洲如火焰及潮水般洶湧的瓜分之勢。

**3** 西元 1174 至 1189 年。｜ **4** 正式官名為泉州市舶司提舉。｜ **5**《島夷志略》原稱《島夷志》，一開始是清源縣（今泉州）縣誌《清源續志》的附錄。後來汪大淵將之獨立出來，於故鄉江西南昌刻印單行本。｜ **6** 馬歡精通阿拉伯語及波斯語，隨鄭和三次下西洋，1451 年完成《瀛涯勝覽》。｜ **7** 明朝鞏珍於 1434 年完成，記錄鄭和下西洋時二十國風土。｜ **8** 明朝費信四次隨鄭和下西洋，於 1436 年完成《星槎勝覽》，又名《大西洋記》，共兩卷，記錄鄭和下西洋時四十四國風土我們這個世代除了歷史、地理課本當中的介紹，還知道非洲探險之父李文斯頓、非洲行醫三十五年的史懷哲醫生、投入半生去研究黑猩猩行為的英國生物學家珍·古德爵士。還有那些我們成長過程中接觸過的漫畫、動畫、電影，如《尼羅河的女兒》、《獅子王》，或是經典喜劇電影《上帝也瘋狂》，一層又一層形塑我們對非洲的認識。

還記得小時候，一九八〇年代，東非，特別是衣索比亞發生嚴重饑荒。一九九〇年，台灣世界展望會也發起了「飢餓三十」活動，援助非洲。那時候由國際巨星麥可·傑克森譜寫，數十位美國明星共同演唱，聲援非洲的歌曲《四海一家》[9]，至今都還朗朗上口：

「We are the world

We are the children

We are the ones who make a brighter day, so let's start giving」

這一切，或許你曾經歷過，或許不太熟悉。都是關於非洲的一部分。

但是我相信，比起前面這些，大家對於「非洲植物」更加陌生吧！如果曾經看過我先前的著作，你或許可以講出來自東南亞、南亞，乃至於拉丁美洲的植物。那非洲呢？我們生活中究竟有哪些植物來自非洲？

相較於鄰近的東南亞、南亞，甚至離我們十分遙遠的拉丁美洲，台灣可以找到的非洲植物數量確實稍微比較少。但是，在《看不見的雨林》中曾介紹過的咖啡、油椰子、可樂樹、哈倫加那；還有，既是《舌尖上的東協》中，東南亞料理酸味的來源，也是《悉達多的花園》中，玄奘西行見過的庵弭羅，羅望子的故鄉實際上就在馬達加斯加。

還有很多非洲植物，早已融入在我們的生活之中。無論是每個人都熟悉的畢業象徵鳳凰木、花藝常用到的天堂鳥、海芋及輪傘莎草、近年來特別流行的觀葉植物或多肉植物當中部分種類——琴葉榕、虎尾蘭、非洲面具……台灣花卉市場銷售量高居二、三名的金錢樹與開運竹[10]，甚至是餐桌上大家夏天最愛的西瓜、可以當容器的葫蘆、顏色鮮豔且酸味與香氣具足的洛神花、金門特產高粱，以及台灣普遍食用的菜豆仔、哈密瓜、洋香瓜，通通都是非洲原生植物。

另外，還有一些分布於地中海沿岸，一提到，大家很容易聯想到希臘羅馬神話的香草，如迷迭香、茴香，千萬別忘了，它們也自然分布於非洲啊！

更特別的是，台灣有一些原生植物，同時也是非洲的原生植物。它們神通廣大，無視地理阻隔，分布從非洲，一路經過南亞、東南亞到大洋洲。

非洲，也許在每個人心裡有不同的想像，無論如何，都希望大家可以打開這本書，看看生活中究竟有哪些源自非洲的植物，透過這些一直在你我身邊的植物，從不同的角度認識非洲，了解非洲與台灣之間的千絲萬縷。

---

**9** 英文：We Are the World，又譯為天下一家
**10** 第一名是蘭花

Ch—02

# 在撒哈拉沙漠遇見《小王子》與《尼羅河的女兒》——北非

Photo by Heather Shevlin/ unsplash

如果要選一本與非洲有關的世界名著，我想聖修伯里的《小王子》應該可以名列前茅吧！在撒哈拉沙漠墜機的飛行員，遇到來自 B612 外星球的小王子，聽小王子娓娓道出一路上遇到玫瑰、狐狸、國王、酒鬼等人的故事，感動全世界數億讀者。而聖修伯里手繪的插畫，也深入人心，甚至建構了許多人對北非與撒哈拉沙漠的印象。

另外，日本的少女漫畫《王家的紋章》，早期沒有正式取得授權的時候被譯做《尼羅河的女兒》，曾經風靡一時。從一九七六年首次連載，經歷四十六年尚未完結。當中熟悉古埃及歷史的女主角凱羅爾·利多，因為父親出資挖掘金字塔而遭到詛咒，穿越到古埃及成為「尼羅河的女兒」，並且與法老王曼菲士相戀的故事，相信也是許多人一生一定要去一次埃及旅遊的原因。

當然，與古埃及文明為題材的創作不勝枚舉，像是史蒂芬·史匹柏導演的《法櫃奇兵》[1]、又好笑又刺激的《神鬼傳奇》[2]系列，相信大家都耳熟能詳。而許多電影或電視劇中曾出現法老王、木乃伊等元素，也足以證明神秘的古埃及對一般大眾具有相當大的吸引力。

然而，以二次世界大戰為背景的經典愛情電影《北非諜影》[3]中糾葛的三角戀情，還有柏帝·希金斯看完電影後，一九八二年所創作的情歌《卡薩布蘭卡》[4]，仍舊在埃

1 英文：Raiders of the Lost Ark。| 2 英文：The Mummy
3 英文：Casablanca。| 4 英文：Casablanca

及之外，創造了另一種截然不同的北非式浪漫。特別是二〇二二年世界盃足球賽，摩洛哥成為史上首支挺進四強賽的非洲球隊，更是令人印象深刻。

北非，在許多人的印象中，幾乎快與埃及和撒哈拉沙漠畫上等號。這是因為一般認定，撒哈拉沙漠以北的區域即為北非。

撒哈拉沙漠西起大西洋，東至紅海，不僅是世界上最大的沙漠，也是北非的主要地景。除此之外，北非西北方、東北西南走向的阿特拉斯山脈，阻隔了沙漠與地中海，北面山麓較為潮濕，氣候上是與南歐相同，夏乾冬雨的地中海型氣候。

若以國家來劃分，北非的範圍並沒有嚴格的定義，但是一般認定的北非國家，西起摩洛哥，往東經阿爾及利亞、突尼西亞、利比亞、埃及，與埃及南方的蘇丹。另外還有主權有爭議，過去曾被西班牙佔領的西撒哈拉，即過去作家三毛筆下描寫的西屬撒哈拉。

在古代，北非地中海沿岸平原與阿特拉斯山脈這的區塊被稱為馬格里布[5]，阿拉伯語的意思是西方，引申為日落之地。唯有學者認為，《諸蕃志》當中所述的默伽獵即為馬格里布。二十世紀之後，馬格里布則指埃及與蘇丹之外的其他北非國家和地區，主要民族被稱馬格里布人或柏柏人。而位於尼羅河谷的埃及與蘇丹，則是埃及人與努比亞人的家園。

因為地理位置相近，歷史上，北非的發展一直與歐洲和西亞有密切關連。北非除了東部廣為人知的古埃及文明，發源於今日西亞黎巴嫩的腓尼基人也曾在兩千多年前，於今日北非突尼西亞建立迦太基等城市。直到羅馬帝國強大後，將北非臨地中海區域納入版圖。

西元七世紀，阿拉伯帝國向外擴張，征服了北非。十五世紀崛起的鄂圖曼帝國又逐漸取代了阿拉伯在北非的地位。十九世紀末，法國、英國、西班牙、義大利陸續殖民北非，法國掌握阿爾及利亞、突尼西亞與摩洛哥南部，英國控制埃及與蘇丹，與西班牙隔地中海相望的摩洛哥北部，在西撒哈拉之後成為西班牙殖民地，義大利南方的利比亞，控制權則從土耳其轉移到義大利。直到二次世界大戰結束後，各國才相繼獨立。

即使有地表上最大的熱帶沙漠，北非並非一片荒蕪，仍有不少的動植物。其中，具有一對大耳朵的小型狐狸耳廓狐，在許多動漫或電影中都曾出現，相信大家都不陌生；《動物方城市》當中的角色飛仔，就是耳廓狐。而《小王子》的狐狸，雖然從文字描述無法確定種類，但或許因為飛行員墜機的地點是撒哈拉，許多插畫家經常以耳廓狐的形象進行創作。

沙漠中有綠洲、河谷，植物種類也相當豐富，仍有不少適應乾燥氣候的植物。其中，來自於尼羅河谷的西瓜，原本是非洲度過旱季的儲水植物，現在幾乎已成為全世界喜愛的水果。

5 英文：Maghreb；阿拉伯文：المغرب，轉寫 al-Maghrib

另外，臨地中海沿岸，與歐洲同屬地中海氣候，因此有不少植物除了歐洲也分布在北非。許多我們十分熟悉的種類，如迷迭香、茴香、蒔蘿、芹菜、茼蒿、月桂、油橄欖，還有傳說中用來打造諾亞方舟的地中海柏木……只是因為這些植物多半背後連結一段希臘神話，大家常將它們與歐洲聯想在一塊兒，忽略其故鄉包含北非，有些種類甚至在非洲的版圖還遠大過南歐。

歐式庭園常見的鉛筆柏，就是傳說中打造諾亞方舟的地中海柏木

# 瓜子的記憶

## 西瓜

如果說有一種非洲植物養大了我，那一定是西瓜了。

一九八〇年代，我的家族經營一家醬油瓜子加工廠。除了把成品交給下游廠商，也有自己的零售據點。而我跟家族裡的所有人也因此養成了嗑瓜子的技巧——單手嗑瓜子，然後用舌頭直接把瓜子肉挑起吃掉。一個人一個晚上看個電視就可以嗑掉一大盤。

當時醬油瓜子很多製程都尚未機械化，從生產、包裝到銷售，處處需要人力。首先，進口曬乾變硬的生瓜子要先泡水一天，使其膨脹。膨脹後再用石灰水一遍一遍清洗，將瓜子外的黏液洗掉。

洗好的瓜子倒進大鍋熬煮，一次煮個幾百斤。可能當時個子小，我記得鍋子十分高大，站著看不到裡面，要大人抱起才看得到鍋內。煮瓜子過程有人負責顧爐火，有人負責計時、起鍋，我負責吵著大人用餘燼烀番薯，所以才有了《被遺忘的拉美》的開篇。

煮熟之後的瓜子要趁熱拌鹽，讓鹽融化，同時替瓜子調味。待冷卻後將瓜子送到廣場上曬。曬乾的瓜子要過篩，篩掉煮瓜子過程中加入的多數香料，如丁香、八角、甘草，以及拌鹽時未溶解的鹽塊。

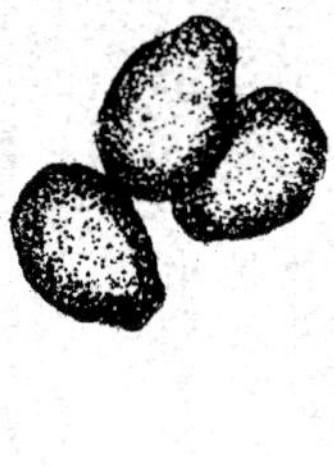

篩完的瓜子再交給阿姨們挑過，將過篩時沒有篩掉的香料、鹽塊，以及曲痀的瓜子一一挑掉。這時候就是半成品了，瓜子表面灰白灰白，稱為鹹酥瓜子，有些客人特別喜歡這種口味——其實跟成品只差一道工。

鹹酥瓜子倒入機器拌沙拉油。拌過油的瓜子看起來油亮油亮，就是大家熟悉的醬油瓜子。之所以又稱為甘草瓜子或五香瓜子，則是因為煮瓜子過程中加入的香料。事實上都是一樣的產品。

瓜子過去是農曆年節的應景點心，因此，農曆年前是工廠最忙碌的時期，平常只負責玩耍的孩子通通都得下場幫忙分裝。依品質分幾條包裝線：裝袋，秤重，機器熱壓封口。一包一包的瓜子就這樣誕生了。有的直

拌過油的瓜子成品

半成品，常稱為鹹酥瓜子

接上架零售，有的則排列整齊裝箱出貨。

而我，從小在車水馬龍大馬路旁的工廠，嘈雜的機器聲伴隨著汽車的喇叭聲，依舊可以呼呼大睡。稍微大以後，工廠成為我的遊樂場。除了冬天用煮瓜子的灰燼烀番薯；夏天，洗瓜子的大水池就是我玩水的個人泳池；而雨天烘乾瓜子的乾燥機旁，暖烘烘的，是冬天取暖的好所在。

瓜子，其實就是西瓜子，跟我們夏天吃的西瓜是同一種植物，不同的栽培品種。記憶中，台灣也曾經引進栽培取瓜子的西瓜，但是因為品質不佳，不僅瓜子較小，而且常曲痀變形，在我小時候，多數醬油瓜子的加工廠都不愛。所以我想，這些原因加上台灣適合種西瓜的土地不多，沒多久就鮮少人願意栽種取瓜子的西瓜品種了吧！

當然，除了比大家多了瓜子這段特殊記憶，我跟多數人一樣，喜歡西瓜這種甜又多汁，帶點沙沙口感的水果。記得小時候，有一回想吃冰箱裡的大西瓜卻搬不動，想著用滾的，將西瓜滾出冰箱，沒想到西瓜被我摔破了。母親又好氣又好笑，只好把西瓜切了，讓我大快朵頤。

我想，應該很少人不愛西瓜吧！不曉得大家喜歡怎麼吃西瓜呢？切片還是打成果汁？相信也有許多人跟我一樣喜歡直接用湯匙挖著吃，最過癮了。

再說回吃瓜子。雖然練就了用舌頭挑瓜子肉的技巧，卻還是喜歡將瓜子肉收集一整把後，才塞到嘴巴裡一口吃掉。你是否也曾經跟我一樣這麼吃瓜子呢？

除了鮮食與瓜子，台灣的夜市有不少賣西瓜汁的攤子。而國人節儉的飲食習慣，還會將淘汰的幼果醃製成西瓜綿做菜，成為一種特色食材。另外，西瓜皮與十水合硫酸鈉[6]加工製成的結晶粉末，一般稱為西瓜霜，是中藥，也是坊間治療嘴破的偏方。參考《本草綱目》，李時珍也說西瓜子可以吃，不僅可以生吃，炒熟味道更棒。至於西瓜皮，李時珍則說：「不堪啖，亦可蜜煎、醬藏。」感覺古人是全瓜食用，完全不浪費。

雖然西瓜目前是全世界普遍栽植的水果，但事實上，西瓜的故鄉在北非。相關的歷史研究眾多，考古學家在利比亞的考古遺址中發現大約五千年前的西瓜種子，可見人類愛吃西瓜已經數千年。

約莫四千年前古埃及開始栽培，而後建立的幾個橫跨歐亞非的帝國，應該已使西瓜傳遍地中海周邊國家。不過，到了近代，中國反倒成為全球最大的西瓜產地。就像多數經濟作物一樣，最大的栽培地往往不是植物最初的故鄉。

西瓜，顧名思義來自西方。但是何時傳到東亞，近代一度爭論。從文字紀錄來看，一般認為最早的紀錄在五代時期，但是偏偏一九九一年出土的唐三彩中出現了西瓜。可是唐朝並沒有關於西瓜的文字描述，為什麼會有西瓜造型的陪葬品？一時間，引起學界爭論不休。

根據《本草綱目》李時珍的考證，他認為六世紀南朝博物學家陶弘景在《本草經集注》中提到的寒瓜就是西瓜。不過，從陶弘景的描述：「永嘉有寒瓜甚大，今每即取，藏經年食之。」可以久藏，感覺還比較像是冬瓜。

倒是十世紀，五代時期官員胡嶠曾隨軍入契丹，將待在契丹七年的經驗寫成《陷虜記》，明確提到首次嚐到大如冬瓜且滋味甘美的西瓜。並說明西瓜是契丹破回紇而得。這應該算是華文古代文獻最早關於西瓜的記載了[7]。

到了宋朝，西瓜已經十分普遍，許多文人都寫過詠西瓜的詩詞。連中學時期大家都學過，以〈正氣歌〉聞名的宰相文天祥也寫過〈西瓜吟〉。而太平天國大頭目洪秀全的阿公的阿公的阿公的阿公……前二十幾代的先祖，南宋忠臣洪皓出使金國，被迫留在金國十五年。返鄉後他將在金的見聞寫成《松漠紀聞》一書，書中特別介紹西瓜，並說是他帶種子回南宋栽培[8]。雖然不確定更早之前有沒有人引種，但是至少知道十二世紀中葉，金宋兩國皆已普遍栽培西瓜。

至於台灣，西瓜栽培歷史也十分悠久。《巴達維亞城日記》記載，荷蘭來台時台南蕭壠社有栽培西瓜。一六四八年蘇格蘭裔大衛·萊特[9]來台擔任荷蘭東印度公司代理人，也觀察到大肚王國有栽培西瓜。

傳播史之外，西瓜命名過程就更加曲折了。當然，這種自古栽培的植物沒有懸念是林奈[10]率先命名。一七五三年他在名作《植物種志》[11]中將西瓜放在南瓜屬，命名為

---

**6** 礦物名稱，俗稱芒硝。｜**7**《陷虜記》原文：「數十里遂入平川，多草木，始食西瓜。雲契丹破回紇，得此種，以牛糞覆棚而種，大如中國東瓜而味甘。」｜**8**《松漠紀聞》原文：「西瓜形如匾蒲而圓，色極青翠，經歲則變黃。其瓞類甜瓜，味甘脆，中有汁，尤冷。《五代史。四夷附錄》云：「以牛糞覆棚種之。」予攜以歸，今禁圃鄉囿皆有。亦可留數月，但不能經歲，仍不變黃色。鄱陽有久苦目疾者，曝乾服之而愈，蓋其性冷故也。」｜**9** 英文：David Wright。｜**10** 卡爾·馮·林奈，瑞典文：Carl von Linné，拉丁文：Carolus Linnaeus。｜**11** 拉丁文：Species Plantarum

*Cucurbita citrullus*。種小名 *citrullus* 源自拉丁文 Citrus，意思是柑橘類，形容西瓜果肉顏色如同柑橘。

愛跟林奈唱反調的的蘇格蘭植物學家菲利普．米勒[12]，特別喜歡改林奈命名的植物屬名。一七五三年他在經典著作《園丁辭典》[13]以西瓜的義大利文 Anguria 命名了一個新的屬名。又隔了好幾年，一七六八年將西瓜命名為 *Anguria citrullus*。保留了最初林奈命名的種小名 *citrullus*。

一八三六年，德國植物學家施拉德[14]將西瓜作為模式物種，並採用最初林奈使用的種小名做為屬名，發表了西瓜屬 *Citrullus*。由於植物命名法規規定，種小名與屬名不能相同，所以使用尋常之意的 *vulgaris* 為種小名。西瓜再次更名為 *Citrullus vulgaris*。

故事原本到這邊應該塵埃落定了，偏偏西瓜發現的故事與學名一樣複雜。時間倒回一七七三年，南非開普敦發現了具有苦味的野生西瓜，被當時的植物學家當做苦瓜屬植物，並於二十一年後命名為 *Momordica lanata*。*lanata* 是形容野生西瓜的莖毛絨絨的意思。到了二十世紀初，日本植物學家發現，這根本不是苦瓜屬啊，是西瓜屬才對。於是將野生的苦西瓜學名調整成 *Citrullus lanatus*。

隨著植物學研究不斷進步，植物學家發現，人類栽培馴化的西瓜，與野生的苦西瓜根本就是同一種植物，於是植物學家們決定，特別保留 *Citrullus lanatus* 作為西瓜的正式學名。只能說，植物分類學日新月異，植物學名也一直改變，令人捉摸不定。

西瓜的原生地雨季短，降雨量少，但是西瓜葉面積大，生長時耗水量高，所以西瓜演化成可以在雨季來臨時快速生長，並完成生活史的一年生植物。更精確來說，是三個月植物。從種子發芽到果實成熟大概只需要三個月。此外，西瓜小苗特別怕冷，生長時喜歡溫暖且日夜溫差較大的環境。這當然也都跟它原產地氣候及高原地形有關。

這樣的生長特性，加上台灣氣候溫和，除了夏天盛產，幾乎全年皆可以栽培及品嚐西瓜。參考西瓜出現在台灣的歷史文獻，一六八五年由台灣府知府蔣毓英等人共同編寫的《台灣府志》也可知，西瓜當時在台灣已是四季皆有[15]，可見當時農家已經懂得配合台灣的氣候，調節西瓜栽培時間。

不過，倒也不是全台都適合種西瓜。西瓜主要還是得栽培於各大河川下游河床的沙質地，主要產地包含彰化、雲林、嘉義、台南，以及花蓮。而栽培面積最大的縣市，往往都是我的故鄉雲林縣。

想當然爾西瓜是台灣夏天最受歡迎的消暑水果。根據農業統計年報，二〇〇二年加入WTO之前，台灣每年西瓜栽培面積達兩萬公頃。而後雖然逐年下降，但是近幾年來栽培面積仍維持在一萬公頃以上，年平均產量逾二十萬公噸。除了國內栽培，每年還自中國、馬來西亞、菲律賓等國家進口六、七千公噸的西瓜與瓜子。可見，西瓜在國人的水果選擇當中，有相當重要的地位。

12 英文：Philip Miller。｜13 英文：The Gardeners Dictionary。｜14 德文：Heinrich Adolf Schrader。｜15《台灣府志》物產卷蔬之屬：「西瓜，蔓生，漢張騫使西域得之，故名。台灣四時皆有。」

隨著國人生活水平提升，年節禮品選擇逐漸增加，瓜子銷量已大不如前，台灣過去的醬油瓜子加工廠幾乎都轉型了，瓜子也隨著家中工廠結束營業後，逐漸淡出我的生活。但是，總在特別的時候，又會想起這段關於西瓜與瓜子的獨家記憶。

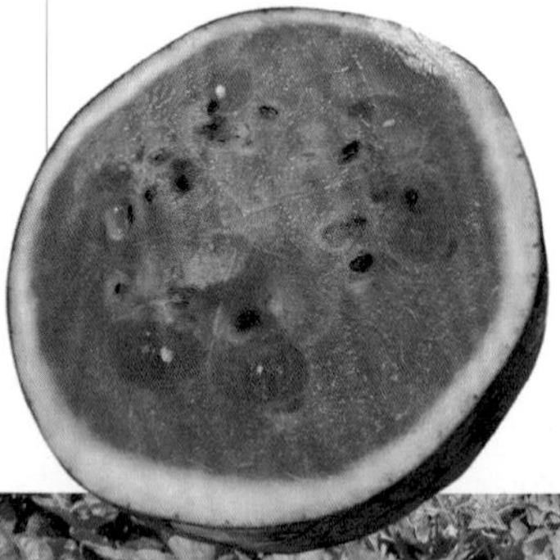

西瓜橫切面便可以觀察到西瓜種子的排列規則，明顯分成三等份，每一部份又有兩排種子

西瓜的羽狀裂葉（攝影／李文瑗）

# 西瓜

**學　名**｜*Citrullus lanatus*（Thunb.）Matsum. & Nakai

**科　名**｜瓜科（Cucurbitaceae）

**原產地**｜利比亞、埃及、蘇丹、衣索比亞

**生育地**｜草地、灌叢

**海拔高**｜0-1350m

一年生草質藤本，莖有稜，被毛。二回羽狀裂葉，互生，葉柄長，兩面及葉柄皆被毛。單性花，雌雄同株，花瓣五裂，淡黃色。瓜果，橢圓形或球形。

西瓜的雄花為淡黃色（攝影／李文瑗）

西瓜是大家熟悉的水果，常見的果肉顏色包含黃色與紅色

# 從《迷迭香賦》到《迷迭香》

## ◎迷迭香◎

《本草綱目》是我一讀再讀的經典，站在李時珍這位巨人的肩膀上，總是能夠額外獲得許多知識。〈草之三 芳草類五十六種 迷迭香〉當中，藉由李時珍的描述：「魏文帝時，自西域移植庭中，同曹植等各有賦。……」才知道原來曹丕與曹植兄弟除了七步成詩這個大家耳熟能詳的故事，兩人都曾為迷迭香做賦。這引起了我的興趣，特地找了兩篇《迷迭香賦》來讀。

曹丕《迷迭香賦》：「序曰：余種迷迭于中庭，嘉其揚條吐香，馥有令芳，乃為此賦。

生中堂以遊觀兮，覽芳草之樹庭。重妙葉于纖枝兮，揚修幹而結莖。承靈露以潤根兮，嘉日月而敷榮。隨回風以搖動兮，吐芬氣之穆清。薄西夷之穢俗兮，越萬里而來征。豈眾卉之足方兮，信希世而特生。」

曹丕對植物形貌的描述不多，僅有「重妙葉于纖枝兮，揚修幹而結莖」兩句。反倒如「吐芬氣之穆清」、「越萬里而來征」、「信希世而特生」，又或是「嘉日月」、「薄西夷」等用字遣詞，隱隱約約有一種類似曹操《短歌行》的氣概。迷迭香在魏文帝筆下

陽光下，細細的葉片透著光，葉脈格柵，正巧一顆顆細小如珠，也許就是曹植在〈迷迭香賦〉中所謂的「應青春而凝暉」吧！

彷彿英雄上身，明明是纖細的枝條，卻自帶一股霸氣。

曹植《迷迭香賦》：「序曰：迷迭香出西蜀，其生處土如渥丹。過嚴冬，花始盛開；開即謝，入土結成珠，顆顆如火齊，佩之香浸入肌體，聞者迷戀不能去，故曰迷迭香。

播西都之麗草兮，應青春而凝暉。流翠葉于纖柯兮，結微根于丹墀。

信繁華之速實兮，弗見凋于嚴霜。芳暮秋之幽蘭兮，麗昆侖之英芝。

既經時而收採兮，遂幽殺以增芳。去枝葉而特御兮，入綃縠之霧裳。

附玉體以行止兮，順微風而舒光。」

相對於曹丕，曹植的文字婉約，對植物觀察也十分細膩。從新芽「凝暉」，而後「翠葉」、「纖柯」、「微根」、「繁華」、「速實」，將根莖葉花果鉅細靡遺寫過一輪，還有相應的物候：「應青春」、「弗見凋于嚴霜」。妙的是，兩句讚美迷迭香香氣更勝「幽蘭」，美貌超越「昆侖之英芝」後，曹植分享迷迭香的使用方式，從採收，曬乾增加香氣，然後將枝葉放在絲織衣裳中，身體就會承著微風發出淡淡香氣，說有多浪漫就有多浪漫。

此外，序文也透露曹氏兄弟個性的差異。曹丕描述簡單，就是在花園種了一株芳草，寫一篇賦來嘉獎它的芬芳。大剌剌，不拖泥帶水。曹植不僅交代了迷迭香的由來，適合土壤、開花結果時期，使用方式，甚至還點出迷迭香名稱典故。一簡一繁，各有巧妙不同。

姑且不論曹氏兄弟的作品優劣，從他們的作品判斷，二世紀末三世紀初東亞已經栽培迷迭香做為觀賞植物。這讓我微微驚訝，畢竟迷迭香是地中海沿岸原生植物，非東土所有。這才發覺，張騫通西域後引進東亞的植物除了冠上「胡」字的胡麻、胡豆、胡瓜、胡桃、胡蘿蔔等糧食與蔬果，還有迷迭香這種從名稱就十分出眾的觀賞植物。

進一步爬梳古文，漢代有一首佚名樂府詩：「行胡從何方？列國持何來？氍毹㲪五木香，迷迭艾納及都梁。」這很可能是迷迭香最早的華文紀錄，能夠判斷迷迭香當初應該是外使攜來的禮物。往後各朝代也都有迷迭香做為藥用植物的相關紀錄，不過卻一直沒有看到拿來做料理。不知道是引進時沒有連同使用方式一起交代，還是東亞不習慣將它的滋味與食物做搭配？

迷迭香的英文是 Rosemary，國內早期也有廠商直接音譯為蘿絲瑪莉。不過，

rosemary 跟玫瑰（Rose）沒有任何相似之處，也與瑪莉（Mary）毫無關聯，而是來自拉丁文 rosmarinus，結合了 rōs（霧、濕氣）與 marīnus（海），描述它如海洋之霧。

在植物大命名的時代開端，一七五三年《植物種志》書中，大名鼎鼎的林奈便以 *Rosmarinus* 為屬名，*officinalis*（醫藥用的）作為種小名，正式將迷迭香命名為 *Rosmarinus officinalis*。

基本上，迷迭香如此奇特，且人類使用歷史悠久的植物，拉丁文學名一般是沒有什麼爭議，除非分類上有問題，後代通常不會有人去改林奈的命名。這也是林奈地位如此崇高的原因之一。

不過，有些植物命名的過程就是特別曲折。尤其是在不同環境下會有不同表現的迷迭香，有時候在地上爬，有時候直挺挺像樹一樣；有時候葉子寬一點，有時候又特別窄，許多植物學家對於它多變的樣貌很有意見。

其中，愛跟林奈唱反調的蘇格蘭植物學家菲利普．米勒，想當然也曾動過迷迭香的腦筋。不過，迷迭香屬名蘿絲瑪莉餓死堪稱經典，動不了。於是呢，一七六八年他在經典著作《園丁辭典》第八版當中，一不做二不休，將迷迭香進一步分成兩種，分別命名為寬葉迷迭香 *Rosmarinus latifolius* 與窄葉迷迭香 *Rosmarinus angustifolius*。但說到底，這兩種都是迷迭香本香，兩個學名都不具意義。只是很無奈，菲利普．米勒似乎特別喜歡替林奈已命名的植物取新名字。

另外呢！你知道植物學界也是講 KPI 的，不論古今，每個人都想在一生之中命名幾種植物，好讓後世景仰，留名青史。於是，陸續有幾個奇葩植物學家硬是要把迷迭香改名字，或是挑出特殊個體作為新種，例如好好的迷迭香不要，硬要搞出個普通迷迭香 *Rosmarinus communis*；又或是雞蛋裡挑骨頭，把可能是靠到牆還是撞到石頭長歪的叫做曲折迷迭香 *Rosmarinus flexuosus*。類似的故事還有好幾則，我們就不列舉了，全部都不重要。至於普通迷迭香和曲折迷迭香是誰命名的就不說了，反正那兩個植物學家也沒什麼人記得，大家有興趣再自行去爬爬古文。

十九世紀後，陸續有植物學家提出，把長得比較特殊的迷迭香，通通都當成迷迭香本香的變種或亞種。剛剛講過的什麼寬葉、窄葉、曲折，種小名通通成為變種名或亞種名。殊不知，迷迭香就是如此的千變萬化，為了適應環境，就是會長得不太一樣。所有的命名，一概不具意義，通通都是迷迭香的

迷迭香為了適應環境，有時會匍匐生長

同種異名罷了，無人可以挑戰林奈。

神奇的是，一八三五年竟然出現了一位到現在依舊沒什麼人記得的先知，把迷迭香放到鼠尾草屬當中，命名為 *Salvia rosmarinus*。那時候應該很多人覺得他瘋了，怎麼可以把如此奇特的迷迭香跟鼠尾草混在一起？實在是太沒禮貌了。

哪知，兩個世紀之後，二〇一七年竟然發生了驚天動地的大事。近代分子生物學發展後，重新滴血驗親。原本就沒幾種的小小迷迭香屬通通都被併入鼠尾草屬，變成迷迭香亞屬，迷迭香再次更名為 *Salvia rosmarinus*，保留經典的拉丁文 *rosmarinus* 作為它的種小名。

命名故事到這邊暫時結束，未來也許哪天又會大變動誰也說不準。總之，迷迭香屬被更大的鼠尾草屬團滅了，而先知的名字大家依舊不太熟。還好樹木學不會考迷迭香，只有芳療師跟美食家要重新背學名。

在陽光下，全株被白色毛茸的迷迭香，搭配細小的葉片，遠遠看起來灰綠灰綠，與一般綠色植物明顯不同。遙想在地中海沿岸，一整片迷迭香隨微風擺盪，應該如霧氣一般吧！無怪乎它有海洋之霧 rosemary 這樣的名稱。這些枝葉上的毛茸，可以攔截空氣中的濕氣，加上細且堅硬的葉片能夠減少蒸散，皆有助於適應地中海乾燥的環境。此外，毛茸與全株含精油，也能夠減少被植食動物啃咬。不禁佩服迷迭香適應環境的生存智慧。

歐洲地中海地區與古埃及使用及栽培迷迭香大約有五千年的歷史。除了大家熟悉，做為搭配肉類的香料，也可供製香水或是藥用，甚至是神聖的象徵，紀念戰士或哀悼亡者。許多歐洲知名的文學作品，如塞萬提斯的《唐吉訶德》中，含迷迭香配方的香膏是英雄的用品；而莎士比亞的《哈姆雷特》與《羅密歐與茱麗葉》，迷迭香則是用來紀念、祈禱，或貼在屍體之上。

不過，台灣民眾認識迷迭香的歷史並不長，一九九〇年代迷迭香才被引進，千禧年後才日漸普遍。台灣許多流行文化都受日本影響，歐洲香草栽培也不例外。一九九〇年代日本經濟泡沫破裂後，進入了平成經濟大蕭條時期，民間興起一股回歸自然的風氣。特別是一九九五年阪神大地震後，具療癒力的歐洲芳香療法與香草植物栽培在日本逐漸流行。此一年代，台南農業改良場、屏東科技大學與瑠公農業產銷基金會亦開始投入歐洲香草引種與栽培工作。不過，當時歐洲香草在台灣仍停留在研究階段。

九二一大地震後，台灣也循著日本的腳步開始重視自然，歐洲香草植物栽培逐漸流行。迷迭香便在這樣的氛圍下，逐漸被國人認識，甚至到二〇〇六年還搖身一變，成為一首膾炙人口流行樂曲的歌名。

我個人在二〇〇二年秋天首次栽培迷迭香。意外從一位長輩處獲得小苗，珍而重之的栽培在花盆裡。每天上學前替它們澆澆水，順便觀察它們的成長。當時香草圖鑑少，花市裡販售香草的攤子與種類也不如現在那麼豐富，不過，迷迭香倒已經不是罕見的植物。甚至沒多久後，在學校附近西式餐廳吃飯，烤雞旁總會洋氣的放幾片迷迭香葉，讓我可以跟不熟悉植物的朋友賣弄一番。

我在頂樓遮雨棚下栽培，種呀種，迷迭香越來越茂密，開始嘗試扦插繁殖，分送給同學、好友。不過總記得每年夏天，迷迭香上會爬滿白色的介殼蟲，讓我十分苦惱。後來對植物越來越熟悉後才明白，台灣的氣候，特別是台北，夏天潮濕多雨又悶熱，對於這些地中海植物而言簡直是地獄，加上當時我多半使用培養土種植，這樣的天氣容易造成培養土酸化。總總因素，使得迷迭香植株在夏天生長情況不佳，抵抗力自然下降，容易有蟲害。有了這樣的經驗後，我便鮮少栽培地中海植物或溫帶植物，畢竟，無法提供適當的環境對植物也是一種傷害。

許多年後，偶然的機會在山區碰到一大叢灰矇矇的植物，遠遠便吸引了我的目光。好奇心驅使我向前，近看才曉得是迷迭香，也才真正體會它被稱為 rosemary 真諦。正巧迷迭香綻放，淡藍紫色的小花朵，十分別致。細細觀察，這從未見過的花序：一朵一朵唇形花交互排列在短枝上，左右對稱；下唇三裂，側裂細而左右開展，中裂片寬大，緣波浪狀，一束淺白鑲藍邊從中央直直畫下，模樣倒像是個穿禮服小小的人，張開雙臂。

陽光下，細細的葉片透著光，葉脈格柵，正巧一顆顆細小如珠，也許就是曹植在《迷迭香賦》中所謂的「應青春而凝暉」吧！夢幻的藍紫色，異國的淡淡香氣襲來，耳邊彷彿響起熟悉的旋律：「隨風飄揚的笑，有迷迭香的味道。」

## 迷迭香

**學　名**｜*Salvia rosmarinus* Spenn.
**科　名**｜唇形科（Lamiaceae）
**原產地**｜南歐、北非、小亞細亞
**生育地**｜石礫地、灌叢
**海拔高**｜近海岸

灌木，直立或匍匐狀，高可達 2 公尺。木質化老莖圓柱狀，嫩莖四稜，被毛。單葉，線形，十字對生，葉緣反捲，葉柄極短，葉背被毛。總狀花序，於短枝頂生，花冠淡紫色，兩側對稱，上唇二裂，下唇三裂，中裂片內凹，花萼三裂，被毛。堅果，卵形。

迷迭香的紫色唇形花，十分精巧（攝影／王秋美）

迷迭香葉片十字對生

迷迭香植株與葉片纖細，全株被毛，略帶灰色調

# 三毛的《橄欖樹》

## ◎油橄欖◎

「不要問我從哪裡來，我的故鄉在遠方，為什麼流浪，流浪遠方，流浪。為了天空飛翔的小鳥，為了山間輕流的小溪。為了寬闊的草原，流浪遠方，流浪。還有還有，為了夢中的橄欖樹、橄欖樹。不要問我從哪裡來，我的故鄉在遠方。為什麼流浪，為什麼流浪遠方。為了我夢中的橄欖樹。」

這首齊豫主唱膾炙人口的《橄欖樹》，由李泰祥作曲，作家三毛作詞，於一九七九年發行。往後數十年曾被無數歌手翻唱過，相信許多人至今依舊朗朗上口。但是，你知道這首歌當中的橄欖樹是哪一種橄欖嗎？

《橄欖樹》歌詞的作者三毛，是一代傳奇作家。他與先生荷西在西屬撒哈拉生活時，在聯合報發表一系列充滿異國情調的文章，讓三毛聲名大噪。而後集結成冊，陸續出版了《撒哈拉的故事》、《哭泣的駱駝》等書籍，影響力歷久不衰。

一九九〇年代末期，國人出國旅遊風氣日盛，航空公司舉辦旅遊文學獎，成為「旅行文學」的濫觴。二〇一〇年後，隨著智慧手機及社群媒體日漸普及，拍攝並書寫異國風光的旅遊文學再次掀起熱潮。然而，提到旅遊文學我總是不禁想起三毛。她在未開放至初開放出國旅遊的年代，除了西班牙與撒哈拉，還曾到過拉丁美洲十二國，完成《萬水千山走遍》一書。我心目中，三毛是旅行文學的始祖！

我個人接觸三毛作品的時間較晚，一直到大學後才經由摯友推薦，成為三毛的讀者，藉由她的文字去想像那些遙遠且非常人能至的國度，藉由她的作品去了解她的生平。

相傳三毛本人特別喜歡橄欖樹，因為她逝世的先生荷西的故鄉西班牙南部有許多橄欖樹，因此，橄欖樹被寫進了歌詞當中。而這首歌最後也從原來的名稱《小毛驢》改成了《橄欖樹》。從上述歌曲創作背景不難發現，三毛喜歡的橄欖樹應該是指分布於地中海沿岸的油橄欖，也就是用來榨橄欖油，或是撒在沙拉上的植物。英文是olive，拉丁文學名*Olea europaea*，植物分類學上屬於木樨科。

而華文一般所謂的橄欖是橄欖科植物，果實常作為蜜餞食用，種子紡錘狀、兩頭尖，又稱為白欖或尖仁橄欖，拉丁文學名是*Canarium album*。原產於華南與中南半島等熱帶地區，並不產於地中海。

植物圈為了區分，通常將來自地中海的橄欖稱為油橄欖或西洋橄欖，也有不少園藝商又將它稱為歐洲橄欖、西班牙橄欖，或銀葉橄欖。若依植物科別，則稱之為木樨欖。

不過，因為名稱之中都有「橄欖」二字，還是有許多民眾搞不清楚，甚至以為常作為蜜餞的橄欖就是橄欖油的原料。不曉得原來橄欖油跟做成蜜餞的橄欖一點關係也沒有。

油橄欖自古就是地中海地區重要的果樹與宗教植物。人類使用歷史超過一萬年，栽培也有五、六千年。除了榨油，果肉也可以食用，西餐的沙拉中便經常能夠見到，堪稱地中海美食的精華。

在西方文化中，油橄欖是和平的象徵。典故來自《聖經》〈創世紀〉，代表釋出善意的英文慣用語「extend an olive branch」（遞出橄欖枝），所指的植物當然就是油橄欖。而美國的國徽中，白頭海鵰爪上抓握的植物也是油橄欖的枝條。文學與藝術作品中，油橄欖亦十分常見；如畫家梵谷，就有一系列油

油橄欖的果實（攝影／王秋美）

橄欖園與採油橄欖的作品。

油橄欖的拉丁文學名 *Olea europaea*，命名者就是林奈，沒有什麼特別的故事。屬名是油橄欖的拉丁文 olīva 變化而來，種小名意思是歐洲的。Olīva 來自原始的希臘文 *ἐλαίϝα*（轉寫 elaíwa）。華文曾翻譯做阿列布。

在希臘文、拉丁文與英文的演進過程中，是先有油橄欖這個單字之後才有油。油橄欖自原始希臘文 *ἐλαίϝα* 變成古希臘文 *ἐλαία*（轉寫 elaía），並且又進一步衍生出 *ἔλαιον*（轉寫 élaion）這個單字，用來表示橄欖油。到了拉丁文則寫作 oleum，最後變成了英文的油 oil。由此可見，oil 原本意思是橄欖油，後來才進一步變成了油。

阿拉伯文和波斯文中就倒過來，先有油這個字，才創造出油橄欖。阿拉伯語中，油稱作 زيت（轉寫 zayt），以這個字為字根，阿拉伯文油橄欖被稱作 زيتون（轉寫 zaytūn），波斯文是 زيتون（轉寫 zeytun）。與阿拉伯帝國時有往來的大唐帝國音譯做齊暾。

《酉陽雜俎》：「齊暾樹，出波斯國。亦出拂林國，拂林呼為齊虛（音湯兮反）。樹長二三丈，皮青白，花似柚，極芳香。子似楊桃，五月熟。西域人壓為油以煮餅果，如中國之用巨勝也。」拂林是東羅馬帝國，巨勝是芝麻。段成式對油橄欖的描述，從植株樣貌到使用，十分清楚。

明明是來自地中海，油橄欖卻像迷迭香、月桂等植物，也常被忽略它分布在北非。事實上，油橄欖分布非常廣泛。除了最常栽培榨油的亞種，分布於地中海沿岸的南歐與北非，還有其他亞種是非洲特有，或是分布於東非與西亞。說它是非洲植物，一點也不誇張。

不過，橄欖油在台灣流行的時間，約莫短短二十年。二十年前，一般民眾對油橄欖十分陌生。查閱植物圖鑑，關於油橄欖的紀錄極少。一九七〇年代出版的外來植物名錄，油橄欖名稱為齊墩果，與《本草綱目》相同。一九九〇年代的植物圖鑑則稱之為西洋橄欖。

有趣的是油橄欖引進台灣的時間相當早，從清治時期至今，曾多次引進，根據文獻紀錄，最早約於一八五〇年間。日治時期，一九〇九年法國曾經寄贈。國民政府來台後，又於一九五三年與一九七〇年，分別由農復會自加州，以及園藝考察團自土耳其引種。不過，過去一個半世紀，油橄欖在台灣栽培一直都不普遍，直到本世紀資訊發達後，油橄欖的植株才漸漸成為常見的觀賞植物與趣味果樹。特別是過去兩三年觀葉植物大流行，有不少人將油橄欖栽培在盆栽當中，於居家環境營造地中海的氛圍。

因此，我十分納悶，究竟為何油橄欖在近代會被稱為橄欖，造成混淆。有沒有可能三毛就是首位將油橄欖稱為橄欖的人？畢竟，在那個沒有網路的年代，料想三毛應該不知道齊墩果這個名稱，出國留學之前應該也沒有在台灣見過油橄欖。有沒有可能因為她搞混了，誤把油橄欖當成了橄欖，而《橄欖樹》這首歌，則成為油橄欖在近代被簡稱為「橄欖」的主要原因？

## 油橄欖

**學　名** | *Olea europaea* L.
**科　名** | 木樨科（Oleaceae）
**原產地** | 南歐、北非、小亞細亞
**生育地** | 次生林
**海拔高** | 0-200m

小喬木或灌木，高可達15公尺。單葉，對生，葉背有銀白色鱗片。圓錐狀聚繖花序，腋生，花冠白色，四裂。核果，長橢圓形。

油橄欖葉對生，枝條與葉兩面皆有銀白色鱗片

觀葉植物風潮後，油橄欖盆栽也開始流行

油橄欖的果實是西餐中常見的食材

# 阿波羅的榮耀與台灣有什麼關係？

## 月桂

你知道代表桂冠的月桂樹，與台灣的植群有特殊關聯嗎？表面上看起來距離十萬八千里，但是卻有一段有意思的連結。

大學時期學習台灣的植群帶，老師告訴我們台灣平地與低海拔森林，稱為榕楠林帶，海拔五百到一千五百公尺則稱為樟櫧林帶。名稱代表的是森林裡優勢的樹種，不論是種類、數量，還是樹冠層的佔比，都相當多。而這兩個名稱當中，不管是楠，還是樟，都是樟科植物。而這樣以樟科植物為主要樹種的亞熱帶潮溼森林，特點包括以常綠闊葉樹為主要組成，葉片有光澤，因此植物學上有一個特殊的名稱，叫做「照葉林」。

除了樟科與殼斗科，照葉林中其他常見的木本植物，包括山茶科、五列木科、杜鵑花科、木蘭科、木樨科、冬青科、金縷梅科、八角茴香科等，也有許多種類都演化出可以反射陽光、減少蒸發散的蠟質葉，在陽光照射下往往閃閃發亮，名符其實的照葉。

有意思的是，照葉林又稱為亞熱帶常綠林或「月桂林」，英文多半直接稱為Laurel forest。這個月桂就是大家所熟悉的那個月桂。在台灣，因為樟樹十分常見，因此我們都稱該科為「樟科」。但，對歐美來說，月桂重要性更高，所以植物學上，以拉丁文直接翻譯，應該是月桂科。而樟科往往是照葉林的主要樹種，所以西方才會稱之為月桂林。

照葉林是熱帶森林與溫帶森林的過渡，主要分布於緯度25至35度的大陸東岸、35到50度的大陸西岸、25和35度或是40度的海島，以及熱帶地區的中海拔雲霧林。像是喜馬拉雅山麓、華南地區、台灣、日、韓、英國、紐西蘭、澳洲墨爾本，或是美國加州，都有這類溫暖潮濕的森林。

既然如此，為什麼月桂家族會出現像月桂這樣的異類，生活在冬雨夏乾的地中海地區呢？

科學家研究，地中海沿岸原本非常潮濕，就跟台灣一樣有大面積的照葉林。直到第四次冰河時期後才逐漸乾燥，導致原本優勢的植物逐漸消失，而適應相對乾燥的地中海植物陸續演化出現，硬葉林逐漸取代了照葉林。到最後，月桂一方面退縮到地中海氣候帶下相對溫暖潮濕的山谷中，一方面也演化出相對於其他樟科植物更堅硬的葉片，以適應環境。而遺留下的月桂，成為了長遠的地質年代史中氣候變遷的證明。

過去我也曾經一度誤以為它跟其他地中海植物一樣耐旱，直到實際栽培過後，才發現它真的跟樟樹一樣適應台灣潮濕的環境，比其他歐洲的香草植物更容易栽培。

月桂是歐洲重要的植物。希臘神話中，水仙女達芙妮[16]為了拒絕太陽神阿波羅的追求，化身成月桂樹，於是，心碎的阿波羅將月桂的枝葉編成冠戴在頭上。從此以後，月桂樹就變成了阿波羅的聖樹，而月桂編成的桂冠成為授予傑出詩人以及勝利者的禮物，並且漸漸成為榮譽的象徵。

希臘文當中，Δάφνη（轉寫 Dáphnē）的意思就是月桂。而馬來文和印尼文不知道如何受希臘文影響，稱月桂為 Dafnah，畢竟地理大發現時代曾經到過印尼或馬來西亞的國家，都不這麼稱呼月桂。

獲獎者英文 laureate 來自拉丁文 laureatus，辭源正是桂冠 laurea。更有趣的是拉丁文月桂漿果 bacca lauri 進一步演變成學士學位的英文 baccalaureate。從這些文字當中，都可以看得出月桂在歐洲文化的重要性。

經過以上點點滴滴再來看月桂的學名 *Laurus nobilis* 就非常容易理解，屬名意思是月桂，種小名是高貴的，一七五三年由林奈所命名，既沒有什麼特別的故事，也不出人意表。當然，愛唱反調的蘇格蘭植物學家菲利普·米勒依舊在他命名迷迭香的大作《園丁辭典》中使用同樣的手法，進一步將月桂分成細葉月桂 *Laurus tenuifolia* 和波緣月桂 *Laurus undulata*。不用懷疑，這些命名都不具意義，只是替月桂徒增異名罷了！

除了榮譽的象徵，月桂最實際的用途是香料。愛吃的我，第一次知道月桂這種植物，就是因為它是義大利麵好吃的關鍵元素。還有令人垂涎的西班牙海鮮燉飯、法國名菜紅酒燉牛肉、烏克蘭家常料理羅宋湯，這些歐洲料理都少不了月桂葉。

離我們近一點，香港製作潮式滷水不可或缺的香葉，或是澳門土生葡菜當中加入鹹蝦醬的鹹蝦葉，事實上都是月桂葉的別稱。

乾燥的月桂葉可以直接做為香料使用。

投入東南亞香草香料研究，當然也一定會在東南亞超市中見到月桂的蹤影。除了曾被西班牙殖民的菲律賓一些燉菜會使用，馬來西亞的娘惹咖哩也會摻入月桂。所以在東南亞超市貨架上一定會擺放小包小包的月桂葉。因為如此，讓我又進一步留意並認識了香料包當中名稱裡也有「月桂」的其他幾種植物。

大航海時代後，歐洲列強足跡到達全世界，發現各地都有使用樹木葉片做香料的文化。於是，其他地方做為香料的樹葉，英文便幾乎都是以「地名」加「月桂」來表示。於是出現了印尼月桂[17]、印度月桂[18]、西印度月桂[19]等等跟月桂在植物學上沒有直接的親緣關係，卻容易造成混淆的名稱。實際上它們的味道都不相同，適用的的料理也不一樣。

說到這，千萬不要忘記，北非也有地中海氣候，北非也是月桂的故鄉。除了油橄欖與迷迭香，野生的月桂樹同樣是北非的地景。

雖然早在一九〇九年，橫濱植木會社便自法國將月桂引進台灣，栽培於台北植物園、恆春熱帶植物園，以及林試所六龜分所。但是早期月桂栽培並不普遍，直到九二一地震後，開始流行栽培香草植物，這種舉世聞名的芳香植物才逐漸變成花市常見的盆栽，終於有機會從餐桌走到陽台前。而我，也終於有機會觀察它，並透過實際栽培經驗，理解它如何成為地質年代史中氣候變遷的證明。

17又稱為沙蘭葉，更多介紹請參考《舌尖上的東協——東南亞美食與蔬果植物誌》｜18又稱為印度肉桂，介紹請參考《悉達多的花園——佛系熱帶植物誌》｜19又稱為香葉多香果

# 月桂

**學　名** | *Laurus nobili* L.
**科　名** | 樟科（Lauraceae）
**原產地** | 南歐、北非、小亞細亞
**生育地** | 溫暖潮濕的山谷
**海拔高** | 520m 以下

小喬木，高可達 15 公尺。單葉，互生，全緣或細波浪緣。單性花，雌雄異株，繖形花序，腋生，花被片白色半透明，四枚。核果橢圓球形，成熟時黑色。

月桂十分適應台灣的氣候

月桂葉的葉脈細致

# 竹林七賢的馬拉松

## 茴香與蒔蘿

生活中有許多氣味強烈的植物，如芫荽、茴香、芹菜、胡蘿蔔、積雪草……都是屬於繖形科這個大家族。不過，我從身邊朋友的飲食喜好上觀察到一個有趣的現象：有些人吃東西喜歡撒上芫荽，但卻完全不喜歡吃其他繖形科植物。有些人則剛好相反，不喜歡芫荽，但卻喜歡其他大多數繖形科植物的味道。其中又以茴香菜特別明顯，有些人很愛香菜，但是對茴香菜卻深惡痛絕。

我屬於不敢吃香菜，但卻喜歡茴香菜、胡蘿蔔、芹菜的那一派。茴香菜煎蛋、茴香菜煮湯、茴香菜炒肉絲……而且，在眾多繖形科植物中，我最早認識的便是姑姑種在院子裡高大的茴香了！除了一直留在我的味覺記憶中，還在腦海裡留下自己愛跟茴香比高的回憶。

後來開始在各地東南亞市集考察，先後在桃園的忠貞市場與新北華新街見到茴香根，才知道茴香根有雲南人蔘的美稱。雖然根的內層木質化十分堅硬，但是外層可食，當地會用來煮排骨湯、燉豬腳或清炒。奇妙的是生的茴香根有淡淡的茴香味道，煮熟以後卻有淡淡的人蔘味。

茴香根有雲南人蔘的美稱，桃園的忠貞市場與新北華新街可以見到

茴香籽是五香粉的主要成分，中華料理的精髓

除此之外，茴香籽也有特殊香氣，是五香粉的主要成分。五香是中華料理的精髓，主要包含了花椒、肉桂、八角、丁香、茴香籽五種香料。除了滷肉、醃肉、包粽子，許多料理都會用到，甚至鹹餅乾也會添加。生活中可以說是無處不在。

不過，茴香並不是東亞原生植物，它的故鄉在地中海沿岸與西亞、中亞，跟迷迭香一樣差不多在漢朝傳入東亞，經過數百年才漸漸融入華人的醫藥與飲食文化之中。

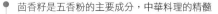

竹林七賢嵇康曾寫過《懷香賦》，懷香就是茴香。可惜《懷香賦》逸散，只留下序文：「余以太簇之月，登於歷山之陽，仰眺崇岡，俯察幽坂，乃覩懷香生蒙楚之間。曾見斯草植於廣廈之庭，或被帝王之囿。怪其遐棄，遂遷而樹於中唐。華麗則殊采婀娜，芳實則可以藏之書。又感其棄本高崖，委身階庭，似傳說顯殷，四叟歸漢，故因事義賦之。」從序文中可以知道，當時皇家庭院，或是住廣廈經濟條件較好的階級，栽培茴香於庭院中供觀賞，還會把種子藏在書上。

可惜時代久遠，沒有留下更多的文字，不知道魏晉當時茴香還有沒有其他用途，但從醫藥的書籍倒是可以看出茴香入藥的時間。

秦漢時期便成書的《神農本草經》當中沒有茴香是合理的，畢竟當時東亞還沒有茴香這種植物。但是到了六世紀，南北朝陶弘景的著作《本草經集注》依舊沒有茴香的蹤影。直到七世紀中葉，蘇敬主編，由國家頒布的《新修本草》，才首次將茴香收錄於藥典當中。該書中入藥的是懷香子；其描述包含葉子形態「似老胡荽，極細」，植株「莖粗，高五、六尺，叢生」可以準確判斷，懷香就是茴香沒錯。

從上述文獻成書年代來推斷，茴香應該是六世紀之後漸漸融入中藥系統。到了十一世紀，北宋博物學家蘇頌在《本草圖經》中，除了詳細描述茴香的形態，還進一步記錄了物候：「三月生葉似老胡荽，極疏細，作叢，至五月高三，四尺；七月生花，頭如傘蓋，黃色；結實如麥而小青色。」而且此時，茴香的使用更多元，除了種子，葉及根也都被視為藥材。

稍早於《新修本草》成書的著作《備急千金要方》[20]中，藥王孫思邈認為它有除臭效果，讓肉回香，所以稱為茴香。蘇頌在《本草圖經》中則說北方人稱為茴香，是因為茴跟懷的音近似。明朝李時珍又提供了另一種說法：「俚俗多懷之衿衽咀嚼，恐懷香之名，或以此也。」是因為常被放在懷中口袋，以便拿出來咀嚼，因而得名。這種使用方式就像是吃完印度料理之後，店家提供茴香籽作為口香糖一樣。

還有一點也挺有趣的，從嵇康之後一千多年，只找到一篇關於茴香的詩。而且是大家第一時間不會想到的人物，明朝劉伯溫所作《種懷香》：

「懷香體虛柔，本自南土出。
毛芒散纖葉，旖旎怯朝日。
芳菲挺眾卉，辛美更無匹。
況能已疝痛，兼理腸胃疾。
種之近庭階，離離看新茁。
驅童斬竹枝，扶植待秋實。
常恐風雨惡，摧折傷弱質。
蒺藜生道傍，延蔓何綿密。
豈無荷鋤人，夕薙旦已出。
上天意何如，感嘆靡終畢。
松柏多斧斤，山林日蕭瑟。」

除了最後八句突然有所轉折。前面將自己對茴香的觀察、功效，還有栽培心得都寫得十分清楚。或許是因為電視劇的關係，大眾對劉伯溫的印象都是通曉天文地理，輔佐明太祖，如同諸葛亮一樣的角色。其實劉伯溫也留下了許多詩文。其中有吃檳榔的體驗，在花園裡栽種菊花、石柳，賞松、竹、櫻、荷、桂花、萱草、水仙、蒲葵，並記錄了許多在花園裡的心情，不禁猜想他應該也是喜歡花草樹木的性情中人。

在西方傳統文化中，茴香也是極為重要的民族植物。除了當作蔬菜或香料，也是傳統烈酒苦艾酒的三個主要成分之一。希臘神話中，跟雅典娜一起創造人類的普羅米修斯，除了用泥土造人，還違抗宙斯，使用乾燥的茴香枝為人類盜取了火，象徵為人類帶來技術。另外，許多人喜歡參加的馬拉松賽跑，大家都知道是為了紀念在古希臘時代對抗波斯帝國的馬拉松戰役當中，從馬拉松平原跑回雅典報捷卻死亡的雅典士兵。可是卻不一定知道馬拉松這個地名，古希臘文 μάραθον（轉寫 márathon）其實就是指茴香。

一七五三年林奈在《植物種志》中將茴香命名 *Anethum foeniculum*，屬名來自古希臘文 ἄνηθον（轉寫 ánēthon），指的是蒔蘿；而種小名 *foeniculum* 就是茴香，來自拉丁文乾草 faenum 這個字，與希臘神話若合符節。當然，蘇格蘭植物學家菲利普．米勒依舊沒有缺席茴香的命名活動，一七六八年《園丁辭典》中他故技重施，將林奈原本使用

20《備急千金要方》原文：「茴香菜，味苦辛微寒澀無毒，主霍亂，辟熱，除口氣。臭肉和水煮，下少許，即無臭氣，故曰茴香。」

的種小名改為屬名，命名 *Foeniculum vulgare*，種小名意思是普遍的、平常的。雖然林奈正確的次數較高，但這次卻是米勒改得有理，茴香與蒔蘿確實不同屬。

蒔蘿學名 *Anethum graveolens* 倒是林奈命名後就沒有更動，連菲利普．米勒都沒有異議。屬名上段解釋過了，種小名 *graveolens* 則是形容氣味濃烈，結合自沉重的 gravis 與氣味 olēns 兩個字。

蒔蘿的原生地範圍比茴香小，大概在北非與西亞一帶。從考古資料顯示，大約西元前一千四百年，古埃及已經懂得使用蒔蘿。

跟茴香如同孿生兄弟一般的蒔蘿，不論古今，東方或西方，它們總是經常被相提並論。如《本草圖經》、《本草綱目》，茴香與蒔蘿便是一前一後相繼出現。然而，相較於茴香，蒔蘿的介紹總是比較簡略，希臘神話中也沒有關於蒔蘿的故事。

它出現在華文書籍的時間較茴香更晚。按照李時珍的考證，八世紀唐朝藥物學家陳藏器的著作《本草拾遺》書中有收錄蒔蘿，說它來自佛誓國[21]。《本草拾遺》在《新修本草》的基礎上增加了藥物近七百種，是相當重要的藥學著作。雖然散佚，但是後代的藥典處處可以見到引用。

到了十世紀，北宋太祖趙匡胤命翰林醫官編修《開寶重定本草》，在《本草拾遺》的基礎上又增加了一百多種藥物。書上記載蒔蘿為慈謀勒。不過，很有趣的是，即便唐代藥典就已經收錄，到了十一世紀，蘇頌《本草圖經》仍舊記錄蒔蘿只做為香料，「不聞入藥用」。

李時珍表示蒔蘿和慈謀勒都是外來語。根據語言學家研究，兩個詞彙應該是來自梵文 जीरक，轉寫為 jīraka。不過，這個字的意思是孜然，不是蒔蘿。古代把兩種植物搞混了。

至於茴香與蒔蘿何時引進台灣，沒有明確記載，部分文獻認為是荷蘭時期引進。然而，茴香與蒔蘿在台灣的歷史文獻中幾乎全面缺席，直到二十世紀初連橫《台灣通史》才簡單提到茴香：「茴香：即小茴。葉如蒝荽，幹高數尺。」翻閱其他古籍，康熙年間編寫的《台灣府志》，物產之中並沒有直接提到茴香或蒔蘿，只在介紹天門冬時提到它的花與茴香相似[22]。倒是一七七四年台灣府知府余文儀《續修台灣府志》卷八〈學校〉篇之中，記載準備祭品，製作豬肉醬或鹿肉醬，要拌入油、鹽、椒、蒔蘿、茴香[23]。我不禁開始懷疑，究竟是編寫史書的官員不喜歡茴香與蒔蘿，還是茴香與蒔蘿在明清時期不如現在普遍。

茴香的英文是 Fennel、蒔蘿是 Dill，雖然是俗名，但是名稱上不太會跟其他植物混淆，畢竟其他形態相似的香草植物，其英文都截然不同，如 Cumin、Anise、Caraway。原本我以為華文世界也是如此，茴香就是茴香、蒔蘿是蒔蘿，上述這些跟茴香長得相似

21 應該是指發源於蘇門答臘島的印尼古國「屍利佛誓國」，一般寫做「室利佛逝」，請參考《舌尖上的東協——東南亞美食與蔬果植物誌》｜22《台灣府志》原文：「天門冬：蔓生，有逆刺，花如茴香、結根如指。」｜23《台灣府志》原文：「醓醢：醢，肉醬也；醓，醢之多汁者。今制：皆細切豬膂肉，拌油、鹽、蔥、椒、蒔蘿、茴香為之。……鹿醢切鹿肉作小塊，用油、鹽、蔥、椒、蒔蘿、茴香拌勻。」

的植物，分別有孜然（Cumin）、茴芹（Anise）、葛縷子（Caraway）等看起來完全不一樣的華文名稱。

但是隨著接觸的領域更廣，我發現離開植物圈子後，不同領域對茴香與蒔蘿有不同的稱呼，十分容易混淆。每次講到「茴香」，植物圈的人都知道講的是Fennel，但是其他圈子的朋友卻總是會問：「是大茴香、小茴香、甜茴香、洋茴香？」讓我十分迷惑。於是，原本自以為對茴香熟悉的我，開始了一場茴香辨識之旅。

如果跟我一樣習慣到中藥店買香料的朋友，應該算是比較不會錯亂的。中藥店販賣的都是這些植物的種子。茴香是茴香、蒔蘿是蒔蘿、孜然是孜然。基本上名稱就是跟著《本草綱目》等中藥書籍。只不過，孜然原本在中藥材的名稱是馬芹子[24]，孜然是音譯自新疆維吾爾語زىرە（轉寫zire）。另外，大家熟悉的八角，完整名稱是八角茴香，加上它的果實很大一顆，在中藥上又稱為大茴香。因此，種子相對較小的茴香，中藥店往往又稱為小茴香。

超市或食品材料行、香料行，當販賣的是做為香料的乾燥種子時，多半將茴香稱為甜茴香。這還沒什麼問題。最容易造成混淆的是，這裡所謂的大茴香往往是指茴芹Anise，也稱洋茴香，而小茴香卻常常是孜然。這也就是說，如果你開始踏入烹飪的領域，想要買香料，你在不同的商家買到的大茴香、小茴香，可能是完全不同的東西。

不要以為這樣就結束了。踏進菜市場，冬春季節常見的茴香菜，台語茴香仔，成熟植株纖細，一般又稱為小茴，其實是植物學上所謂的蒔蘿。台灣許多茴香小吃：炸茴香、

台中海線菜市場可以同時見到茴香與蒔蘿

茴香蛋餅……九成以上都是使用被稱為茴香仔或小茴的蒔蘿。

真正的茴香在菜市場上反倒十分少見，目前僅知道台中海線龍井、沙鹿、清水、大甲地區，還有豐原、新社一帶會販售。畢竟，出了這個範圍，一般民眾幾乎沒有人食用茴香，一般市場當然也不會販售。不然就是得到新住民比例較高的市場，如中和華新街，我也見過真正的茴香。因為茴香老株植株相當粗壯，中部地區稱之為大茴，其他縣市要找真正的茴香來做菜的話，反而是超市裡的球莖茴香，它才是真正的茴香。

不過，更可怕的事情是，如果

24 在《新修本草》稱為馬芹，《本草綱目》中寫做馬蘄

你到台中海線的菜市場，你會發現，當地對茴香跟蒔蘿的稱呼完全相反。因為當蔬菜販售的時候，蒔蘿的植株通常較大，茴香較小，所以海線菜攤上會把蒔蘿稱為茴香仔或大茴，而茴香則被稱為小茴。

中和華新街或桃園忠貞市場可以見到真正的茴香

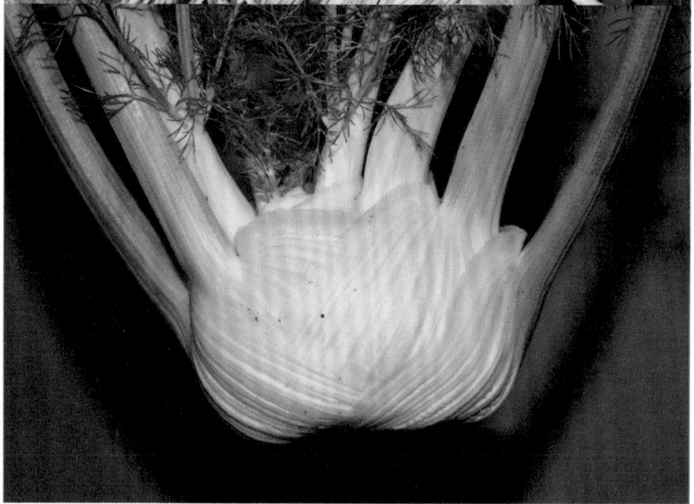

球莖茴香也是真正的茴香（攝影／王秋美）

一下小茴、一下大茴，到底茴香是大茴還是小茴，傻傻分不清楚，說有多崩潰就有多崩潰。尤其蒔蘿跟茴香的形態真的非常非常相似，特別容易混淆。不同的是，茴香植株較粗大，基部容易變大叢或膨大，葉片綠色，葉片結構較立體，略呈瓶刷狀，葉軸短，分叉處不變色，根偏白色，種子偏綠而細長。而蒔蘿較細小，基部不會變粗或膨大，葉片灰綠色，葉片結構較平面，略呈菱形，葉軸長，分叉處略呈白色，根偏褐色，種子偏黑而橢圓，兩側顏色較淡。

看過一些區分茴香與蒔蘿的說法，說基部不膨大的都是

茴香左，葉片結構較立體，略呈瓶刷狀；
蒔蘿右，葉片結構較平面，略呈菱形

茴香左，葉片綠色；蒔蘿右，葉片灰綠色

茴香左，葉軸短，分叉處不變色；
蒔蘿右，葉軸長，分叉處略呈白色

茴香左，根偏白色；蒔蘿右，根偏褐色

蒔蘿，這是不精確的，因為茴香小時候莖不會明顯膨大。另外，說茴香葉片裂片是細絲狀，蒔蘿較寬扁，也是有問題的。因為，蒔蘿、茴香都是二型葉。小時候葉片裂片都是寬扁的線型，而開花時都會變成細絲狀。

茴香辨識之旅結束後，我赫然發現，記憶裡的茴香竟然也是混淆的。搞了半天，原來姑姑院子裡的茴香也好，吃進肚子裡的茴香料理也罷，都是蒔蘿。只有茴香根、五香粉，才是貨真價實的茴香。

姑姑種在院子裡高大的茴香仔，一直留在我的味覺記憶裡，長大後才知道原來它是蒔蘿

大家熟悉的八角，完整名稱是八角茴香，中藥店又稱大茴香

孜然又稱馬芹子，食品行有時會稱它為小茴香

| 華文 | 英文 | 中藥店 | 香料店或食品材料行 | 菜市場或超市 | 台中海線菜市場 |
| --- | --- | --- | --- | --- | --- |
| 茴香 | Fennel | 茴香<br>小茴香 | 甜茴香 | 大茴<br>球莖茴香<br>結球茴香 | 小茴 |
| 蒔蘿 | Dill | 蒔蘿 | 蒔蘿 | 茴香仔<br>小茴 | 茴香仔<br>大茴 |
| 孜然 | Cumin | 孜然<br>馬芹子 | 小茴香 | | |
| 茴芹 | Anise | | 大茴香<br>洋茴香 | | |
| 葛縷子 | Caraway | | 凱莉茴香 | | |
| 八角茴香 | Star Anise | 八角<br>大茴香 | 八角 | | |

大茴香、小茴香，
傻傻分不清楚

| 華文 | 茴香 | 蒔蘿 |
| --- | --- | --- |
| 英文 | Fennel | Dill |
| 學名 | *Foeniculum vulgare* | *Anethum graveolens* |
| 壽命 | 多年生 | 1 至 2 年生 |
| 植株 | 粗大 | 纖細 |
| 老株基部 | 一大叢或結球 | 纖細 |
| 幼株基部 | 纖細 | 纖細 |
| 葉片結構 | 較立體，略呈瓶刷狀 | 較平面，略呈菱形 |
| 葉片顏色 | 綠色或黃綠色 | 灰綠色 |
| 葉軸 | 短，分叉處不變色 | 長，分叉處略呈白色 |
| 根 | 偏白色 | 偏褐色 |
| 種子 | 偏綠而細長 | 偏黑而橢圓兩側顏色較淡 |

# 茴香

**學　名** | *Foeniculum vulgare* Mill.

**科　名** | 繖形科（Apiaceae）

**原產地** | 南歐、北非、小亞細亞、西亞、中亞

**生育地** | 河岸草地

**海拔高** | 平地

多年生草本，莖基部膨大。葉互生，三到四回羽狀裂，裂片細。花細小，黃色，複聚繖花序頂生。離果。

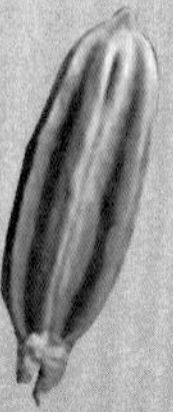

茴香種子偏綠色而細長

茴香的繖形花序

茴香小苗

# 蒔蘿

**學　名**｜*Anethum graveolens* L.
**科　名**｜繖形科（Apiaceae）
**原產地**｜北非、西亞
**生育地**｜草地、荒地
**海拔高**｜200-2000m

一年生草本。葉互生，三到四回羽狀裂，裂片細。花細小，黃色，複聚繖花序頂生。離果。

蒔蘿種子偏黑而橢圓，兩側顏色較淡

蒔蘿小苗

蒔蘿的繖形花序

蒔蘿葉片偏灰綠色

Ch——03

# 賽倫蓋蒂的《獅子王》——東非

Photo by Hu Chen / unsplash

有動物版《哈姆雷特》之稱的《獅子王》，是大人小孩都喜歡的史詩級動畫電影。除了一九九四年的動畫，也被改編成音樂劇，二〇一九年甚至拍成擬真版。

這部老少咸宜的電影，構築了大朋友小朋友對東非大草原的印象，也讓大眾認識了許多棲息在此的各種大型動物。

不過，在我更小的時候，當時電視還播出過日本漫畫大師手塚治虫的作品《森林大帝》，也翻譯做《小白獅王》。這是手塚大師在一九五〇年代創作的漫畫作品，同樣是以非洲草原及動物作為創作題材，後來也數度改編成電視或電影動畫。

由於《森林大帝》與《獅子王》中有許多類似的橋段，曾引發熱議。不過，無論如何，這兩部作品都是過去半個世紀大朋友小朋友重要的記憶。除了形塑大家對東非大草原與動物大遷徙的印象，也帶我們認識非常多草原動物，讓東非成為許多人畢生嚮往的野生動物天堂。

以國家來說，東非一般分成四大部分：東非北部，與阿拉伯半島隔海相望的非洲之角。其上最大的國家是衣索比亞，還有外圈的厄利垂亞、吉布地、索馬利蘭、索馬利亞。另外，非洲之角東方海上的索科特拉島，雖是阿拉伯國家葉門的領土，但是因為地理位置相近，也常被視為東非的一部份。

位於赤道南北兩側，經濟上組合成東非共同體的南蘇丹、烏干達、盧安達、蒲隆地、坦尚尼亞與肯亞，是東非中部。

東非南部，有時候會被視為南非一部份，有尚比亞、辛巴威、馬拉威和莫三比克四國。

最後是印度洋上的島嶼，包含最大的島國馬達加斯加，還有大家相對陌生的葛摩、塞席爾、渡渡鳥的故鄉模里西斯，以及兩個法國海外省留尼旺與馬約特。

整個東非由北到南，絕大部分都位於南北回歸線之內，但由於主要的地形地貌是高山與高原，氣候與其他熱帶地區有所不同。除了因為海拔較高，造成日夜溫差明顯，貫穿南北的東非大裂谷形成的連續高山阻擋了來自幾內亞灣的季風，使得東非整體來說相對涼爽且乾燥。

東非大裂谷又稱為東非大地塹，分成東西兩條，東線北起非洲之角中北部的阿法爾三角[1]。此處是紅海、亞丁灣和東非裂谷的三叉點，更是人類考古的熱點，阿法南方古猿被發現之處與名稱由來。大裂谷由東北往西南經過衣索比亞高地，在肯亞境內往南延伸，經過肯亞首都奈洛比，直達坦尚尼亞南部，於馬拉威湖北側與西線交會。

坦尚尼亞境內的吉力馬札羅山不但是東非最高峰，也是整個非洲最高峰，海拔最高處達五千八百九十五公尺，有非洲屋脊之稱。它與非洲第二高峰肯亞山，都是東非大裂谷東線形成時，因地殼抬升，在裂谷東岸所形成的一系列火山。

西線北半段是開口向右的圓弧線，成為東非與中非剛果民主共和國的天然邊界。北起烏干達北部，往南經盧安達、蒲隆地、坦尚尼亞西部，至馬拉威高地與東線交會，然後往南入莫三比克。

西線除了有傳說中尼羅河源頭月亮山的魯文佐里山脈[2]，也形成了一系列的湖泊。

如世界第二深的坦干依喀湖，同時是非洲最大的裂谷湖。而裂谷最南方的馬拉威湖，是非洲第二深，面積第三大的湖泊，也是魚類多樣性最高的湖泊。這兩個知名的大湖都是位在裂谷之上的裂谷湖，形狀狹長且水極深。

東西兩條裂谷之間，因為地殼下沉而形成的構造湖維多利亞湖，是非洲第一大湖，湖面雖廣卻較淺。它與坦干依喀湖與馬拉威湖並稱非洲三大湖，湖中有綺麗且種類繁多的慈鯛科魚類，是所有愛魚人嚮往的夢幻寶地。

維多利亞東方的賽倫蓋蒂大草原，在多數人心中幾乎就是東非大草原的代名詞。這裡是非洲七大自然奇觀，也是世界十大生態旅遊勝地。超過七十種大型哺乳動物，五百種鳥類生存於此，《獅子王》裡絕大多數的動物都可以在此見到。

而害死辛巴父親，以百萬頭牛羚羊為主力大軍的動物大遷徙，每年從賽倫蓋蒂南方往北移動抵達肯亞的馬賽馬拉。中間必須經過鱷魚出沒的馬拉河，上演最悲壯的天國之渡，相信看過影片的人都會為之動容。

當然，東非並不是只有散生著猢猻木等耐旱樹種的稀樹草原，北部還有沙漠，山區有較潮濕的雲霧林，而印度洋沿海低地也有小面積的熱帶雨林。自然生態極為豐富。

夏季帶著雨水的季風自西向東吹拂，水氣只到衣索比亞西部山區，冬季的東北信風也幾乎沒有帶來水氣，造成非洲之角外圍比東非其他地區更加乾燥，形成多岩石的荒漠。不過，這樣的環境依舊演化出耐旱的乳香與沒藥，以及台灣常見的觀賞植物沙漠玫

1英文：Afar Triangle。｜2英文：Rwenzori Mountains

瑰。潮濕的山區是阿拉比卡咖啡的原鄉，河岸邊是蓖麻的原生環境，水邊則有輪傘莎草。低海拔森林裡，可以見到裂瓣朱槿、美鐵芋、非洲鳳仙、非洲堇等植物。

東非除了是智人演化的重要舞台，因為地理位置重要，也很早就發展出文明。其中，控制非洲之角北部與阿拉伯半島南部的阿克蘇姆王國[3]，大概自西元前或西元初建立，掌握紅海的出入口，成為古印度和古羅馬貿易的橋樑，直到六世紀波斯帝國興起，被趕出阿拉伯半島。七世紀阿拉伯帝國興起，掌握了印度到地中海的航線，阿克蘇姆王國開始走下坡，並將政治中心南移，直到十世紀才滅亡。

非洲之角以南的東非主要是班圖語族[4]，在中世紀也陸續建立大大小小的班圖王國。其中較為知名的王國，如位於今日烏干達境內的中世紀王國布干達[5]，十九世紀前曾是大湖區最強大的國家。而鄰近印度洋的斯瓦希里海岸，則是班圖人與阿拉伯商人通婚後發展出來的獨特文化。

東非南部知名的世界文化遺產大辛巴威，是辛巴威的古代王國在十一世紀所建立。這是非洲撒哈拉沙漠以南在地發展出來的高度文明，未受伊斯蘭文化影響。曾是東非南部與南非的貿易中心，於一二二〇至一四五〇年間達到頂峰。

十九世紀，歐洲列強瓜分了東非，除了衣索比亞保持獨立，法國曾入侵吉布地與印度洋上諸島國。北部的南蘇丹、烏干達、肯亞、索馬利蘭，還有南部的尚比亞、辛巴威、馬拉威均屬英國勢力範圍。盧安達、蒲隆地、坦尚尼亞被納入德屬東非。葡萄牙殖民莫三比克。厄利垂亞與索馬利亞由義大利佔領。

此處因印度洋貿易而繁榮，坦尚尼亞外海桑吉巴島的皇宮博物館內，甚至有當地出土，中國宋代的文物。

東亞與東非洲大約八世紀後開始透過阿拉伯帝國間接產生交流。《酉陽雜俎》書中所記載，產象牙及阿末香的撥拔力國，以及《諸蕃志》書中記載的弼琶囉國，即是今日索馬利蘭境內的海港柏培拉[6]。

根據《諸蕃志》記載，弼琶囉國產駱駝、象牙、犀牛角、蘇合香油、沒藥，與今日我們的認知相同。而我注意到最有趣的是關於三種非洲草原動物的描述。如有翅膀但不能飛，高六、七尺的駱駝鶴，相信就是鴕鳥了。「有騾子，紅白黑三色相間，紋如經帶」想當然耳是斑馬。而「獸名徂蠟，狀如駱而大如牛，色黃，前腳高五尺、後低三尺，頭高向上」的動物[7]，相信大家應該也猜得到，就是長頸鹿。大家熟悉的英文 Giraffe，還有長頸鹿的拉丁文屬名 *Giraffa*，都是源自阿拉伯語 زرافة（轉寫 zarāfa），甚至相信是來自索馬利文 geri。你看，是不是都很像「徂蠟」。

因為摯友在東非坦尚尼亞擔任導遊，常跟我分享他的旅遊經歷與在當地的所見所聞，所以對於東非，總有一種親切感。總是期待有朝一日，可以親自去看看當地，站在高處，看看《獅子王》的故鄉。

---

**3** 英文：Kingdom of Aksum。｜**4** 英文：Bantu languages。｜**5** 英文：Buganda。｜**6** 英索馬利文：Berbera。｜**7**《諸蕃志》原文：「弼琶囉國，有四州，餘皆村落。各以豪強相尚，事天不事佛。土多駱駝、綿羊。以駱駝肉并乳及燒餅為常饌。產龍涎、大象牙及大犀角。象牙有重百餘斤，犀角重十餘斤。亦多木香、蘇合香油、沒藥。玳瑁至厚，他國悉就販焉。又產物名駱駝鶴，身頂長六、七尺，有翼能飛，但不甚高。獸名徂蠟，狀如駱而大如牛，色黃，前腳高五尺、後低三尺，頭高向上，皮厚一寸。又有騾子，紅白黑三色相間，紋如經帶：皆山野之獸，往往駱駝之別種也。國人好獵，時以藥箭取之。」

## 沙漠玫瑰

**學　名** | *Adenium obesum* (Forssk.) Roem. & Schult.
**科　名** | 夾竹桃科（Apocynaceae）
**原產地** | 西非、中非至東非坦尚尼亞、阿拉伯半島南部
**生育地** | 撒哈拉沙漠以南乾燥草原、疏林、灌叢
**海拔高** | 低海拔

灌木，莖肉質，高可達2公尺。單葉，簇生於莖頂，全緣。花鐘狀，白色至紅色，繖房花序，腋生。蓇葖果細長，尖角狀，成對生長。種子末端有成簇柔毛，可隨風傳播。

沙漠玫瑰全年不定期開花，花大而艷麗，觀賞性佳，除了早期粉紅色花，近年來還有黃色、暗紅色、紫黑色、雜色、重瓣、特殊花形的品種。

植株耐旱、播種或扦插都容易成活，栽培也十分簡單，全台普遍可見。一九六八年黃珠羣率先自美國引進，而後連續兩年都有引進紀錄。一九六九年是張碁祥，一九七〇年則是園藝考察團自泰國輸入。

二〇二〇的觀葉植物與多肉植物栽培風潮中，植株形態奇特，而且容易開花的沙漠玫瑰，再次成為玩家喜歡蒐藏的植物。

沙漠玫瑰的花大而鮮豔

各種顏色的重瓣沙漠玫瑰

沙漠玫瑰蓇葖果細長，種子末端有成簇柔毛，可隨風傳播

沙漠玫瑰莖會膨大

## 裂瓣朱槿

**學　名** | *Hibiscus schizopetalus* (Dyer) Hook. f.

**科　名** | 錦葵科（Malvaceae）

**原產地** | 肯亞、坦尚尼亞

**生育地** | 森林、海岸林、紅樹林

**海拔高** | 0-200m

灌木或小喬木，高可達 5 公尺。單葉，互生，鋸齒緣。花單生，腋生，下垂狀，花瓣深紅色，五瓣，邊緣深裂，向上反捲。花蕊下垂突出花外，花絲短，雄蕊合生成雄蕊筒，瓶刷狀，雌蕊五枚，穿出雄蕊筒外。蒴果橢圓球狀。

裂瓣朱槿又稱吊燈扶桑，台語稱為燈仔花，花朵十分特殊。因為耐修剪，枝葉緻密，中南部經常做籬笆栽培。一九〇一年十月田代安定自日本引進。

裂瓣朱槿花下垂，十分特殊

# 非洲鳳仙花

**學　名** | *Impatiens walleriana* Hook. f.

**科　名** | 鳳仙花科（Balsaminaceae）

**原產地** | 肯亞、坦尚尼亞、莫三比克、馬拉威、辛巴威

**生育地** | 森林、河岸等潮濕陰涼處

**海拔高** | 0-1800m

肉質草本，略具匍匐性，高可達 60 公分。單葉，互生，鋸齒緣。花五瓣，白色至紫紅色，兩側對稱，有一長距。聚繖花序腋生。蒴果紡錘型，種子細小如芝麻。

鳳仙又稱為指甲花、急性子、勿碰我。英文稱為 touch-me-not，意思就是勿碰我。因為它的蒴果成熟後，只要輕輕碰到，就會快速捲曲，將種子彈出。非洲鳳仙跟一般傳統栽培的鳳仙花有所不同，植株基部常匍匐生長，可以很快長成一片，加上花較圓，顏色也多變，因而成為受歡迎的地被植物。一九六六年胡煥彩自日本引進，已歸化於山區林緣。植株怕熱，栽培時要半遮陰才能渡夏。

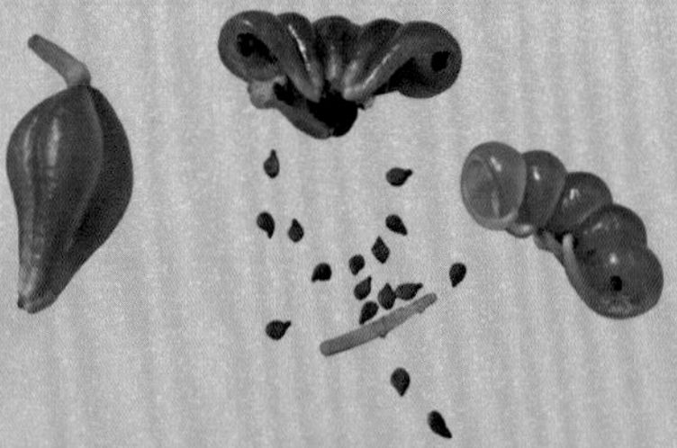

非洲鳳仙的蒴果成熟後，
輕輕碰到，就會快速捲曲，
將種子彈出

非洲鳳仙喜歡半遮陰環境

非洲鳳仙的花色有橘紅色、紫紅

# 輪傘莎草

**學　名**｜*Cyperus alternifolius* subsp. *flabelliformis* Kük./ *Cyperus involucratus* Rottb.

**科　名**｜莎草科（Cyperaceae）

**原產地**｜非洲熱帶亞熱帶、馬達加斯加、阿拉伯半島

**生育地**｜河畔、沼澤邊、湖畔

**海拔高**｜0-2000m

挺水草本，桿叢生而直立，三稜形，高約 150 公分。葉狀總苞細長且下垂，互生，於桿頂端螺旋排列成輪狀。花序構造十分複雜，由許多小小的穗狀花序排列成圓錐狀，其花序軸長而下垂，著生於葉狀總苞葉腋，眾多的圓錐狀穗狀花序與總苞再排列成巨大的繖房狀，即大家常見到頂生於桿頂的輪傘狀構造。果實為瘦果，三稜形。

輪傘莎草，又稱傘莎草或風車草，種小名 *alternifolius* 由林奈所命名，來自交替 alternus 以及葉片 folium 兩個字，用來形容它的葉狀總苞。承名亞種 *Cyperus alternifolius* subsp. *alternifolius* 的葉狀總苞較短，不彎曲下垂，只分布在馬達加斯加東部。另外有一個亞種 subsp. *textilis* 只分布在南非，總苞更短且寬。

最常見的輪傘莎草，亞種名 *flabelliformis* 意思是小扇子。是田代安定一九〇一年九月自日本引進，目前已經廣泛歸化在全世界，台灣全島濕地、溪畔也都可以見到。

輪傘莎草在台灣的溪畔、水邊也可以見到歸化植株

輪傘莎草像雨傘骨架的部分其實是它的花序的總苞，不是葉子

# 最初的咖啡夢想家

## 阿拉比卡咖啡

大家最常接觸且熟悉的非洲植物，我想咖啡應該是前三名吧！每個人心裡可能都有一套咖啡經，但是咖啡究竟怎麼來到台灣？台灣又是何時開始喝咖啡呢？

回顧台灣的咖啡栽培史，劉璈與丁日昌應該算是最常被遺忘的台灣咖啡夢想家！

一八七四年（清同治十三年）台灣發生牡丹社事件，日本藉口琉球王國發生船難時，倖存者登陸台灣東部遭到原住民出草，出兵攻打台灣南部。此後，清廷才開始重視台灣，而咖啡也在這樣的氛圍下成為清廷考慮栽培的作物。

一八七六年（清光緒二年），丁日昌來台撫番，推行漢化與新政。隔年三月二十九日，丁日昌擬定〈撫番善後章程二十一條〉，當中第十六條便提到要鼓勵原住民栽種咖啡：「靠山民番……教以栽種之法，令其擇避風山坡種植茶葉、棉花、桐樹、檀木以及麻、豆、咖啡之屬，俾有餘利可圖，不複以游獵為事……」

這是首次出現「咖啡」二字的華文文獻，而丁日昌應該是第一個提出要在台灣栽種咖啡的人。可惜當年八月他便因病返鄉，咖啡栽培之事即

不了了之。直到一八八三年，劉璈才又有了在台灣栽培咖啡的想法。

劉璈是湘軍左宗棠門下，也是劉銘傳的政敵。牡丹社事件發生後，來台協助善後，負責督辦恆春縣城建築工務，因而獲得沈葆楨的賞識，並與恆春結下不解之緣。一八八一年（清光緒七年）劉璈再度來台，官任福建分巡台灣兵備道。在台治理期間最為人稱道的是建造台北城，並在清法戰爭期間堅守台灣南部，讓法軍無法越雷池一步；堪稱清廷治理台灣期間政績最顯著的道台。

一八八三年（清光緒九年）八月，劉璈想在鵝鑾鼻附近購地栽種咖啡。他將構想寫在著作《巡台退思錄》中：「竊聞鵝鑾鼻附近如龜仔角至豬勝束[8]、射麻里……地熟而肥，最宜種植。……職道考問西學家，言『……平原地

8 應該是猪勝束才對，可能是電子化時辨識錯誤

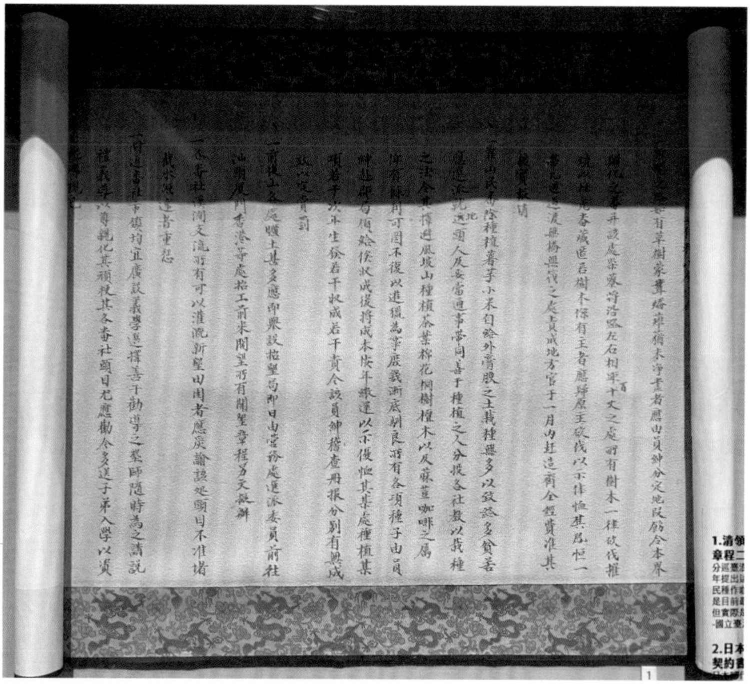

丁日昌擬定〈撫番善後章程二十一條〉當中首次提到咖啡

方，可種加非，獲利無窮』各等語。」文中的「加非」便是指咖啡。可惜一八八四年清法戰爭戰火延燒至台灣，後來劉璈又遭劉銘傳彈劾而流放黑龍江，劉璈的咖啡夢無法實現。不過，劉璈看中的地點龜仔角與豬朥束，卻在往後台灣咖啡栽培史上留下一頁。

在咖啡傳播史中，荷蘭是將咖啡帶回歐洲，並且進一步帶到全世界栽培的主要國家。一六五八年荷蘭開始在錫蘭栽培咖啡，一六九九年荷蘭又把咖啡帶到爪哇。不過，荷蘭東印度公司一六六二年就被鄭成功打跑了，咖啡來不及依循其他熱帶植物的模式，經由爪哇引進台灣。

關於咖啡首次引進台灣栽培的紀錄，載於一九一一年田代安定編寫的《恆春熱帶植物殖育場事業報告》第二輯「珈琲木」。一八八四年（光緒十年），清法戰爭戰火波及台灣那年，英商德記洋行自菲律賓馬尼拉輸入一百株咖啡苗，栽種於台北海山郡三角湧[9]一帶。但最初存活率不佳。後來澤田兼吉的調查，隔年德記洋行又從錫蘭輸入種子，繁殖約三千株咖啡苗，大約培植在水返腳[10]及擺接堡冷水坑庄[11]。而美國記者達飛聲[12]一九〇三年的著作《福爾摩沙島的過去與現在》[13]也提到，一八九一年英商德記洋行自舊金山又輸入咖啡的種子與小苗到台灣。

原本從台灣購買茶葉外銷的英國，卻在台灣試種咖啡達三次，甚至將種子分送給茶農，相信絕對不會只是玩票性質。愛喝茶的英國人，或許早在美國獨立戰爭爆發時就察覺了咖啡潛在商機，加上一八六〇年至一八八〇年代，英國的殖民地錫蘭爆發嚴重咖啡銹病，而原產於東非高原的阿拉比卡咖啡，與茶葉一樣適合生長在熱帶與亞熱帶中低海拔涼爽又無寒害的環境。種種原因，促使英國看上台灣這塊母國無暇看顧的島嶼，尋「茶葉模式」，企圖開闢另一處栽種咖啡的要地。

不過，英國的台灣咖啡夢「來不及」成真。萬萬沒想到還在試驗階段，台灣就被割讓給日本。

日本愛喝咖啡，也想種咖啡，不過，倒也不是一開始來台灣栽種咖啡就立刻有成果。真正讓咖啡在台灣成為經濟作物的人是田代安定。

台灣割讓給日本時正好是全球咖啡市場的高峰期，咖啡遂成為日本來台發展熱帶栽培業的重點項目。一八九五、一八九六年，日本初來台便數度購買咖啡種子發給地方栽種。後來得知擺接堡冷水坑庄茶商游其源曾自德記洋行取得咖啡種子，且栽種頗有成效，遂在一八九八年於游其源處採取咖啡種子，分送各縣市。然而，缺乏栽培經驗與技術指導，成效不彰，咖啡仍停留在農業機構試驗的農作物階段。

直到一九〇二至一九〇七年間，田代安定籌建恆春熱帶植物殖育場的過程中，將游其源所提供，以及從小笠原群島、夏威夷、巴西等地方獲取的咖啡種子，先後栽種至猪勝東、港口、高士佛、龜仔角等四個母樹園，台灣栽培的咖啡才開始收穫。而巧合的是，田代安定所選擇的母樹園，猪勝東與龜仔角，竟與劉璈在一八八三的想法不謀而合。

---

**9**海山郡即現今的板橋、土城、三峽、鶯歌、樹林與中永和，三角湧則為三峽。—**10**水返腳為汐止舊名。—**11**擺接堡冷水坑庄為今日新北市板橋區一部份。—**12**英文：James Wheeler Davidson。—**13**英文：The Island of Formosa, Past and Present

恆春栽培的咖啡於一九〇五年首次收穫，並在一九〇七年東京所舉辦的勸業博覽會受到肯定。一九一五年日本大正天皇繼位大典，台灣咖啡再度獲得讚許。一九三五年大稻埕茶商李春生將台灣生產的咖啡運送至英國倫敦，也蒙英人賞識。在這樣的氛圍下，台灣咖啡的栽培面積逐漸提高，至一九四二年太平洋戰爭爆發前，全台咖啡栽培近千公頃。

當時日本政府對於台灣咖啡栽培的重視程度，可以從農業機構投入研究與民間企業大規模投資兩點窺見一斑。在品種上，一九一八年設立的台灣殖產局園藝試驗場嘉義支場[14]，參考國外栽培經驗，為了避免銹病發生，於一九二〇年代陸續引進雜交種咖啡、大果種大葉咖啡與中果種羅布斯塔咖啡[15]。在栽培推廣部分，一九二九年殖產局特別出版了櫻井芳次郎的大作《珈琲》一書，詳細介紹咖啡的歷史、名稱由來、栽培沿革、栽培方法、品種、成分、市場等等知識。這本書或許是東亞第一本咖啡學的專書，也代表日本政府在台栽培咖啡，從試驗、自給生產，進入了大規模栽培與高值化階段。

當時民間的主要經營企業有三：於花蓮瑞穗栽培約四百八十公頃的住田物產株式會社；於嘉義紅毛埤[16]與台東栽培共約三百公頃的木村珈琲店；以及於台南及雲林斗六栽培約八十公頃的圖南產業株式會社。台灣各地生產的咖啡豆，除了銷往日本，主要外銷英美兩國。

國民政府來台後，各單位戮力復興咖啡栽培。延續日治時期的研究，嘉義農試分所致力於咖啡育種，而高雄旗山地區則研究咖啡加工。後來中興大學蕙蓀林場在一九五〇年加入咖啡研究與推廣，甚至免費贈送苗木，不但讓台灣漸漸恢復咖啡栽培盛況，也使得南投在一九五四年後成為全台咖啡栽培規模最大縣市。而後起之秀雲林，在一九五七年躍上台灣咖啡栽培面積第一名，並維持十多年之久。這或許是跟一九五九年斗六設立咖啡加工廠有關——據聞該工廠具有當時遠東規模最大的現代化烘豆機。

一九六〇年代初期是咖啡栽種的全盛時期，全台栽培面積至少有一千公頃，咖啡豆主要是外銷。不過，好景不常。一九六五年美援結束，美援機構農復會[17]也面臨改組，停止關注咖啡品種的發展，也不再補助咖啡生產。咖啡栽培由盛轉衰。一九七九年台美斷交，加上全球咖啡生產過剩，台灣咖啡出口受阻，政府遂不再提倡咖啡栽培，各地咖啡園紛紛轉種其他作物。一九八二年，台灣農業統計年報中不再獨立列出咖啡，整個咖啡栽培產業就此沒落。雖然後來台灣經濟起飛，帶起了咖啡飲用風潮，一九八〇年代中期仍有一小波栽培風潮，但是不敵國外咖啡的低價競爭，曇花一現。

台灣近代咖啡的栽培，是九二一大地震後才興起的一波栽植熱潮。一九九九年發生了九二一大地震，震央位於南投集集，附近縣市災情嚴重。為了兼顧災區水土保持與農民生計，並藉由觀光休閒產業振興經濟，政府積極輔導農民於檳榔園內混植咖啡。不

**14** 日治時期殖產局園藝試驗場嘉義支場即今日農業試驗所嘉義分所前身。—**15** 大葉咖啡拉丁學名 Coffea liberica，羅布斯塔咖啡拉丁學名 Coffea canephora，一般的阿拉比卡咖啡的學名是 Coffea arabica。—**16** 紅毛埤為蘭潭水庫舊稱。—**17** 1948 年美援機構中國農村復興聯合委員會（簡稱農復會），目的是帶動戰後農業與振興農村經濟。1979 年改組為行政院農業發展委員會（簡稱農發會）。1984 年農發會與經濟部農業局合併成立行政院農業委員會（簡稱農委會）。2023 年 8 月 1 日農委會升格為農業部

過政策推廣初期，一九九九至二〇〇三年間，咖啡種苗量少價高，農民栽培興趣缺缺。反倒是一些腦筋動得快的苗商，開始到早期荒廢的咖啡園尋找種源，做起了咖啡苗的生意。此舉讓咖啡種苗價格下滑，加上二〇〇三年雲林縣政府開始在古坑舉辦台灣咖啡節，使得咖啡栽培資訊普及，咖啡栽培面積才漸漸提升。至二〇〇九年六月，全台栽培面積達六百公頃。

二〇〇九年政府實施 22K 實習方案導致年輕人貧窮化，進一步引發創業與返鄉務農風潮，加上當年阿里山咖啡在國際比賽中嶄露頭角，帶動台灣咖啡栽培產業再創新風潮。二〇一一年突破七百公頃，二〇一三年官方統計逾九百公頃，二〇二一年超過一千一百公頃。咖啡栽培終於又回到過去的榮景。

## 種與喝之間

不過，台灣咖啡飲用與咖啡栽培是兩條平行線。一九三〇年代末期與一九六〇年代初期，台灣兩波咖啡栽培的全盛時期，咖啡豆主要應該都是外銷，台灣喝咖啡的風潮並未普及。

日治時期，日本將咖啡飲用風潮帶進台灣。根據《後解嚴台灣文學》書中陳柔縉在〈發現台灣第一家咖啡店〉文中的考證，第一家有販賣咖啡的店是一八九七年在《台灣日報》刊登廣告的西洋軒喫茶館。這家店位在「西門外竹圍內」——大約是今日西門町。它將自己定位為歐風喫茶館，從主打商品來看，類似今天的西餐廳。到了一九一二年，台北新公園內，模仿當時日本銀座的獅子咖啡店，開了一家獅子喫茶店。這是當時文人雅士聚集之處，一個月舉辦一次的「台北番茶會」是藝文愛好者的固定聚會。

一九二〇年代，咖啡館越來越多。在《咖啡時代：台灣咖啡館百年風騷》書中，作者沈孟穎從一份一九二八年出版的資料《台北市六十餘町案內》發現，當時台北已有二十二家販賣咖啡的咖啡店、喫茶店與音樂茶室。當時咖啡又稱番茶，所以喫茶店賣的其實是咖啡，不是茶葉。而所謂的「咖啡店」雖然真的有賣咖啡，卻是有「女給」陪伴的風月場所。

一九三〇年代，台籍的文化菁英也開始經營咖啡館。《陳逸松回憶錄》提到，台灣最早的西式茶店是一九三一年由畫家楊三郎的大哥楊承基在大稻埕開設的維特咖啡。這或許是第一家由台灣籍人士所經營的咖啡店，取名自大文豪歌德成名作《少年維特的煩惱》。最初是一家純賣咖啡的「喫茶店」，後來因為生意冷淡，轉變為酒家型「咖啡店」[18]。一九三四年，維特咖啡主廚廖水來另起爐灶，開設波麗路西餐廳，名稱源自法國名作曲家拉威爾的一首圓舞曲《BOLERO》。此時大稻埕的咖啡店是台籍文化精英的聚集場所，

**18** 維特咖啡光復後先改成萬里紅公共食堂，國共內戰期間店名又改成 All Beauty，台語諧音成為黑美人大家酒家。2007 年被台北市政府登錄為歷史建築

也是記者蒐集情報的地點。依沈孟穎的說法，變成了「反抗殖民意識的祕密基地」。

除了喫茶店，一九〇七年的報紙上也有記載，火車內也有販賣麵包跟咖啡給一早趕搭火車的旅客做早餐。一九一一年《台灣商工人名錄》介紹台灣鐵道飯店[19]，也提到，正餐時間外有提供水果茶和咖啡，可見當時日本已將喝咖啡習慣帶進台灣。不過，除了台籍醫生曾留下早上有喝咖啡習慣的日記，鄉紳階級可以到上述的店家消費，一般台籍民眾是否喝咖啡則不得而知。

國民政府來台，上海霞飛路的明星咖啡館也於一九四九年在台北武昌街延續，依舊是高官、商人絡繹不絕之處，也是文人、畫家流連的場所。這時期，日式摩登雖然被美國或中國文化取代，咖啡館卻依舊是達官顯貴、文化菁英，或是美軍聚集地，對一般民眾而言仍十分遙遠。

不過，一九四六年，台美合資的福樂公司已經開始在台生產，一般民眾也可以購買到的咖啡調味乳，倒是成為幫助一般民眾適應牛奶味道，又可以喝到咖啡的選擇。而一九五〇年韓戰爆發，美國第七艦隊協防台灣，隔年，美軍駐台。雀巢即溶咖啡也在這樣的歷史背景下來到台灣。

一九五〇年代末期，專業咖啡店出現。一九五六年蜂大咖啡成立於台北成都路上，是一家賣咖啡、咖啡豆，也賣咖啡器具的店。一九六二年，蜂大咖啡正隔壁的南美咖啡創立，據說是台灣第一家自行進口生豆並於本地烘培的咖啡店。兩家店皆屹立至今。

一九七〇年代台灣快速工業化，晉升亞洲四小龍行列，創造了台灣經濟奇蹟。咖啡店發展也來到了另外一個階段。一九七一年，第一家連鎖咖啡店力代咖啡，以Leader為名，49元的平價咖啡在台北市仁愛路空軍總部旁起家[20]。一九七八年，風靡一時的蜜蜂咖啡成立於青島東路。到了一九八〇年代初期，民生日漸富裕，吃大餐、喝咖啡、看餐廳秀蔚為風潮。可惜，錢淹腳目的台灣，人文素養提升的速度並沒有跟上經濟成長的腳步，全國上下捲入金錢漩渦中，股票、房地產飆漲，甚至大家樂、賭博電玩都十分盛行。後來蜜蜂咖啡不再重視咖啡品質，反而滿屋子的小蜜蜂電玩，埋下了衰敗的種子。

不過，一九八二年成立的罐裝咖啡大廠伯朗，因為便利性與大眾化的口味，成為大家喝咖啡的首選。一九八五年，日本知名的UCC上島珈琲在蜜蜂咖啡由盛轉衰的時間來台插旗，為下一波咖啡連鎖店版圖爭奪戰投下第一枚炸彈。一九八六年，統一超商首次嘗試販售現煮咖啡，還找來知名藝人張晨光拍攝廣告。可惜這波風潮，就如同時期咖啡栽培一樣曇花一現。

一九九一年，日本的羅多倫咖啡為百家爭鳴的咖啡時代劃開序幕。一九九二年真鍋咖啡來台，皆曾紅極一時。一九九三年台灣本土咖啡品牌相繼成立，丹堤最早，隔年是怡客，緊接著還有一九九七年的西雅圖。

這波咖啡風潮延燒至今，除了經濟水準的提升，一九九八年美式咖啡龍頭星巴克引

19 現址改建為今日新光三越百貨台北站前館。
20 目前轉型成為上游的咖啡物料供應廠

進外帶現煮咖啡，也讓台灣飲用咖啡的習慣出現關鍵性的轉變。原本罐裝與即溶咖啡各據山頭的態勢，逐漸走向罐裝、即溶與現煮三強鼎立的局面。不但罐裝咖啡龍頭伯朗預見現煮咖啡的商機，於一九九八年底加入戰局，二〇〇〇年後許多本土產業也相繼投入外帶咖啡產業，更刺激了原本就有廣大通路的便利超商與速食店紛紛搶食這塊大餅。

星巴克與外帶現煮咖啡的出現，加上義式咖啡機與磨豆機的演進——機器小型化與低價化，煮咖啡越來越簡單，還有一九九〇年代全台快速展店的外帶式手搖飲料所建立的加盟體系。種種條件，或許都是二〇〇〇年後本土產業如金鑛咖啡、壹咖啡、85度C、Cama 咖啡能快速崛起的原因。

星巴克來台之前，台灣的咖啡店大概只有三百家，飲用現煮咖啡仍被視為一種風雅。一方面或許是台灣的經濟水平不夠高，另外一方面也許是煮咖啡與咖啡烘培的知識未普及，經營咖啡店的技術門檻高。星巴克與各大連鎖咖啡店，除了讓喝咖啡變成一種流行時尚，更培育了無數煮咖啡、開咖啡店與烘豆的人才。此外，網路資訊的普及，讓這些原本看似遙不可及的技術得以快速傳播，為二〇〇九年起的咖啡創業風潮打下了深厚的基礎。

經過數十年的發展，喝咖啡從文藝活動變成了日常生活的一部份，而經濟環境的改變，也讓喝咖啡跨入品咖啡的階段。M型化社會的發展，除了讓咖啡融入台灣每一個人的生活，台灣本島自產的高品質高單價咖啡，也越來越多人可以接受及品味。台灣的咖啡飲用與咖啡栽培，終於在二〇一〇年代有了交集。

# 咖啡

**學　名** | *Coffea arabica* L.

**科　名** | 茜草科（Rubiaceae）

**原產地** | 南蘇丹、衣索比亞、肯亞

**生育地** | 潮濕山地森林

**海拔高** | 950-1950m

咖啡是茜草科小喬木，高可達8公尺。單葉、對生、全緣或波狀緣。花冠白色，五裂，聚繖花序腋生。核果成熟時暗紅色，種子即為咖啡豆。為全球栽培最多的咖啡種類。

咖啡的植株矮小，新葉帶褐色，葉片邊緣波浪狀

咖啡的花密生於葉腋

不同品種的咖啡豆

結實累累的咖啡

# 我的故鄉不是金門

## ❁高粱❁

提到高粱，大家首先想到的應該都是金門吧！可是你知道嗎？金門不是高粱的故鄉，非洲才是。

小時候住在阿公家，躬逢台灣高粱栽培最盛時代。那時候很多鄰居的農田栽培高粱，採收後，會把高粱直接曬在柏油路上，讓往來車輛去輾壓穀穗，借此讓高粱穀粒脫穗。而我，總是調皮地騎著腳踏車在高粱上來來回回，仗勢就算摔倒了也有高粱替我墊背。這大概是玉米之外，我個人另外一項童年記趣。

回顧台灣的高粱栽培史，差不多就是糧食植物版醜小鴨變天鵝的故事。高粱從無關緊要，沒什麼人愛的雜糧飼料作物，搖身一變成為釀酒必備佳糧。

高粱在台灣栽培的歷史悠久。早在一六八五年蔣毓英編寫的《台灣府志》便已經出現高粱的記載：「薥黍：葉長大如蘆，粒差大而色赤，俗呼蘆黍，即秬黍也。」文中提到的薥黍就是高粱，一般常寫作蜀黍。而蘆黍是台語及福州話對高粱的稱呼，羅馬拼音為lôo-sé、lôo-sué，後者常被誤寫作「落穗」。原生於拉丁美洲，明代才引進的玉米，之所被稱為玉蜀黍就是因為植株形態與高粱相似。除了番麥，台語也稱玉米為番蘆黍[21]。

不過，清代的史書有不少都是只記錄這項作物，卻沒有更多描述。我想這或許就是高粱做為醜小鴨的證明，因為重要性太低，所以只列出，完全不提如何栽培與食用。如巡台御史黃叔璥一七二二年的著作《台海使槎錄》，在一長串的糧食作物中列出「秬黍、蘆黍」。一七七四年《續修台灣府志》：「蘆黍，西北方名高粱。」倒是點出現在大家較為熟悉的名稱高粱，應該是來自中國西北。

由於不是主要糧食，早期除了降雨量較低的澎湖種植較多，台灣本島只有零星栽培做為飼料。直到一九五〇年代自美國引進新品種，並經由台中區農業改良場試驗及育種成功，於大肚山台地等缺乏灌溉系統的地區推廣栽培以供釀酒，高粱種植面積才開始逐步增加。

一九八〇年代，因稻米生產過剩，反倒成為高粱栽培契機。當時政府保價收購稻米，稻米栽培面積一度逼近六十五萬公頃。然而，國人飲食習慣卻隨著經濟發展而趨向多元，導致稻米需求降低，供過於求。於是，為了減少稻米生產量，一九八三年農業單位推行「稻米生產及稻田轉作六年計畫」，以及後續又延長六年的「稻米生產及稻田轉作後續計畫」。此一舉措，成為推動台灣西南部大規模栽培高粱的主要動力。自一九八四年起，雲、嘉、南、屏，高粱栽培面積自原本的七千多公頃逐漸提升，一

21 玉米介紹請參考《被遺忘的拉美——福爾摩沙懷舊植物誌》

度高達兩萬七千多公頃。

那是台灣栽培高粱鼎盛時期，高粱成為僅次於玉米及花生的重要雜糧，西南部農家子弟熟悉的穀物。除了交由菸酒公賣局釀酒，也代替部分玉米做為飼料。

然而，高粱的命運就如同其他作物一樣，無法抵擋二〇〇二年台灣加入世界貿易組織WTO的衝擊。因為在國際上不具價格競爭優勢，國內高粱栽培面積跟其他農作物一樣快速下滑，最後只剩下金門還保有較大的栽培面積。

製酒一直是我國栽培高粱最主要的用途，金門高粱酒、馬祖的八八坑道高粱酒、嘉義酒廠的玉山高粱酒，都是國內知名的高粱酒品牌。當然，高粱可不僅僅是用來製酒或替代玉米做飼料，它是可以食用的多用途雜糧作物。

《本草綱目》當中有非常詳細的描述，

金門太武山下的高粱田

包含名稱由來，因為最早是蜀地開始栽種，所以稱為蜀黍。也沒有遺漏高粱的外形特色、栽種採收季節、紅黃兩色不同品種。最有意思的是李時珍還列出高粱的種種用途：釀酒、作糕、煮粥、救荒、養畜、作掃把、織薄蓆、編籬笆、當燃料[22]。如果無法想像，可以親自走一趟金門，就有機會嚐到將高粱加入稀飯煮成的「蘆黍糜」，做成類似年糕的「蘆黍粿」、製作成茶點的「蘆黍餅」。也別忘了買一對去掉穀粒的高粱穗桿製作的掃把或提籃，相信一定對高粱印象深刻。

**22**《本草綱目》原文：「蜀黍不甚經見，而今北方最多……蓋此亦黍稷之類，而高碩如蘆荻者，故俗有諸名。種始自蜀，故謂之蜀黍……蜀黍宜下地。春月布種，秋月收之。莖高丈許，狀似蘆荻而內實。葉亦似蘆。穗大如帚。粒大如椒，紅黑色。米性堅實，黃赤色。有二種：粘者可和糯秫釀酒作餌；不粘者可以作糕煮粥。可以濟荒，可以養畜，梢可作帚，莖可織箔席、編籬、供爨，最有利於民者。今人祭祀用以代稷者，誤矣。其谷殼浸水色紅，可以紅酒。」

與稻、小麥、玉米、大麥並稱人類五大糧食，而且特別耐旱的高粱，有駱駝作物之稱，其起源與馴化一直是植物學家重視的議題。目前相信人類採集野生高粱大約已八千年，蘇丹南部稀樹草原應該就是野生高粱的起源中心。高粱從此地開始向外傳播，往南往西進入東非、中非、西非，也跨海進入亞洲。

林奈曾兩度命名這種植物，分別是一七五三年命名為*Holcus sorghum*，一七七一年命名為*Holcus bicolor*。一七九四年，德國植物學家康拉德．莫希[23]以高粱為模式種[24]發表了高粱屬，將林奈第一次命名的種小名升格做為新的屬名，結合林奈第二次命名的種小名，將高粱命為*Sorghum bicolor*。屬名源自義大利語對高粱的稱呼sorgo，種小名意思是兩個顏色的。

到台北求學之後只剩下每年寒暑假各一次，聊勝於無的返鄉儀式，農村生活越來越遠。此時，台灣高粱栽培面積正快速下降，雲嘉南平原的地景地貌不斷改變，加上機械化之後，鮮少有人將高粱穗鋪在大馬路上，騎車黏壓高粱的回憶彷彿悄悄在我生命中消失了。

幸運的是二〇一八年金門林務所邀請我到植物園演講，搭機離去前特地四處走走看看，連綿到太武山腳的高粱田突然間將我拉進了時光隧道……。

**23**德文：Conrad Moench。｜**24**英文：type species。生物分類時，建立一個新的屬時所依據的物種

# 高粱

學　名 | *Sorghum bicolor* (L.) Moench

科　名 | 禾本科（Poaceae）

原產地 | 西非到東非

生育地 | 乾燥草原、疏林

海拔高 | 2500m 以下

一年生草本，莖直立生長，高可達 5 公尺。單葉，互生，葉細長，葉緣有毛，葉鞘抱莖。頂生圓錐花序，穎果。

高粱的果穗

高粱穗桿製作的掃把仍十分常見，上頭還看得到高粱的果粒

# 葫蘆裡賣什麼藥

## 葫蘆

有一回跟母親去逛玉市，看到藝品攤在販售各種大小的葫蘆，母親想起了自己年幼時，外公總是在房子外栽種葫蘆，或是自己食用，或是有人經過討要。

於是，母親買了葫蘆，試著自己播種培育。一開始天氣還沒回暖，發芽後遇到寒流，全軍覆沒。第二次，等到回暖後才播種，葫蘆小苗便順利成長，並且結出好幾個小葫蘆。其中一顆，一直掛在我的車上。

葫蘆與福祿諧音；葫蘆是藤蔓，蔓與萬諧音；再加上葫蘆的造型如古代完美女子身形豐乳肥臀細腰，腹中多子的特色，象徵多子多孫。因此，葫蘆在東方文化中，自古以來就是吉祥的象徵。

非但傳統婚禮中，新婚夫妻交杯酒的儀式「合巹」，古代必須以葫蘆為杯；祭天用的陶匏，也是葫蘆造型，更引申有教化的意義。而許多花瓶、珠寶常作成葫蘆造型，也是取其吉祥含意。

此外，葫蘆在傳統華語文化中也與醫藥及修仙有關。典故出自《後漢書》方術列傳的成語「懸壺濟世」，用來比喻行醫救人，此處的壺就是指葫蘆。而大家常用的俚

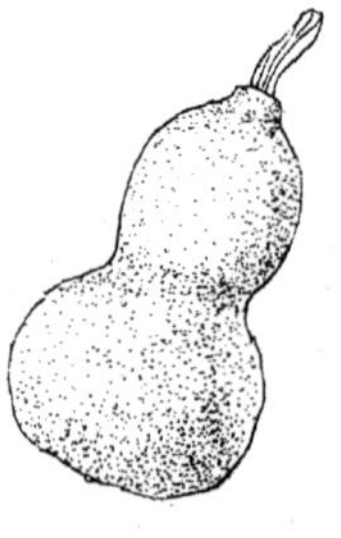

葫蘆在傳統文化中與醫藥相關，有些藥物的容器甚至刻意做成葫蘆狀

語「不知葫蘆裡賣什麼藥」則表示不知道對方意圖。《西遊記》中，裝著仙丹的紫金紅葫蘆是太上老君的六樣寶貝之一。因遇到太上老君而得道成為八仙之首的鐵拐李，他的葫蘆法器既裝酒也裝藥。傳說中降龍羅漢轉世，南宋禪師濟公，一手持扇，一手拿著裝酒的葫蘆，形象也早已深入人心。

傳統文學，從《詩經》開始，提到葫蘆的詩文不勝枚舉。而古典醫藥書籍，對葫蘆紀載也十分詳細。李時珍說壺是酒器，盧是飲器，一般寫作葫蘆是不恰當的錯字[25]。此外，《本草綱目》還記載，葫蘆又

25《本草綱目》原文：「壺，酒器也。盧，飲器也。此物各象其形，又可為酒飯之器，因以名之。俗作葫蘆者，非矣。葫乃蒜名，蘆乃葦屬也。」

稱瓠瓜、匏瓜，原本是不分的，但後來因為品種甚多，慢慢地就將其中長形的稱做瓠，肥胖是匏，而匏有短柄的稱為壺，壺有腰身的稱為蒲盧。

台語倒是不管什麼形狀都稱為匏仔（pû-á），有腰身的則稱為葫蘆匏仔（hôo-lôo-pû-á）。在台灣，匏仔跟豇豆、茄子都是夏天盛產，還是台灣端午節傳統習俗中必吃的果實類蔬菜。台語當中也有跟匏仔相關的俚語。最常聽到的如「人若衰，種匏仔生菜瓜。」比喻人倒楣透頂。「目睭花花，匏仔看做菜瓜。」揶揄人不專心看錯東西。

台灣栽培匏瓜歷史與西瓜相當，都是《巴達維亞城日記》中便記載台南蕭壠社有栽培的作物，所以應該是荷蘭來台前，原住民便將匏瓜引進台

葫蘆的果實乾燥後十分堅硬

灣。中部地區的布農族甚至有一個關於葫蘆的神話：在大地還沒有人類之時，一朵金色的葫蘆花落下，原本藏在花中的小蟲變成了一個強壯的男人，成為布農族的祖先。

無論是日常生活，或是歷史文獻看來，葫蘆在東亞栽培的歷史都十分悠久，那麼，葫蘆是東亞原生植物吧？先不要下定論，且再看看其他國家的考古證據。

在中國境內考古遺址出土的葫蘆，如六七千年前的河姆渡文化就有發現葫蘆。日本曾發現距今逾九千年的葫蘆遺跡，泰國也有距今六千年以上的葫蘆。這是亞洲的紀錄。非洲，也曾於四千年前的金字塔中找到葫蘆。不過，這些都不奇怪，可怕的是，美洲竟然也有葫蘆出土，墨西哥約九千到一萬年前，而祕魯也有八千多年。

這些發現讓科學家傷透腦筋。究竟在哥倫布發現美洲之前，葫蘆是如何來到新大陸？科學家嘗試提出各式各樣的解釋。會不會是跟著洋流漂過去的呢？還是在哥倫布發現新大陸前跟波里尼西亞交換的呢？又或者是更早之前，跟著人類遷徙進入美洲。

科學家一次又一次的分析、研究、解謎，葫蘆的身世之謎卻依舊困擾著科學家。直到本世紀，拜DNA技術進步，科學家終於可以滴血認親，搞清楚不同大陸之間葫蘆的親疏遠近與遺傳順序。今日，科學家已經知道，東非才是葫蘆的故鄉，而美洲的葫蘆是直接來自非洲。因為可以食用、可以做容器，讓它成為最早被馴化的作物，跟著人類一起從東非離開，然後遍布全世界。

當然，這麼複雜的身世，多變的形態，命名過程也是十分精采。一七五三年林奈率先在名作《植物種志》中將葫蘆放在南瓜屬，命名為 *Cucurbita lagenaria*。種小名

*lagenaria* 來自希臘文 *λάγυνος*（lágūnos），意思是瓶子。

而後，曾經替葫蘆命名的人，多到數不清，同種異名一大串。但是，最重要的關鍵人物是出生於智利的博物學家莫利納[26]，他是生物演化論的先驅。一七八二年他在著作《智利的自然史》中，將葫蘆命名為 *Cucurbita siceraria*。種小名 *siceraria* 同樣源自希臘文 σίκερα（síkera），意思是醉人的美酒，用來表示葫蘆是裝酒的容器。雖然還是放在南瓜屬下，但是莫利納此舉奠定了今日葫蘆學名的種小名。

到了一八二五年，法國植物學家塞林奇[27]終於發現葫蘆跟其他瓜科植物都不一樣，應該自己獨立一屬。於是正式以葫蘆為模式種，將林奈所命名的種小名提升作為屬名，命名了葫蘆屬，並將葫蘆重新命名為 *Lagenaria vulgaris*，種小名意思是尋常的。

故事還沒結束，最後的最後，一九三〇年終於塵埃落定。將先前幾位植物學家的貢獻通通揉在一起，以 *Lagenaria* 作為屬名，*siceraria* 作為種小名，葫蘆正式定名為 *Lagenaria siceraria*。

說真的，葫蘆的故事還真是曲折，我在看文章的時候跟著科學家的想法跟脈絡繞來繞去，一下這樣，一下那樣，令人頭痛萬分。不過，結論卻十分簡單，無論西方或東方，平凡百姓或科學家，對葫蘆的用途倒是有志一同，管它身世曲折，管它跟人類有多麼深的淵源，它就是「裝醉人美酒的瓶子」啊！

---

**26** 義大利文：Saggio sulla Storia Naturale del Chili。

**27** 義大利文：Nicolas Charles Seringe

## 葫蘆

**學　名**｜*Lagenaria siceraria*(Molina) Standl.

**科　名**｜瓜科（Cucurbitaceae）

**原產地**｜東非

**生育地**｜草地、灌叢

**海拔高**｜0-2800m

一年生草質藤本，莖具縱稜，全株被毛。單葉，互生，三至五掌狀裂，不規則粗鋸齒緣，兩面被毛。卷鬚著生於葉柄旁，先端會分岔。單性花，雌雄同株，單生於葉腋，花冠白色。瓜果形態多變，初為綠色，成熟時白色泛黃。

葫蘆全株被毛

葫蘆的花五瓣

# 蜱蟲、製糖與太平洋戰爭

## 蓖麻

還記得我在安地斯山城奧塔瓦洛[28]街道行走，尋訪當地菜市場的路上，在一條流過小鎮的溪谷見到了蓖麻熟悉的身影。當時特別停下腳步拍照。一方面是因為它生長在溪流兩側斜坡，就如同台灣常見的地景；另一方面，過去在台灣的經驗，蓖麻怕冷，通常都只會出現在平地到低海拔河岸邊。沒想到海拔將近兩千六百公尺還可以見到它的蹤影。我想是因為奧塔瓦洛接近赤道，終年氣溫都是10度以上吧！

後來，跟夥伴一同參與當地助產女士為我們示範的薩滿接生儀式。我注意到，在寶寶出生後，助產士會在孕婦肚子外綁上蓖麻葉，目的是為了協助胎位恢復。

那時候我正在撰寫《悉達多的花園——佛系熱帶植物誌》，蓖麻恰巧也名列書中。其梵文是एरण्ड，轉寫為eranda，因此佛經中稱蓖麻為伊蘭。印度阿育吠陀以其樹皮、樹根、葉子、種子入藥，治療關節炎、神經系統疾病、便祕、寄生蟲等問題。

在中藥上，蓖麻主要是做為去濕、消腫、解毒之用。除此之外，還可以治療子宮脫垂。雖然使用方式完全不同，但總是令我想到安地斯山的薩滿接生儀式。

華文中最早收錄蓖麻的藥典應該是唐代由蘇敬所編的《新修本草》。書中除了使用時機，明確指出蓖麻名稱來自於它的葉片似大麻葉，而種子如蜱，故名蓖麻。

十八世紀林奈在《植物種志》中替蓖麻命名時，採用了拉丁文中具有蜱蟲意思的 *Ricinus* 作為屬名，與華語名稱由來不謀而合。種小名 *communis* 則有普遍的意思。

不過，蓖麻既不是印度原生，也不是源自中國，而是道道地地的非洲植物，故鄉在非洲之角。而它在原生地經常生長在溪谷兩側，就如同我在南美洲或台灣所見。

早在古埃及便記載蓖麻子可以榨油，做為燃料，提供照明。除此之外，古羅馬也將它視為藥用植物。

近代工業當中，蓖麻油用途更加廣泛。除了作為生質能源，還可以做潤滑油。英國知名的機油與潤滑油公司嘉實多，英文

安地斯山城溪流兩側斜坡也有許多蓖麻

Castrol 就是源自蓖麻油的英文 castor oil。化妝品工業中，蓖麻油用在毛髮與皮膚護理，許多睫毛膏、洗髮精、身體乳、乳霜當中都會添加，可以說是女性朋友隱形的幫手。仔細看看商品成分，會發現它無所不在。

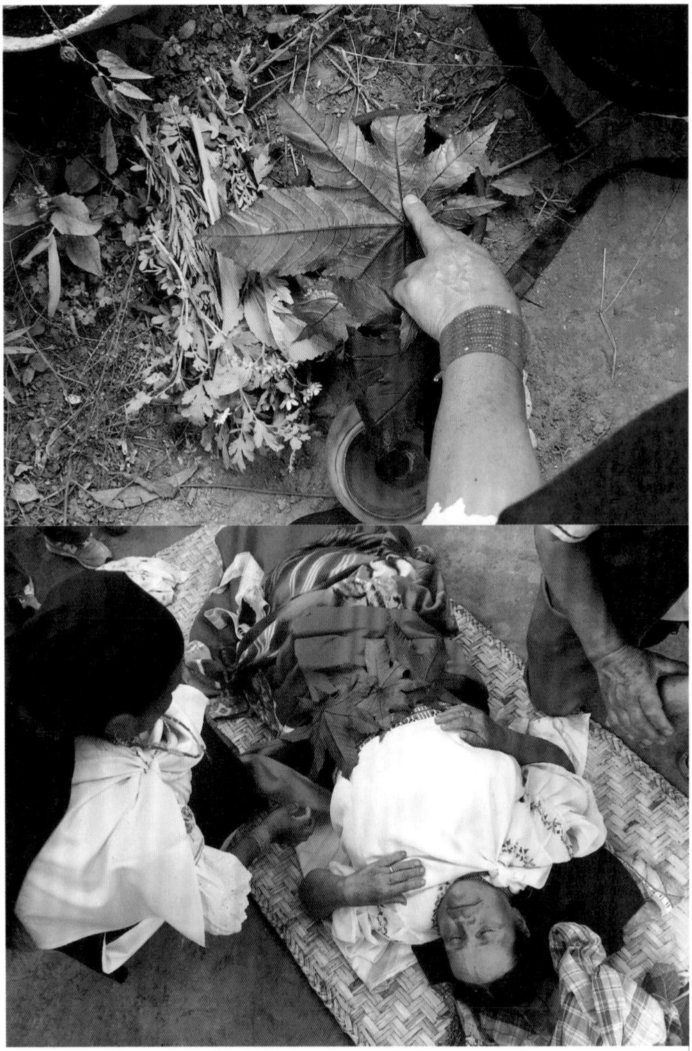

蓖麻葉是安地斯薩滿接生儀式中協助胎位恢復的植物

更令人驚訝的是，竟然還有食用級蓖麻油，而且幾乎所有人都吃過。因為除了作為食品防腐，蓖麻油更在巧克力生產過程中，替代昂貴的可可脂，做為增加巧克力流動性的添加劑，讓巧克力[29]更容易塑形，增添各種花樣。在此要特別提醒，蓖麻有一定毒性，不能任意使用。誤食蓖麻，輕則腹瀉、心跳加速，重則死亡，千萬不要任意嘗試。

蓖麻因為多用途而被引進世界各地，並廣泛歸化於全球熱帶與亞熱帶地區。台灣低海拔荒地，特別是河岸邊，非常非常容易見到它。然而，這種多用途植物在今日的台灣非但沒有發揮它的價值，河川整治時還常常被視為必除之而後快的雜木。很可惜，一般民眾既不知道它是世界重要的經濟作物，也不了解它曾經在台灣的歷史上扮演過重要角色。

一般相信，蓖麻是荷蘭時期引進。畢竟一六八五年台灣知府蔣毓英編寫的《台灣府志》中，蓖麻便出現多次。不論是藥或木，皆名列其中：描述它有紅白兩品種，可以做藥用、也可以榨油[30]。甚至用它來描述木瓜的外型[31]。一七二〇年陳文達編纂《鳳山縣志》，甚至提到台灣的油「有脂麻油、蓖麻油、菜油、落花生油四種。」那個時期，史書上記錄的植物與物產不多，能夠被記錄下來的肯定對民生十分重要。

可是，蓖麻油在清代究竟有什麼用途呢？近代的書籍文獻幾乎都沒有寫到。總不

**29** 巧克力與可可的介紹，請參考《看不見的雨林——福爾摩沙雨林植物誌》。—**30**《台灣府志》原文：「萆麻：莖有紅、有白，實殼黑仁白，可入藥，亦可作油是也。」。—**31**《台灣府志》原文：「木瓜，俗呼寶果樹。與白萆麻相似，葉亦彷彿之。」

可能在康熙年間，就有強大的工業技術，能夠像近代一樣加工使用吧？我想，它應該有其他用途，只是被遺忘了。

好奇心驅使我繼續爬梳古文，很快便找到答案。同樣是康熙年間，一七一七年周鍾瑄主編的《諸羅縣志》就記錄蓖麻子「能治風病」、「蓖麻油，煮糖用之。」到了乾隆年間，一七七四年台灣府知府余文儀《續修台灣府志》中進一步描述蓖麻油的使用時機，在於製作蔗糖的最後步驟[32]。原來，蓖麻油如此重要。我想，這才是荷蘭引進蓖麻的主要原因吧！蓖麻是被刻意引進的，而不是偶然歸化，畢竟荷蘭時期，蔗糖已經是台灣重要出口商品。

到了清治時期，台灣的蔗糖外銷量逐步提高，可想而知蓖麻栽培也會隨之增加。既然是製糖時重要的關鍵材料，不太可能野採。特別是一八五八年（咸豐八年）第一次英法聯軍，大清帝國戰敗，簽訂《天津條約》，台灣正式開港，開放頂港台北淡水與下港台南安平。往後數十年，台灣的蔗糖外銷量一路攀升，除了既有市場，還陸續銷往美國、澳洲等地。糖業發展到了光緒年間達到頂峰，直到清法戰爭爆發，台灣被封鎖才逐漸下滑。

想當然耳，此一期間蓖麻栽培一定十分普遍。關於這點，十九世紀蘇格蘭的攝影師暨旅行家約翰．湯姆生[33]拍攝的照片「Castor oil plant, Formosa」中也可以看出端倪。當時湯姆生帶著攝影器材到遠東旅行，並在廈門巧遇在台宣教的同鄉馬雅各[34]醫師。在馬雅各醫師的介紹下，湯姆生對台灣產生了興趣，於是兩人於一八七一年四月連袂來台。湯姆生從高雄港上岸後，足跡遍及台南、木柵、甲仙、荖濃、六龜……透過影像與文字，記錄下當時台灣的自然與人文風景。在「Castor oil plant, Formosa」照片中，一名女性正在台灣早期常見的平房外採集蓖麻。在那個年代拍照十分不便，每一張照片都十分珍貴，如果不是重要畫面是沒有機會被留下來的。因此我推測，當時蓖麻是全世界重要經濟植物，所以湯姆生不但認識這個植物，也特別注意到台灣栽培蓖麻。

二十年後，一八九二年，愛爾蘭植物學家奧古斯汀．亨利[35]（中文名韓爾禮）來台採集植物，並於一八九六年整理發表《台灣植物名錄》[36]，共列出顯花植物一千兩百八十八種。這是蓖麻在台灣植物科學上第一次正式發表。

到了日治時期，因為工業技術發展，蓖麻的重要性更勝從前。參考當時發行量最大的《臺灣日日新報》，自一九〇七年起，該報就經常刊登關於栽培蓖麻效益的新聞。到了一九三〇年代，蓖麻栽培獎勵消息更持續不斷，其新聞量，鮮少作物可以比擬。此外，櫻井芳次郎完成《珈琲》當年，也特別出版了《蓖麻》。當時日本政府對台灣栽培蓖麻的重視程度，可見一斑。

---

**32**《續修台灣府志》原文：「用油：將成糖，投以萆麻油，恰中其節。」—**33**英文：John Thomson。—**34**英文：James Laidlaw Maxwell，詹姆士．萊德勞．馬克西威爾，一般稱為馬雅各，是第一位到台灣駐地的宣教士。」—**35**英文：Augustine Henry。
**36**英文：A List of Plants from Formosa

太平洋戰爭爆發後，可以作為飛機、船舶、汽車內燃機潤滑劑的蓖麻油身價也跟著水漲船高。當時日本政府為了鼓勵一般民眾及學校等機關團體栽培蓖麻，還想出了「愛國蓖麻」這樣的說法，甚至將栽培蓖麻的場域稱為「必勝蓖麻園」。蓖麻成為了政治意味與軍事意義濃厚的作物。

一九四〇年代，為因應燃料需求，日本在台灣興建海軍第六燃料廠——包含位於高雄主廠的精製部；位於新竹支廠的合成部，位於台中新高支廠的化成部，生產汽油、潤滑油等產品，而蓖麻當然就是其中重要的原料。

除了榨油，蓖麻的葉片可以飼養蓖麻蠶。蓖麻蠶原產於印度，其絲可與化學纖維混紡。一九三〇年代蓖麻蠶引進台灣，鼓勵民間飼養，被視為配合蓖麻油生產的一石二鳥的計畫。

除了經濟栽培，「蓖麻」也如同茄苳、刺桐等鄉土植物，做為台灣的地名。雲林縣斗南鎮的埤麻里在清代稱為「萆麻庄」，嘉義縣太保市埤鄉里，舊名埤麻腳，日治時期稱為「埤蔴腳庄」。無論是埤麻還是埤蔴，這兩處地名都是蓖麻的意思。

二次世界大戰結束後，蓖麻油逐漸被其他油類取代，蓖麻不再受到重視，正式從台灣的歷史舞台退場。但是它強韌的生命力，使它在廢植後仍於台灣鄉野持續生長。

# 蓖麻

**學　名** | *Ricinus communis* L.
**科　名** | 大戟科（Euphorbiaceae）
**原產地** | 非洲之角
**生育地** | 荒地、河岸
**海拔高** | 0-2500m

灌木，高可達12公尺。單葉，互生，掌狀，鋸齒緣。單性花，雌雄同株，花細小，雄花在花序下部，雌花在花序上部，總狀花序頂生或腋生。蒴果表面有棘刺。

蓖麻最喜歡生長於開闊的河岸邊

蓖麻蒴果表面有棘刺

在低海拔荒地常可見到自生的蓖麻

# 在便利商店遇見《小王子》的巴歐巴樹

猢猻木

前不久，我在便利商店遇見小王子的巴歐巴樹！不是在書架上，而是開架商品，巴歐巴樹化身為沐浴乳與保濕身體乳，甚至被直接翻譯為「寶寶香」。除了大開眼界，也招喚出所有對巴歐巴樹的記憶。

《小王子》粉絲們都記得小王子故鄉的巴歐巴樹吧！小王子每天盥洗後，要自律地清除巴歐巴樹的小苗，以免他們的根鑽進土裡，接管並擠爆整個星球。這聽起來十分「厭樹」的故事情節，並不影響我對《小王子》還有巴歐巴樹的喜愛。畢竟《小王子》是寓言，書上提到的每一種動植物，或是每個人，都有特殊寓意。今天姑且不論巴歐巴樹的象徵意義，單純來看看這種可愛樹木的原型植物——猢猻木。

猢猻木英文 baobab，音譯就是巴歐巴，也有人直接稱之為寶寶樹。它是真實存在地球上的樹木，也是一種多用途的植物。英文又稱為 monkey-bread tree、upside-down tree，華文譯為猴麵包樹、倒栽樹。它是長壽且巨大的樹木，壽命逾千年。由於生長在乾燥的草原，為了儲水，樹幹長成胖胖的圓柱狀，直徑往往超過十公尺。

除了小王子的書上與便利商店，《獅子王》當中，高舉辛巴寶寶的山魈智者拉菲奇，平常就是居住在巨大的猢猻木上。而馬達加斯加島上的猢猻木大道，更是舉世聞名的風景。

植物學上，猢猻木屬於錦葵科木棉亞科，全世界一共有八種。《小王子》和《獅子王》裡的是非洲猢猻木，拉丁文學名 *Adansonia digitata*，廣泛生長於非洲大陸的稀樹草原。澳洲猢猻木，學名 *Adansonia gregorii*，是澳洲特有種，是唯一不生長於非洲的種類。另外還有六種則都是馬達加斯加特有植物。其中，猢猻木大道上特別高大的那種稱為大猢猻木，學名是 *Adansonia grandidieri*。

一七五九年瑞典植物學家林奈以非洲猢猻木為模式物種命名了猢猻木屬，屬名是為了紀念十八世紀的法國植物學家米歇爾．阿當森[37]。他在一七四八至一七五四年前往西非塞內加爾探險，是歐洲首位觀察並描述猢猻木的科學家。非洲猢猻木種小名 *digitata* 意思是有手指的，形容它的掌狀複葉像手指一樣。

**37** 法文：Michel Adanson

便利商店販售具有寶寶樹香氣的沐浴乳與保濕身體乳

在真實的世界裡，巴歐巴樹不僅不是壞蛋，還是人類與野生動物賴以為生，不可或缺的多用途樹種。果實、種子、花、嫩葉都是當地傳統食物，也加工做成果乾出口到歐美國家。在饑荒的時候，樹皮、樹根都可以食用。大象等大型野生動物也會啃食猢猻木以度過旱季。神奇的是，猢猻木具有強大的自癒力，並不會因此而死亡。

除了作為食物，整株樹也被當成藥，在當地治療多種疾病。此外，樹根可以做染劑，樹皮可以提供纖維製作繩索，果殼可以做容器。而種子榨油具有特殊香氣，更成為化妝品工業的原料，這才讓我在便利商店遇見它。更有意思的是，樹幹挖空可以儲水，就像水井一般。真的非常非常多用途。

然而，因為全球氣候變遷，科學家發現，原本壽命可以長達千年的巨大猢猻木不斷死亡。如此一來，原本依靠猢猻木度過乾季的大象等野生動物，還有人類，恐怕也會遭殃。造成氣候變遷的是人類，但是氣候難民卻包含了各種動植物。即使原本就以耐旱聞名的猢猻木都無法倖免於難。

介紹這麼多，大家一定很想親眼看看猢猻木吧！不用擔心，早在一九〇九年，橫濱植木株式會社就自印度引進非洲猢猻木。經過一百多年，猢猻木早在台灣落地生根，不僅不少的公園有栽培，甚至作為行道樹，樹也都十分高大了。

就我的印象，台北辛亥路三段157巷、建國高架橋下、承德路五段、大業路都可以看到猢猻木；台中萬壽棒球場、大里運動公園；台南巴克禮公園，以及高雄壽山動物園，也有樹幹圓胖可愛的非洲猢猻木喔！下次有機會遇見，別忘了停下腳步，看一看，摸一摸，相信您也一定會愛上它。

非洲坦尚尼亞巨大的非洲猢猻木（攝影／坦尚尼亞嚮導曾思驊）

非洲猢猻木的果實高掛樹上

台灣公園裡栽培的非洲猢猻木

## 非洲猢猻木

**學　名**｜*Adansonia digitata* L.

**科　名**｜錦葵科（Malvaceae）木棉亞科（Bombacoideae）

**原產地**｜西非、中非、東非

**生育地**｜撒哈拉沙漠以南熱帶亞熱帶乾燥草原、疏林

**海拔高**｜100-1060m

大喬木，高可達 27 公尺。掌狀複葉，互生，小葉全緣。花單生，腋生，下垂，花瓣白色，五瓣，花萼五裂，被褐色毛。蒴果木質，被褐色毛，紡錘形或球形，不開裂。

猢猻木從單葉轉成三出複葉

非洲猢猻木的果實與種子

非洲猢猻木的乾燥花朵

Ch — 04

# 幾內亞灣採《血鑽石》——西非與中非

Photo by Edouard TAMBA / unsplash

鑽石在文明世界裡是高價商品，是純潔、璀璨、堅貞愛情的象徵；但是對於非洲大陸，鑽石卻是悲劇的源頭。

被殖民主義國家稱為最後大陸或黑暗大陸的非洲，原本只有沿海地區被殖民，殖民面積比例很低，卻因為一八七〇年代發現了鑽石與黃金的礦藏，又引來歐洲國家的覬覦與瓜分。一八八五至一九九〇年，非洲幾乎全部土地都被西方國家掌控，只剩下衣索比亞與賴比瑞亞兩個實質獨立的國家。直到二次世界大戰結束後，因為歐洲各國經濟衰退，沒有能力再維繫這些殖民地，非洲各國才逐漸走向獨立。

時至今日，非洲許多國家仍因為這些礦藏，連年處於內戰的狀態，導致民不聊生。而非洲的黑人，即使有許多人在運動、歌唱領域備受矚目，也出現過許多世界知名的明星，但是歧視的眼光依舊無法完全消除。

二〇〇六年李奧納多主演的電影《血鑽石》，故事背景就是一九九〇年代的西非國家獅子山。描述當地飽受內戰蹂躪，國家四分五裂，而平民百姓卻被迫投入鑽石開採，作為購買武器的資金。

除了電影，同一時期，獲得葛萊美獎殊榮的饒舌歌曲《來自獅子山的鑽石》[1]，也藉由音樂創作，來諷刺非法貿易鑽石下所造成的獅子山內戰，與相信「鑽石恆久遠」這句經典廣告標語的先進國家之間的巨大差異。

---

1 英文：Diamonds from Sierra Leone」

除了西非的獅子山，圍繞在非洲大陸西半部幾內亞灣的諸多國家，如西非的賴比瑞亞、象牙海岸，中非的剛果共和國、剛果民主共和國[2]、安哥拉，以及東非南部的辛巴威，其實都有類似的血鑽故事。

整個非洲大陸西半部的大海灣，稱為幾內亞灣，形狀正好與南美巴西東部吻合，刺激了地質學家提出板塊漂移的學說。

圍繞著幾內亞灣的兩個區塊，地理上劃分成西非與中非。幾內亞灣跟撒哈拉沙漠之間的區域就是西非，又稱為幾內亞。而幾內亞灣的東側，主要坐落在剛果河流域的則是中非。

就國家來看，沿著海岸由西北向東，西非包含茅利塔尼亞、塞內加爾、甘比亞、幾內亞比索、幾內亞、獅子山、賴比瑞亞、象牙海岸、迦納、多哥、貝南、奈及利亞，以及不靠海的馬利、布吉納法索、尼日，茅利塔尼亞外海的海島國家維德角。

而中非，沿著幾內亞灣由北向南則包含喀麥隆、赤道幾內亞、加彭、剛果共和國、剛果民主共和國、安哥拉、還有北部兩個內陸國查德與中非共和國，以及海上的聖多美普林西比。

大約西元三世紀，西非內陸，尼日河中上游一帶曾建立迦納帝國[3]，成為一個撒哈拉沙漠以南，因為控制黃金與鹽而富庶幾個世紀的王國，直到十一世紀，自北非摩洛哥一帶興起的伊斯蘭帝國穆拉比特王朝不斷入侵，導致迦納帝國逐漸衰弱。其帝國地位到十三世紀，被新興的伊斯蘭帝國馬利帝國[4]取代。不過，十四世紀中葉之後，馬利帝國便發生內亂，帝國內各族紛紛獨立。十五世紀末，原本附屬於馬利帝國下的桑海帝國[5]崛起，日漸強大，與馬利帝國分庭抗禮。於是，馬利帝國尋求境外勢力葡萄牙幫忙，但葡萄牙選擇遠遠看著兩國相爭，最後，十六世紀中葉，馬利帝國完全被桑海帝國併吞。

桑海帝國是西非史上面積最大，國力最強的帝國，卻也是最後一個非洲黑人原住民建立的帝國。十六世紀末，摩洛哥憑藉著強大且先進的武器入侵，導致桑海帝國瓦解。

中非也曾建立許多較小的蘇丹國，較大且知名的像是主要位於今日查德境內的加奈姆-博爾努帝國[6]，於七世紀末建立，主要興盛於十四到十九世紀。另外還有剛果王國，是剛果河盆地的班圖王國，於十四世紀結束前建立，十五世紀後期開始跟葡萄牙展開貿易，後來王國分裂，逐漸衰亡，至十九世紀中葉成為葡萄牙的附庸國。

此外，遍及整個非洲中南部的班圖語族，一般相信是發源於奈及利亞與喀麥隆的邊界一帶，穿過赤道向南、向東遷徙，同時傳播農業與製陶技術。

一八八五年之前，歐洲各國只控制幾內亞灣沿海。但是很不幸的，十九世紀末，鑽石與黃金礦藏的發現，卻成為非洲悲劇的開端。二十世紀初，整個西非與中非，絕大多數地區都落入法國的掌控。而英國控制了今日的甘比亞、獅子山、迦納與奈及利亞；德國勢力侵入多哥與喀麥隆；比利時掌握了剛果民主共和果；西班牙殖民赤道幾內亞；葡

2 舊稱薩伊，簡稱民主剛果。｜3 英文：Ghana Empire」｜4 英文：Mali Empire。｜5 英文：Songhai Empire。
6 英文：Kanem–Bornu Empire

萄牙殖民幾內亞比索、安哥拉、維德角與聖多美普林西比。

地理大發現之後，賴比瑞亞沿海開始被稱為胡椒海岸[7]或穀物海岸，往東經過今日的象牙海岸，而所謂的黃金海岸則是指今日象牙海岸東側鄰國迦納。幾內亞灣最東邊又稱為貝南灣，過去則被稱為奴隸海岸，包含今日多哥、貝南、奈及利亞的海岸。上述這些名稱除了與過去出口的資源有關，似乎也可以看出幾內亞灣曾因為豐富的資源引來歐洲諸國覬覦。

氣候上來看，赤道橫過幾內亞灣，西非與中非幾乎全部落在南北緯20度之內的熱帶地區。西非自海岸向內陸深入約二百至四百公里，以及中非赤道兩側，溫暖潮濕，是非洲熱帶雨林的核心區域。雨量向南北遞減，森林逐漸減少，逐漸過渡成稀樹草原。

不過，十分特別的是非洲的熱帶雨林並非連續沒有間斷。迦納東南方，以及多哥、貝南，因為山的走向正好是西南東北走向，與來自幾內亞灣的季風平行，無法攔截水氣，形成了乾燥的達荷美峽谷[8]，沒有辦法發展成雨林，以至於幾內亞森林被切開成東西兩處。西起幾內亞，東至迦納，還有多哥中部零星點狀的森林，稱為上幾內亞森林；而貝南東南方延伸至奈及利亞、喀麥隆，以及聖多美普林西比，則屬於下幾內亞森林。

下幾內亞森林連接世界第二大的熱帶雨林——剛果雨林。這是大小僅次於亞馬遜的熱帶雨林，總面積約兩百萬平方公里，分布於查德以外的七個中非國家。

幾內亞灣無疑是非洲生物多樣性最高的所在，這裡的雨林有大家熟悉的黑猩猩、大猩猩，還有叢林象與長頸鹿的近親歐卡皮鹿。植物方面，影響世界的油椰子、可樂果、大葉咖啡、羅布斯塔咖啡、常見的行道樹火焰木、室內觀葉樹木琴葉榕，還有這幾年特別流行的愛心榕，都是中西非雨林的產物。

當然，中西非不是只有雨林，在雨林之外還有大面積的稀樹草原，這裡是高粱和豇豆的故鄉。這些都是生活中常見，來自中西非的植物。

西非與中非雨林集中在幾內亞灣，對多數人而言是相對難以抵達的土地，對我而言，是既陌生卻嚮往的生物多樣性寶地。除了藉由《血鑽石》的故事背景認識中、西非，男主角李奧納多．狄卡皮歐[9]也是認識非洲熱帶雨林不能不提的一號人物。

大家對李奧納多的印象或許是《鐵達尼號》的男主角。還有後來他演過的許多知名電影，如《神鬼交鋒》、《血鑽石》、《全面啟動》、《神鬼玩家》、《華爾街之狼》等。不過，過去這些年李奧納多令人最為欽佩的是投入環境保護。為了表彰他對中非喀麥隆埃博[10]雨林的貢獻，拯救當地森林免於砍伐，二〇二二年英國皇家植物園邱園的植物學家甚至以李奧納多的姓氏，將一種番荔枝科植物命名為狄卡皮歐擬紫玉盤，學名 *Uvariopsis dicaprio*，英文 Dicaprio tree。

埃博雨林是目前中非面積最大且相對未遭受破壞的雨林之一，除了擁有許多珍貴稀有的植物，也是大猩猩、黑猩猩、叢林象等瀕臨絕種野生動物的棲地。在認識新植物，

---

**7** 這個胡椒指的是原產於西非的薑科植物幾內亞胡椒，學名是 *Aframomum melegueta*，而不是大家一般熟悉的黑胡椒。
**8** 英語：Dahomey Gap。｜**9** 英文：Leonardo Wilhelm DiCaprio。｜**10** 英語：Ebo

敬佩李奧納多以及替李奧納多樹命名的科學家之餘，由衷希望地球上砍伐雨林的悲劇如同血鑽石的故事一樣受到更多人的重視，血鑽石以及雨林破壞都可以從幾內亞灣消失，不再上演。

# 被遺忘的端午節習俗

## 豇豆

記得小時候，每年三月回暖之後，阿公就會在鄉下三合院前的小小菜園種下各式蔬菜，其中，我最熟悉的莫過於台語俗稱菜豆仔（tshài-tāu-á）的豇豆了。離開鄉下到城市求學以後，每次暑假返鄉仍舊可以吃到這個熟悉的蔬菜。離開前，阿嬤總是會採一把，連同其他蔬果讓我一起帶走。

相信這並不是我獨有的記憶，許多人應該都曾有過類似的經驗吧！畢竟，菜豆仔是許多人喜歡且容易栽培，台灣夏天常見的蔬菜。甚至，吃豇豆還是台灣端午節的特殊習俗。我很喜歡的作家黃春明老師的散文集《九彎十八拐》當中，有一篇文章就曾介紹這個幾乎快被遺忘的端午節習俗：「呷茄秋趒（chhio-tio，青春力盛，春情勃勃之意），呷匏仔肥白，呷菜豆呷到老老老。」

無論平常是否會留意身邊的植物，豇豆是生活中如此常見的蔬菜，相信大家一定都認得，也幾乎沒有聽過有人不敢吃的。不過，知道豇豆故鄉在何處的人肯定少得多，畢竟這種植物來到東亞的歷史太過悠久，恐怕多數人都認定它是原生植物吧！事實上，西非才是豇豆的故鄉。

豇豆是市場常見的蔬菜

豇豆耐旱、耐高溫，且具有根瘤菌能夠固氮，除了十分容易栽培，更可以做為綠肥。此外，豇豆生長快速、採收期長，無論是乾燥的豆子或嫩豆莢都能食用，再加上全株無毒，葉子也能做為牲畜飼料，種種優點，在發現新大陸之前，豇豆早已經是整個舊世界不可或缺的作物。

然而，豇豆的起源卻也因此讓科學家感到困惑。從文字紀錄來看，無論是地中海沿岸的國家或是印度，豇豆都是自古以來就會食用的蔬菜。考古學上發現，古埃及大概在西元前兩千五百年開始食用豇豆，而印度約莫是西元前兩千到一千五百年之間。所以過去許多文獻才會將印度或地中海當作豇豆的原產地。

後來科學家在撒哈拉沙漠南方的草

原找到野生豇豆，發現非洲是豇豆的故鄉。到了本世紀，透過基因及語言學研究，進一步確認西非是豇豆的起源地。豇豆從西非向東非傳播，然後再進一步往北、往南，傳遍非洲大陸，並進入地中海沿岸與南亞，從南亞往東傳播至東南亞與東亞。

大部分的植物起源，植物學家在上個世紀就差不多都研究透徹了，但豇豆是個例外，因為它的變異實在太大。不但影響了種源與馴化中心的研究，還造成分類上的困擾。

大學以後修課，知道植物學上所謂的菜豆屬指的是四季豆、皇帝豆、大紅豆（花豆）[11]等來自拉丁美洲的豆科蔬菜[12]，而台語菜豆仔反而是豇豆屬。雖然長得有幾分相似，食用方式也同樣都是帶著嫩豆莢一起料理，但是植物分類上，豇豆與四季豆的關係，還遠不如紅豆[13]與綠豆[14]。

大名鼎鼎的植物學家林奈，他在《植物種志》中將豇豆放在另一個容易混淆的扁豆屬，命名為 *Dolichos unguiculatus*，種小名是小爪子的意思。直到十九世紀初，植物學家才給了豇豆屬獨立的地位，並在一八四三年將我們常吃的豇豆放到豇豆屬，改名為 *Vigna unguiculata*。

---

**11** 大紅豆學名：*Phaseolus coccineus* L.。｜**12** 四季豆與皇帝豆介紹請參考《被遺忘的拉美——福爾摩沙懷舊植物誌》

**13** 紅豆學名：*Vigna angularis* (Willd.) Ohwi & H. Ohashi。｜**14** 綠豆學名：*Vigna radiate* (L.) R. Wilczek

不過說真的，這些都是後見之明，早期植物學家對於豇豆的分類歸屬確實有過不少爭議，就如同它的起源一般。畢竟豆科植物真的是非常龐大的家族，不要說一般人會搞混，早期植物學家也常常會傻傻分不清楚，甚至曾經有植物學家主張把豇豆放到菜豆屬。

更誇張的是，由於豇豆物種內的變異極大，光是林奈一個人命名，後來被視為豇豆同種異名的就有好幾個，有同樣歸在扁豆屬的學名，如 *Dolichos catjang*、*Dolichos sesquipedalis*、*Dolichos sinensis*，甚至還有出現放在菜豆屬的，如 *Phaseolus cylindricus*、*Phaseolus sphaerospermus*。

李時珍對豇豆評價極高，認為它既是蔬菜、也是五穀雜糧，是「豆中之上品」，除了腎水腫時，其他時候無論生什麼病都可以吃，沒有忌諱。不過，一反常態的是，《本草綱目》中並沒有提到豇豆的來源，或許李時珍誤把它當作原生植物吧！可是說也奇怪，「豇」字出現的年代晚，北宋時期《廣韻》中才首見這個字：「豇：豇豆，蔓生，白色。」那十一世紀以前，豇豆的華語是什麼呢？再次參考《本草綱目》記載，由於豇豆的豆莢「必兩兩並垂」，所以又有「䜶䝄」之名。以此再查，「䜶」與「豇」是同義字，而「䝄」則有雙的意思。大概西元二二七年前後，三國時代曹魏人張揖所編的百科辭典《廣雅》：「胡豆：䜶（乎江）䝄（雙也）。」也就是說古稱䜶䝄的豇豆是胡豆。雖然一般認知的胡豆是指張騫通西域後引進的蠶豆，但是「胡」在古代有「外來的」這層意思。如果豇豆也是一種胡豆，是否代表它是三國時代，或更早之前引進？

台灣食用豇豆的歷史也十分悠久。一六八五年由蔣毓英編寫的《台灣府志》[15]已經有豇豆的紀錄。而余文儀於一七七四年完成的《續修台灣府志》中介紹：「菜豆莢長，亦名長豆。蔓生下垂，有青、紫二種。」那個年代台灣還沒有四季豆，而豇豆如同今日台灣民眾的習慣普遍稱為菜豆。品種上，綠皮、紫皮今日也都還可以見到，只是又培育出更多不同的品種。

豇豆是熱帶植物，台灣主要產地是西南部。我的故鄉正好位於豇豆的產地，除了經濟栽培，幾乎家家戶戶都會自栽自採。因為阿公栽培，我有機會近距離觀察它，也因為阿公栽培，我們鮮少在市場購買。

豇豆是一年生植物，每年入秋後就會慢慢枯萎。待隔年春天重新播種，年復一年。數十年的光陰，從來沒有想過有一天會改變。直到某一天在菜市場上看到豇豆，我才想起故鄉的豆棚已荒廢，想起阿公已離開多年。

15 《台灣府志》物產卷蔬之屬：「長豆：蔓生，角長，亦名筋豆，又名菜豆，又名江豆。」

# 豇豆

**學　名** | *Vigna unguiculata* (L.) Walp./*Dolichos unguiculatus* L.

**科　名** | 豆科（Fabaceae or Leguminosae）

**原產地** | 西非

**生育地** | 稀樹草原

**海拔高** | 0-2600m

一年生草質藤本。三出複葉，互生，托葉在葉柄基部對生。小葉全緣。全株光滑。蝶形花淡紫色，旗瓣基部有一抹黃色，短縮狀的總狀花序，腋生。莢果細長而下垂。

豇豆莢果細長而下垂

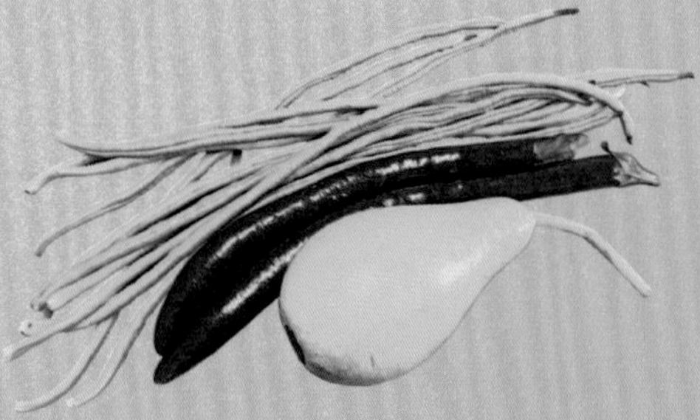

吃菜豆仔、匏仔、茄仔，是台灣端午節的傳統習俗

豇豆的花十分美麗（攝影／王秋美）

# 植物應該放在哪裡才招財？

## 開運竹與金錢樹

還記得一九八〇年代末期，我上小學之前。某一日，阿公下班載回一大盆「發財樹」，因為綁成辮子狀，全家人嘖嘖稱奇。

那是當時最流行的招財盆栽，不管任何場合：開幕、喬遷、晉升，一定都會看到綁上紅絲帶的發財樹，插著寫有賀詞的紅紙誌慶，有時候甚至每一片葉子都會綁上蝴蝶結。

家裡的長輩說，發財樹叫做美國土豆或馬拉巴栗[16]。到台北念書以後，終於知道綁成辮子是貨車司機王清富的創意。他在一九八六年韋恩颱風來襲時，在家中替從事美髮工作的太太陳美華編辮子，突發奇想，順手將五棵馬拉巴栗編在一起，意外轟動亞洲各國，成了台灣花卉內外銷奇蹟，創造了二三十億外匯。

不過，馬拉巴栗畢竟是拉丁美洲植物，不是本書重點。我想介紹的是繼馬拉巴栗

16 學名：*Pachira glabra* Pasq.，中文名可以稱為光瓜栗。早期長期誤用水瓜栗的學名 *Pachira aquatica*，而大家習慣的馬拉巴栗也音譯自 *Pachira aquatica* 的英文名 Malabar chestnut。實際上台灣栽培的都是 *Pachira glabra*

之後興起的幸運盆栽。其中，來自非洲的幸運竹與美鐵芋，近年來銷售量更是穩居排行榜冠亞軍地位。原因無他，除美觀易栽培，它們還是招財、招好運的風水植物。

風水學又稱為堪輿學，是道家五術中的一門學問，進而演變成東亞文化圈的一項傳統。在台灣，不論喬遷、開店，往往都會請風水師指點，或是自己看書找財位。在財位、櫃台、辦公桌上擺招財小物、盆栽，相信是許多人共同的經驗。

園藝廠商看準風水商機，新興植物通常會取討喜的名稱，如發財、招財、幸運、錢幣、金錢、富貴等名稱。有類似名稱的植物，橫跨許多科屬，不勝枚舉。來自中非雨林的幸運竹與來自東非的金錢樹，每月銷售量達一二十萬盆，數量遠遠超過其他植物盆栽。

不過，在馬拉巴栗風行的年代，今日的幸運竹被稱為萬年竹，與華文既有的萬年青[17]做為區別。不過，一般民眾很快就搞混了。而且，相較於同屬的巴西鐵樹、百合竹、紅邊竹蕉，早期萬年竹不怎麼受到矚目。一九九〇年代以前，在觀葉植物或室內觀賞植物相關圖鑑當中，萬年竹瑟縮躲在一隅，根本就是個醜小鴨。

但是當時市場上，園藝商已經開始將萬年竹稱做開運竹、幸運竹、富貴竹，綁成塔狀，以步步高升的意象，插水即能活做為賣點，逐漸打開市場。

或許是編織馬拉巴栗帶來的創意，或許是受盆景藝術的影響，廠商開始彎曲各種植物，改變既有的銷售模式，將植物當成藝品來出售。其中，最成功的莫過於開運竹。除了塔狀，陸續還出現刻意交織成網狀、愛心形、螺旋狀的造型盆栽。

從此以後大家都忘了萬年竹，只記得開運竹。改了名字後，不但成為替買家開運的必備小物，連盆栽廠商運勢都大開。二〇〇〇年代，超車馬拉巴栗，成為盆栽界的常銷冠軍，迄今未衰。

不但攻佔台灣花卉市場，開運竹也影響了全世界。連英文名稱都改稱之為 lucky bamboo（幸運竹）。或許單價低，但是銷量高，總銷售金額相當驚人，非其它高單價的觀葉植物所能比擬。

不過，千萬不要誤會，雖然名稱上有個「竹」，但是與竹子關係甚遠，實際上它是龍血樹，來自中非雨林。

17 學名：*Rohdea japonica* (Thunb.) Roth

開運竹喜歡生長在陰濕的環境

早期分類屬於龍舌蘭科，新的分類則歸到天門冬科。一八九三年才正式命名，屬名來自古希臘文 *δράκαινα*（*drákaina*），意思是雌龍。種小名 *sanderiana* 是紀念德國知名的蘭科植物專家弗雷德里克．桑德[18]。

早在一九〇一年十月，跟著旅人蕉、裂瓣朱槿等植物，一起被田代安定從日本帶回台灣，包含了綠葉與斑葉兩個不同品種。而且從資料上發現，更早之前它也不叫萬年竹，而是叫做綠葉竹蕉、鑲邊竹蕉。看來，園藝廠商為了推廣開運竹，在名稱上也是煞費苦心，改了又改，終於成就開運竹今日的市場地位。

一九九〇年代結束前，招財界的明日之星美鐵芋也踏上台灣這塊重視風水的寶地。因為相當容易扦插，耐陰、耐熱、耐旱等多項優點，成功打進競爭激烈的植物市場。

不過，美鐵芋一出現，就是以「金錢樹」之名粉墨登場，完全不像開運竹那麼坎坷。一路過關斬將，幹掉一個又一個風水植物。最後開運界阿公級的馬拉巴栗也被超車。我甚至高度懷疑，有藉著發財樹、金錢樹傻傻分不清楚的情況，行冒名頂替之嫌。最終，緊咬在開運竹之後，成為市場上名符其實的招財植物，為廠商賺進了不少鈔票。

但是，園藝市場就是這麼有意思。名稱有竹的不是竹，金錢樹其實也不是樹。只是草，而且讓許多人意想不到的，它跟芋頭、火鶴、粗肋草、蔓綠絨等植物一樣，都是天南星科，都會長出佛焰花序。

只是它肥嘟嘟的樣子，一副多肉植物臉，讓許多第一次見到的人滿臉疑惑，這到底是哪一家族的怪咖？連從小對芋頭莫名狂熱的我，高中畢業前第一次見到這傢伙，翻遍植物圖鑑都找不到資料，也是搞了好久才解開它的身世之謎，是「芋」，不是樹。

二〇二〇年觀葉植物大流行，高居市場領先地位的開運竹、金錢樹，原本是沒有打算蹚渾水，不過，金錢樹卻因為特殊的黑葉品種，意外又引發一波小小的風潮。

除了栽培供觀賞，美鐵芋也是東非外敷消炎的藥用植物。一八二九年正式發表時，英國植物學家羅迪吉斯[19]將它放在彩葉芋屬，命名為 *Caladium zamiifolium*。種小名意思是像澤米蘇鐵（*Zamia*）一樣的葉子。一八五六年奧地利植物學家肖特[20]以美鐵芋為模式種，建立美鐵芋屬，並將美鐵芋命名為 *Zamioculcas loddigesii*。屬名結合澤米蘇鐵屬（*Zamia*）與芋屬（*Colocasia*），種小名是為了紀念羅迪吉斯。一九〇五年，德國植物學家恩格勒[21]整理天南星科，結合前面兩位專家的意見，再次調整美鐵芋的學名，命名為 *Zamioculcas zamiifolia*。

說有多快，就有多快。一九九六年荷蘭才開始將美鐵芋商業化，並推廣到海外。沒想到不過短短幾年時間，大約二〇〇〇年美鐵芋就快速攻佔全球花卉市場，成為大家熟悉的觀賞植物。

我不知道擺放開運植物，究竟是否真的能夠招財、帶來好運。但是我確定，讓綠色植物進入我們的生活之中，不但美化環境，透過栽培植物的過程，一定可以獲得療癒。

**18** 德文：Henry Frederick Conrad Sander。｜**19** 英文：Joachim Conrad Loddiges
**20** 德文：Heinrich Wilhelm Schott。｜**21** 德文：Heinrich Gustav Adolf Engler

# 開運竹

**學　名**｜*Dracaena sanderiana* Sander *ex* Mast.

**科　名**｜天門冬科（Asparagaceae）假葉樹亞科（Nolinoideae）／龍舌蘭科（Agavaceae）

**原產地**｜喀麥隆、中非共和國、加彭、剛果、薩伊、安哥拉

**生育地**｜雨林內潮濕處

**海拔高**｜0-100m

灌木，高可達 2 公尺。單葉，互生，螺旋排列於莖頂，全緣或波浪緣。花白色，六瓣，背面中間與兩側暗紅色，圓錐狀繖房花序，腋生。漿果球形，成熟時橘黃色。

開運竹是台灣花卉市場最受歡迎的觀葉植物

# 美鐵芋

**學　名**｜*Zamioculcas zamiifolia* (Lodd.) Engl.

**科　名**｜天南星科（Araceae）

**原產地**｜肯亞、坦尚尼亞、莫三比克、辛巴威、南非

**生育地**｜潮濕至常綠乾燥森林內

**海拔高**｜0-650m

多年生肉質草本，具地下塊莖。一回羽狀複葉，叢生於莖頂，小葉近對生。單性花，雌雄同株，末端為雄花，靠近基部為雌花，花序自塊莖抽出，佛焰苞綠白色，後翻。

這兩年市場上出現黑色葉的美鐵芋品種

美鐵芋的佛焰花序，上端白色是雄花，基部灰色是雌花，佛焰苞後翻（攝影／陳煥森）

金錢樹其實是多肉質草本，又稱為美鐵芋

美鐵芋具有地下球莖

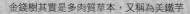

# 手工藝材料行與玉市的糾纏

## ◎羅非亞椰子◎

母親擅長做手工藝，常使用紙線來編織帽子。一開始我還真的以為是現代造紙技術發達，創造了這款看起來十分天然且堅韌的纖維。後來基於好奇看了包裝，才發現自己大錯特錯。紙線不是紙，是天然的植物纖維，更與我在玉市發現的千眼菩提有巧妙的連結。

台灣的手工藝材料行很容易買到 Raffia fiber，手作圈一般稱為拉菲草或紙線。由於它質地輕、容易染色、具有彈性，加上可以水洗，所以常用來編織，製作成帽子、包包等。它的原料來自羅非亞椰子的葉片，是材質很好的天然纖維，非洲自古以來就不可或缺的民族植物。用來編織做鞋子、籃子、草蓆，捲在一起增加強度，可製成繩索、吊床、漁網。甚至在嫁接植物時，可以用來包覆在嫁接處。

在中非古代的庫巴王國，位於今日剛果民主共和國境內，甚至還進一步將羅非亞椰子的纖維紡織成布，並且染上許多幾何圖案，在儀式中穿戴，成為當地獨特文化。

紙線編織的帽子

這個意外的發現不禁令我想起在玉市尋寶，從各種名為XX菩提的種子，尋找雨林植物、佛教植物蛛絲馬跡的日子。有一款如象牙般堅硬，而且比其他做串珠還要巨大的種子，布滿不規則紋路，常用來作為吊飾，玉市一般稱為千眼菩提。我想應該很多人都見過吧！其實它就是羅非亞椰子的種子。此外，因為羅非亞椰子屬的果實有美麗的鱗片，使之成為果實或種子愛好者競相收藏的目標。

羅非亞椰子屬拉丁文學名是*Raphia*，英文Raffia palms，源自馬達加斯加對該植物的稱呼Raffia，華文直接音譯做羅非亞或羅菲亞。該屬一共有二十二種，主要生長在熱帶非洲，有一種則分布到了熱帶美洲。

它是多用途植物喔！除了前述提供纖維或果實、種子用來做吊飾，全世界熱帶地區栽培供觀賞，羅非亞椰子也是藥用植物，根、葉、果等不同部位，分別用來治療牙痛、消化系統疾病與痢疾。果實可以食用、釀酒或榨油，其油可以用來毒魚、做肥皂、鞋油或燃油；種子可以用來雕刻；花序收集的汁液含糖，可以釀酒；嫩芽可以當蔬菜食用；樹幹提供澱粉或蓋房子。在非洲各地，各有不同的利用方

手工藝材料行便能夠買到的Raffia fiber，一般稱為拉菲草或紙線

*Raphia taedigera* 果皮紋路特殊，受果實玩家喜愛

精細打磨做成吊飾的
千眼菩提

未打磨（右）與打磨後（左）的千眼菩提種子

式。特別重要的是，其釀造的烈酒在西非許多國家，如象牙海岸、迦納、奈及利亞，都具有重要的文化意涵。

仔細區分，一般在市面上銷售供收藏的羅非亞椰子果實，多半屬於 *Raphia farinifera* 這個物種。但是分布橫跨中西非與中南美洲的 *Raphia taedigera*，其果實飽滿，紋路特殊，受果實玩家喜愛，也是市面上常見的種類。而千眼菩提的學名，國外商品賣家多半使用虎克羅非亞[22]，然而實際觀察，種子大小與形態有所差異，甚至可能包含不只一個物種，分類上還有待確認。

引進過非常多植物的日籍學者田代安定，早在一九〇九年就曾自印度引進 *Raphia vinifera*，植物學上稱為酒羅非亞椰子，一般稱為酒椰子，不過早已不知去向。而過去台北植物園與恆春熱帶植物園都有栽培的羅非亞椰子，可能是一九二二年金平亮三從新加坡，或是一九三七年佐佐木舜一自南洋引進。可惜羅非亞椰子一生只開一次花，結果後就會漸漸枯萎。原本台北植物園有四株，分別於二〇〇八、二〇一〇、二〇一七年陸續開花，而後果實皆沒有成功培育出新的小苗。二〇二〇年後已全數死亡。

同一種植物，在不同領域往往會有不同的名字，多用途的羅非亞椰子就是一個案例。名稱越多，代表植物對人類文化的影響越廣。只可惜，當植物園的羅非亞椰子殞落，未來台灣能夠見到它的地方，除了恆春熱帶植物園的苗圃、私人蒐藏，只剩下手工藝材料店和玉市了。

22 學名：*Raphia hookeri* Mann & Wendland

## 羅非亞椰子

學　名｜*Raphia farinifera* (Gaertn.) Hyl.

科　名｜棕櫚科（Palmae）

原產地｜西非、中非、東非

生育地｜河岸林、沼澤森林

海拔高｜0-2500m

喬木，高可達10公尺。一回羽狀複葉，叢生莖頂。單性花，雌雄同株，花序巨大，頂生。核果，果實成熟後植株即死亡。

羅非亞椰子的植株與果序（攝影／潘慧蘭）

# 後起的王者

## 火焰木

大學修植物形態學課程，每週都要在校園裡採集正在開花的植物來觀察。因為平常不能在學校裡任意採集，所以我們總是開玩笑說，上課時跟在老師後面擔任合法的採花大盜。

記得有一回老師要我們去傅園採火焰木，我跟同學帶著三節的高枝剪依舊搆不到。爬上傅園裡縮小版的帕德嫩神殿，高度增加了約莫一點五公尺，卻還是差一點。一籌莫展時，我最強壯的同學姚強蹲了下來說：「你坐在我肩膀上，我把你舉上去。」最後，我們順利採到了高不可攀的火焰木。

火焰木是中南部常見的景觀植物，花期長，從十一月到五月都可以看到花；特別是最冷的一二月，總是開得一樹火紅。加上它十分高大，在高架道路上，特別能夠吸引駕駛的目光，為寒冷的天氣帶來一絲溫暖。

火焰木來自非洲，從潮濕的熱帶雨林到乾燥的疏林都可以見到它的蹤影。英文是非洲鬱金香樹 African tulip tree，近看的話，一朵朵，造型與鬱金香十分相似。

不過，可別小看火焰木，在非洲它可是重要的藥用植物。樹皮、花朵、種子可以處理各種發炎情況、治療潰瘍、皮膚病，甚至還用它來治療瘧疾、愛滋病。許多近代的科學研究，都陸續證實了它的療效。

此外，非洲部分地區會食用它的種子。不過，我查到一些資料說種子可能有毒性，不建議任意食用喔！尚未開的花朵內可以藏水，或是飲用，或是拿來遊戲。台灣也有一些小朋友知道把它的花苞當作水槍玩，大家有機會可以試試看。

法國博物學家帕利索．德．博瓦[23]是發現並命名火焰木的關鍵人物。一七八六年，帕利索被派往尼日河河口一帶建立殖民地。他在當地約兩年，蒐集了許多貝南與奈及利亞的動植物標本，並且送回法國。火焰木就是在這時候被發現。

有趣的是帕利索原本是一名律師。可是後來，他幾乎花了一輩子時間在研究動植物。他的命運多舛，一七八八年因為英國攻打而被迫離開非洲，拖著因黃熱病而虛弱的身軀搭上奴隸船前往海地。一七九一年海地發動獨立戰爭，他因為反對廢除奴隸制度，加上又是貴族，一七九三年被監禁，而後又遭到驅逐出境。因為貴族身分不願意回到正處於大革命時期的法國，卻又在前往美國的旅途中被搶，一貧如洗的他，為了生活還曾進入馬戲團工作。後來短暫在美國研究動植物。直到一七九八年終於能夠回法國，開始整理他過去收集的標本並發表。

一八〇一年起，帕利索陸續出版了許多動植物相關著作。其中一八〇四至一八二一年間，發表他在非洲觀察到的植物，並集結成冊《歐瓦雷和貝寧植物誌》[24]。該書中，一八〇五年帕利索以火焰木為模式種，正式命名了火焰木屬與火焰木。

23 法文：Ambroise Marie François Joseph Palisot, Baron de Beauvois。

24 法文：Flore d'Oware et de Benin

火焰木是十分高大的喬木

屬名*Spathodea*意思是像佛焰苞一樣，用來形容它的漏斗狀花，結合自兩個古希臘字，σπαθη（spathe）原意是劍鞘，引申為佛焰苞，οιδα（oida）是常見的拉丁學名字尾，像什麼一樣的意思。而火焰木的種小名*campanulata*，意思是鐘狀的，同樣是在描述它的花冠筒。

除了火焰木，我們熟悉的植物中，也還有不少跟帕利索有關，像是來自非洲的三角鹿角蕨[25]、可樂樹[26]，最初也都是發表於《歐瓦雷和貝寧植物誌》中。而全球熱帶廣布，台灣常見的松葉蕨[27]、竹葉草[28]，今日的學名也是帕利索做的調整。

遙遠非洲的火焰木，地理大發現之後，就被歐洲國家引進亞洲與美洲熱帶地區栽培。一九〇九年，田代安定[29]率先自印度引進台灣，隔年，台灣近代農業教育先驅藤根吉春又自爪哇引進。到了一九一一年，川上瀧彌到南洋考察，甚至還於次年直接帶回苗木。

這三位都是日治時期對於台灣景觀植物引種不遺餘力的植物學家，在我過去的著作中也多次提到。但是十分有趣的是，雖然他們一致認可火焰木的景觀效果，火焰木卻沒有馬上成為台灣常見的植物。除了植物園或一些蒐藏植物的單位，一九八〇年代

**25**學名：*Platycerium stemaria* (P. Beauv.) Desv.。｜**26**學名：*Cola acuminata* (P. Beauv.) Schott & Endl.，請參考《看不見的雨林——福爾摩沙雨林植物誌》｜**27**學名：*Psilotum nudum* (L.) P. Beauv.。｜**28**學名：*Oplismenus compositus* (L.) P. Beauv.。｜**29**部分文獻記載是橫濱植木株式會社

火焰木的板根十分高大

以前，火焰木是很罕見的。現在台灣各地的火焰木，幾乎都是一九九〇年代以後才開始栽培。

我私心猜想，難不成是鳳凰木與火焰木的瑜亮情節，讓火焰木遲遲無法在南部綻放？直到本世紀，鳳凰木才讓出了紅花樹木的王座，交由火焰木接棒。

火焰木的花十分豔麗

# 火焰木

**學　名**｜*Spathodea campanulata* P. Beauv.

**科　名**｜紫葳科（Bignoniaceae）

**原產地**｜西非、中非、東非

**生育地**｜熱帶乾燥森林、疏林至潮濕森林

**海拔高**｜2000m 以下

大喬木，高可達35公尺，樹幹通直，基部具板根。一回羽狀複葉，對生，小葉全緣或不明顯鋸齒緣，被毛，嫩葉褐色。幼苗具重演化現象，初為單葉、鋸齒緣。花紅色，總狀花序頂生。蒴果，成熟時開裂成舟狀。種子扁圓形，周圍有透明薄膜狀翅。

火焰木的幼苗具重演化現象，初為單葉

火焰木的蒴果

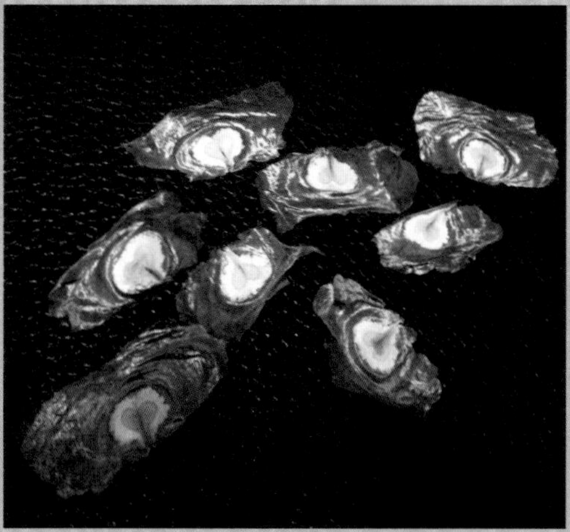

火焰木的種子周圍有透明薄膜狀翅

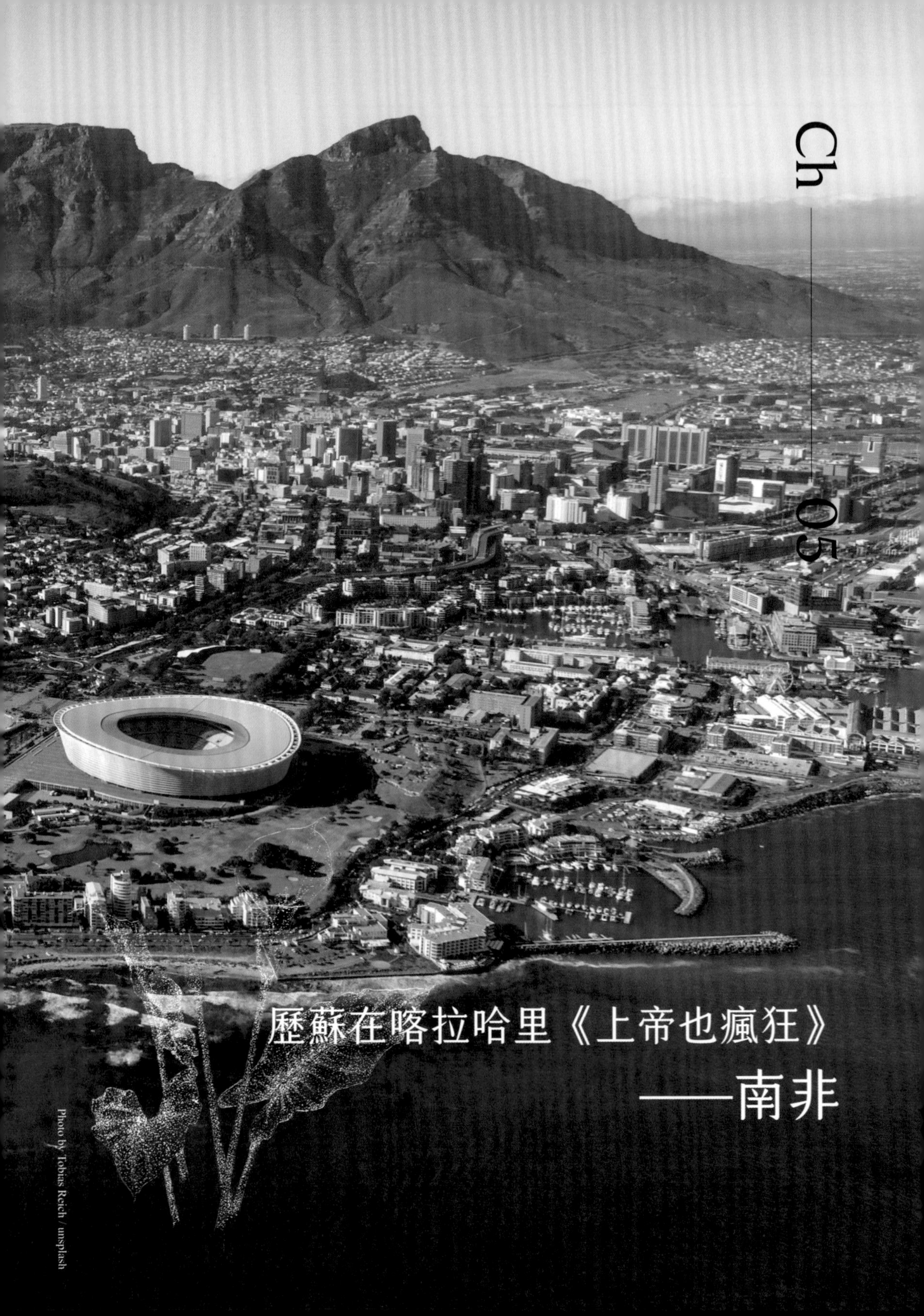

Ch 05

# 歷蘇在喀拉哈里《上帝也瘋狂》——南非

Photo by Tobias Reich / unsplash

《上帝也瘋狂》是一九八〇年代的喜劇電影，是我們這個世代小時候的回憶。不過，上映的時候其實我還沒有出生，之所以會熟悉是因為一九八九年續集《上帝也瘋狂2》，主角歷蘇在全球爆紅後，於一九九一年六月到訪台灣，而後香港拍攝的《非洲和尚》等三部電影陸續上映更風靡亞洲，才讓我們這個世代都認識歷蘇。

但當時年紀尚小，除了跟著大家哈哈大笑，不懂最初《上帝也瘋狂》電影的寓意，也不懂電影中人類與自然相處的智慧，只記得從電影裡看到一個遙遠的南部非洲。嘻笑之間，一頭捲捲短髮、黝黑皮膚、上半身不著上衣的歷蘇成為非洲的代表人物，似乎刷淡了一九八〇年代東北非衣索比亞飢荒帶給大家的非洲印象。

歷蘇的故鄉在納米比亞特桑克威[1]，那裡是喀拉哈里沙漠外圍，雖然氣候仍舊乾燥，但是景象卻比較接近非洲草原，也有各種大家熟悉的野生動物。不過，南部非洲跨多個氣候帶，生態變化多樣，稀樹草原無法代表整個南部非洲。

與北非、東非、西非、中非不同，一般我們不簡稱南部非洲為南非，以避免與南非共和國混淆。國家來看，由北向南，南部非洲包含納米比亞、波札那、南非共和國、史瓦帝尼、賴索托。其中，史瓦帝尼是我國在非洲的邦交國。

除了東非知名的阿法南方古猿，南部非洲曾發現非洲南方古猿的化石。這使得南部非洲與東非相同，被視為人類文明的搖籃。

1 英文：Tsumkwe

想當然，南部非洲也是西元前就開始有人類居住，原住民被稱為桑人[2]。後來班圖語族向四周擴張，進入南非，開始跟桑人混居。我們熟知的《上帝也瘋狂》主角歷蘇就是桑人。過去資料都說歷蘇是布希族人或布須曼人，其實是一種貶抑桑人的稱呼，音譯自英文 Bushmen，意思是叢林人。

南非在地理大發現時代具有重大的意義。雖然因為只有一海之隔，歐洲早就知道非洲大陸的存在，但礙於航海技術與撒哈拉沙漠，歐洲一直不知道非洲最南端在何處。直到十五世紀中葉，葡萄牙開始往南航行，深入這塊未知的大陸。一四六九至一四七二年間，葡萄牙發現了位於幾內亞灣的島嶼聖多美普林西比。而後，葡萄牙探險家迪亞哥·康[3]繼續往南探索，於一四八二年與一四八四年兩度出航，不但發現了剛果河與剛果王國，還於一四八五年率先抵達納米比亞中部的鯨灣[4]。一四八七年葡萄牙航海家迪亞士[5]發現南非好望角之後，又經過了十年，達伽馬終於通過好望角，到達歐洲航海紀錄中不曾抵達的東非海岸，並在阿拉伯裔舵手的協助下順利抵達印度。

一六〇二年荷蘭東印度公司成立，開始搶奪葡萄牙的海外殖民地，並藉由壟斷香料以及與中國的貿易，獲得豐厚的資源，為其黃金時代打下基礎。隨著葡萄牙衰弱，一六五二年荷蘭在開普敦建立殖民地，持續到一八一五年。

十八世紀末，大英帝國開始入侵開普敦，並於一八一五年拿破崙戰爭結束後，正式取得開普敦殖民地。

差不多同一時期，南部非洲東部地區的祖魯族短暫建立了中央集權的祖魯王國，直到一八七九與英國爆發戰爭，逐漸走向衰亡的命運，最後成為英國殖民地。

重新瓜分非洲殖民地的柏林會議之後，除了納米比亞落入德國之手，其餘南部非洲各國都在英國的掌握之中。

相對於非洲其他區塊，南部非洲的面積最小。但由於南回歸線通過納米比亞、波札那中部，以及南非的東北部，南非橫跨熱帶、亞熱帶到溫帶，氣候變化多樣。

西部沿海因為本吉拉涼流通過造成空氣乾燥且下沉，形成南非最乾燥的納米比亞沙漠，從安哥拉南部經納米比亞至南非西北部，南北長達一千六百公里，東西寬約五十到一百六十公里。納米比亞西部與波札那大部分的領土是半乾燥的喀拉哈里沙漠，也是《上帝也瘋狂》發生的場景。南非西南角是夏乾冬雨的地中海氣候，東南邊是受東南信風影響的溫帶潮濕氣候。剩下的區域則是跟非洲其他地方相似的草原，大型野生動物的家。

除了豐富的野生動物資源，南非也是許多奇特植物的故鄉。如僅生長於納米比亞沙漠的活化石二葉樹，曾被認為是裸子植物演化到被子植物的過渡環節，是許多植物園喜歡蒐藏的物種。

2 英文：San people。｜3 葡萄牙文：Diogo Cão。｜4 英文：Walvis Bay，又音譯做華維斯灣，是鯨魚聚集之處，故名鯨灣
5 葡萄牙文：Bartolomeu Dias

許多人喜歡蒐集的多肉與塊莖植物，如石頭玉、魔星花、龜甲龍、布風花，特殊的藍葉蘇鐵、還有天竺葵等許多精油植物，都來自南部非洲。當然，不能遺漏國人最熟悉的觀賞花卉海芋與天堂鳥，同樣也是此區的特產。而野菜中最受歡迎的昭和草，原生地則遍布西非、中非、東非，以及南非東部。

植物地理學當中，將全球的植物畫分成泛北極、舊熱帶、新熱帶、澳大利亞、好望角、南極六大區系[6]。其中好望角是所有植物區系當中面積最小的一個，卻擁有非常多特殊的植物，甚至將近七成的植物都是特有種，讓所有植物地理學的愛好者驚嘆不已。

6 英文：Phytochorion

觀花類天竺葵

## 防蚊樹

**學　名**｜*Pelargonium graveolens* L'Hér. *ex Aiton*/ *Pelargonium* 'citrosum'

**科　名**｜牻牛兒苗科（Geraniaceae）

**原產地**｜南非

**生育地**｜栽培種

**海拔高**｜人為培育

草本或亞灌木，高可達 60 公分，老莖基部會木質化，全株被毛。二回羽狀裂葉，互生，鋸齒緣，葉柄長。花五瓣，暗紅色，邊緣粉紅色，繖形花序，花軸與葉對生。蒴果。

防蚊樹是香葉天竺葵的品種，或是以香葉天竺葵為親本雜交的品系。雖名為防蚊樹，卻不是真的能防蚊。而且相對矮小，也不是真的樹。它算是具有香氣的天竺葵類植物較早引進，也是最常見的栽培種。我個人於一九九〇年代便開始於花市見到防蚊樹。因為是地中海植物，所以梅雨季或夏季植株會稍微比較衰弱。栽培時盡量避免淋雨。

芳香天竺葵又常被稱為玫瑰天竺葵，有非常多的品種與雜交種。它的花可以食用，葉片可以泡茶，全株可做藥用。因為特殊的氣味讓它成為重要的精油植物，以及食品調味劑。

天竺葵可分成兩大類，觀花類與芳香類。台灣早期稱天竺葵為洋葵，最早引進天竺葵類植物的紀錄，是一九〇一年田代安定自日本引進最常見的觀花類天竺葵，一般採用的學名是 *Pelargonium* ×*hortorum*。

一九五九年三月楊永裕所引進的香洋葵，當時使用的學名是 *Pelargonium*×*roseum*，則是芳香類栽培的濫觴。一九六〇、七〇年代，又曾數次引進不同的天竺葵屬植物。

千禧年後，台灣開始流行栽培歐洲香草植物，芳香類的天竺葵品種逐漸增加。再加上花色多變的觀花類天竺葵，以及觀葉天竺葵，幾乎讓天竺葵成為南非地中海觀賞植物在台灣常見的代表。

防蚊樹是最常見的芳香類天竺葵

防蚊樹的葉片被毛，二回羽狀裂

## 傻人種傻鳥

### 天堂鳥

一九八〇年代，我的故鄉有農夫標新立異。當時大家都是稻子番薯輪作，他偏偏種天堂鳥蕉；一種只開花、不能吃的植物。當時大家都笑他「戇人種戇鳥」。不過，這位戇人非常幸運，台灣西部平原陽光明媚的環境似乎很適合天堂鳥蕉的生長，幾乎整年都開花。

天堂鳥蕉又稱鶴望蘭，是旅人蕉科的草本植物，英文稱為 crane flower（鶴花）或 bird of paradise（天堂鳥）。原生於南非海拔一百五十五至六百公尺的灌叢、河岸或森林邊緣，是全球知名的觀賞植物。

一七七二年，當時於英國皇家植物園

邱園[7]擔任園丁的弗朗西斯．馬森[8]被指派前往南非採集，成為植物獵人。當年十月，馬森順利抵達尚未被英國殖民的南非，展開蒐集植物的工作。次年，馬森首次描述天堂鳥蕉，且將它引進大英帝國。

為了紀念長期資助邱園收集植物的索菲亞．夏洛特皇后[9]，一七八八年博物學家約瑟夫．班克斯爵士將天堂鳥蕉命名為 *Strelitzia reginae*，並於次年蘇格蘭植物學家暨邱園園長威廉．艾頓[10]所出版的《邱園》[11]書中正式發表。夏洛特是英王喬治三世的皇后，通常稱為梅克倫堡-施特雷利茨的夏洛特[12]，是一位對植物充滿興趣的業餘植物學家。天堂鳥蕉種小名 *reginae* 意思為皇后，屬名 *Strelitz* 就是夏洛特皇后家族在德國北部的封地。

由於天堂鳥蕉花序艷麗，十九世紀初便風靡全球。一九三〇年代曾引進台灣，栽培於鳳山園藝試驗所。不過，日治時期應該是沒有培育成功，或是斷種了，所以一九六〇至七〇年代，台灣另一波園藝植物引進的高峰，園藝考察團與林維治、呂錦明、張碁祥、張原和等人，又多次自夏威夷與日本引進天堂鳥蕉。最初，小苗培育不易，加上植株要三四年才會成熟開花，所以栽培仍舊不普遍。是花藝廣泛使用，才讓它逐漸成為國人熟悉的觀賞植物。

---

**7** 英文：Royal Botanic Gardens, Kew。| **8** 英文：Francis Masson。| **9** 英文：Sophia Charlotte。| **10** 英文：William Aiton
**11** 英文：Hortus Kewensis。| **12** 英文：Charlotte of Mecklenburg-Strelitz

台灣西部平原陽光明媚的環境似乎很適合天堂鳥蕉的生長

一九八〇年代，隨著台灣的經濟發展，民眾的消費力提升，加上當時台灣植物貿易沒有任何限制，世界各地奇特的花卉陸續被引進，台灣的花卉產業方興未艾，而原本屬於上流仕女之間聯誼活動的花藝也有重大轉變。一九八一年美國花藝學校[13]負責人詹姆士[14]來台，將西式花藝設計介紹給台灣，刺激了花卉產業發展，可說是花卉應用從上流社會轉移至一般大眾的轉捩點。次年，全台首屈一指的建國花市正式點燈營業。而後，中華民國花藝設計協會與財團法人中華花藝文教基金會先後於一九八三年、一九八六年成立，陸續將世界各地的花藝知識介紹給國人。一九八八年台北花卉產銷股份有限公司成立，開始經營鮮花買賣為主的濱江花市。到了一九九〇年代，台灣成為亞洲四小龍之首時，花卉應用早已融入民間，新年買花儼然成為全民運動。

回顧這段歷史，一九八〇年代投入花卉產業的農民仍不多。所以像天堂鳥蕉這樣花期長，耐久且適合做切花的植物，可說炙手可熱，只要是需要擺放花籃的地方，幾乎都能看到天堂鳥的蹤影。而我故鄉種傻鳥的傻農夫其實一點也不傻，而是非常有遠見，他所栽培的傻鳥跟著台灣花卉產業起飛，快速攻佔了市場。

後來，傻人靠傻鳥順利賺到了錢，吸引其他人加入栽培天堂鳥的行列，形成一窩蜂的現象，導致供過於求，價格崩盤。再加上天堂鳥栽培有一定的困難度，鮮花品質不穩定，無法過於粗放，於是又造成大退潮。

然而，台灣適合栽培天堂鳥的地點不多，加上花藝在台灣蓬勃發展，天堂鳥仍舊有其不能取代的地位。不願意輕易放棄的傻人，依舊持續堅持種著傻鳥，持續不斷改良進步，成為了天堂鳥達人。

大退潮中被花農遺棄的天堂鳥蕉，有的隨著耕耘機歸於塵土，有些被捨不得的農民四處分送給大家。而我便意外的獲得植株，栽培於阿公的菜園裡。

一九九〇年代後期，隨著國人休閒風氣日盛，汽車旅館產業趨向成熟，許多旅宿業者開始打造熱帶風格花園，吸引住客，又興起一波天堂鳥的栽培風潮，這才讓這種花序綺麗的異國花卉，逐漸普遍。

幾十年過去，偶然又經過栽培天堂鳥的那條小路，天堂鳥依舊綿延兩側，在西南部陽光的照射下，耀眼異常。

13 英文：America Flower Art School。

14 英文：James Moretz AIFD

## 天堂鳥蕉

**學　名**｜*Strelitzia reginae* Banks

**科　名**｜旅人蕉科（Strelitziaceae）

**原產地**｜南非

**生育地**｜灌叢、河岸或森林邊緣

**海拔高**｜155-600m

多年生草本，具地下莖，株高可達1.5公尺。單葉，全緣，葉柄細長，叢生狀。花序軸自葉腋抽出，高於葉，蠍尾狀聚繖花序。蒴果。

天堂鳥的花序十分特別，橘色部分是花萼，藍紫色的才是花瓣

中南部十分流行栽培天堂鳥

天堂鳥葉背粉白色

# 竹子湖的浪漫約定

## 海芋

我想，曾在台北求學或工作的人，應該都曾經到過竹子湖採海芋吧！

每年春天，大約一月到五月，乍暖還寒時，是海芋的花季。因為海芋花造型與顏色優雅，深受喜愛，栽培面積達十三公頃，占全台海芋栽培面積約八成的竹子湖，順理成章成為國內最知名的海芋賞花勝地，每年吸引來自全國各地的遊客前往賞花、採花。

不過，竹子湖可不是自古以來就培育海芋，而來自南非的海芋也不是到處都適合栽培喔！竹子湖與海芋的相遇，可是經歷諸多波折。

竹子湖是大屯山、七星山、小觀音山三座火山爆發後所形成的堰塞湖，海拔高度約670公尺。因為地勢緣故，容易起霧，降雨量也高，相較於台北盆地，夏天較為涼爽，冬天則更寒冷。

在華南移民來台之前，竹子湖周邊原本是硫磺的產地。乾隆年間華南移民發現此地，見竹林茂密，隨風搖曳如浪，因而取名為竹子湖。最初先民只是來採伐薪材，漸漸地開始開墾，栽培各種農作物。清治時期後期，以孟宗竹與茶葉為大宗。

乙未戰爭之際，竹子湖一度成為戰場，還留下戰爭遺跡。一九二一年臺北州農務主任平澤龜一郎發現竹子湖地形特殊，環境與九州相似，遂向總督府中央研究所農業部報告。而後，日本在此試驗栽培日本的稻米品種，並於一九二三年設立原種田實驗中心。翻轉了竹子湖的命運。

這段時期，蓬萊米之父磯永吉與末永仁嘗試將台灣普遍栽培的秈米（在來米）與日本的粳米雜交，成功培育出今日台灣普遍食用的蓬萊米，並於一九二六年正式命名。

然而，由於蓬萊米發放給農民栽培後容易產生變異，仍需保留培育種源，不斷培育蓬萊米供給全台。於是，一九二八年設立竹子湖蓬萊米原種田事務所與倉庫，竹子湖成為鼎鼎大名的蓬萊米之鄉。

一九三〇年代，平澤龜一郎繼續推動蔬菜栽培，以竹子湖作為高冷蔬菜試驗地，成為竹子湖栽培高麗菜的濫觴。

二次世界大戰結束後，國民政府來台，竹子湖的經濟活動發生變化。高經濟價值的蔬菜逐漸取代稻米，竹子湖高麗菜成為主要物產。直到一九八〇年代，梨山交通設施完成，竹子湖的高麗菜逐漸被取代。

海芋多半栽培在水中

繼高麗菜之後興起的是溫帶花卉。一九六六年，有遠見的竹子湖里長開始引進更高經濟價值的花卉，希望可以將竹子湖變成花卉的故鄉，增加農民收入。初期以唐菖蒲為最大宗，並陸續試驗栽培繡球花、海芋、水仙花、鬱金香。竹子湖漸漸成為北部重要的花卉產地。

海芋，因為生長在水中，整個花序像倒過來的馬蹄，又被稱為馬蹄蓮。一七五三年林奈將海芋放在水芋屬，命名為 *Calla aethiopica*，種小名意思是衣索比亞。我想應該是他搞錯海芋的原生地了吧！一八二六年，德國植物學家庫爾特．施普倫格爾[15]以義大利植物學家喬瓦尼．贊特德斯基[16]的姓氏，海芋作為模式物種，建立了海芋屬，並將海芋學名改成 *Zantedeschia aethiopica*。

一九二五年海芋首次被引進台灣時，正逢台灣本土文化狂飆年代。當時，一次世界大戰結束，台灣的經濟逐步成長，再加上各項基礎建設完成，台灣栽培花卉風氣鼎盛，海芋與星點海芋[17]率先被引進。

到了一九六〇年代，政府開始鼓勵出口外銷，獎勵美日等國來台設廠，又帶起了另一波花卉栽培熱潮。此時，海芋再次被引進。先有一九六一年台大園藝自荷蘭引進目前常見開白花的海芋，後有一九六五年杜賡甡自美國引進普通的海芋、星點海芋與紅花海芋[18]。到了一九六九年，竹子湖發展花卉產業第三年，海芋正式被引進竹子湖。

---

**15** 德文：Kurt Sprengel。｜**16** 德文：Giovanni Zantedeschi。｜**17** 學名：*Zantedeschia albomaculata* (Hook.) Baill.
**18** 學名：*Zantedeschia rehmannii* Engl.

然而，白色的海芋一開始並不討喜，市場接受度低。一九七一至一九八四年間，竹子湖花卉迎來第一波黃金時期，主要栽培的是唐菖蒲，海芋尚未嶄露頭角。

隨著國人觀念轉變，加上一九八〇年代花藝在台灣逐漸發展，海芋漸漸被市場接受。當台灣經濟快速成長，人均GDP突破一萬美元時，竹子湖海芋栽培也來到高峰。最大產量落在一九九三年，每日可以採集四、五萬支海芋供應市場，產值驚人。竹子湖從蓬萊米之鄉、高麗菜之鄉，正式變成了海芋之家。

無奈，好景不常。一九九四至一九九五年間，軟腐病肆虐，竹子湖的海芋產業開始走下坡。當然，台灣的農民沒有那麼容易被擊倒，為了克服這個問題，一九九七年竹子湖的農民到清境農場引進不同品種的海芋重新栽種，順利度過難關。

二〇〇〇年代，栽培海芋的面積逐漸下滑。但是，因為實施周休二日，生活休閒產業興起，竹子湖從傳統農業栽培的模式轉型成觀光休閒產業。不但提供飲食的野菜餐廳如雨後春筍般冒出，海芋田也從鮮花供應變成提供遊客採花體驗的場所。

猶記得二〇〇三年第一次去竹子湖採海芋，當年是台北市產業發展局和北投區農會合力舉辦「竹子湖海芋季」活動的第一年，餐廳還不多，花季末遊客僅三三兩兩，不那麼擁擠，剛剛好的天氣，特別舒服。

二十年過去了，竹子湖依舊那麼夢幻，而海芋，已然成為竹子湖的代名詞。

# 海芋

**學　名**｜*Zantedeschia aethiopica* (L.) Spreng.

**科　名**｜天南星科（Araceae）

**原產地**｜南非、賴索托、史瓦帝尼

**生育地**｜草原、疏林、森林邊緣、河岸林、沼澤

**海拔高**｜0-2250m

多年生草本，有地下球莖，株高可逾一公尺。單葉，箭形，全緣，葉柄細長，叢生於塊莖上。花序自葉腋抽出，佛焰苞米白色。漿果。

海芋的白色佛焰苞高十分高雅

不同花色的栽培種海芋

# 來自非洲大陸的日本風

## 昭和草與茼蒿

記得有一次朋友來跟我討論到底昭和草是不是山茼蒿。因為他發現小朋友學校營養午餐裡的山茼蒿不是他認知中葉片羽狀裂，味道跟茼蒿非常相似的蔬菜，而是昭和草。他認為昭和草應該是稱野茼蒿，避免混淆。

說真的，這是個無解的問題。因為俗名就是如此容易搞混，而且植物或蔬菜上，「山」跟「野」非常容易混淆，以此區分似乎不是好辦法。

我個人還是喜歡稱之為昭和草，獨一無二，沒有其他相似的名稱，不會誤會。當然，如果使用拉丁文學名會更好，不過，這個植物怎麼會有一個如此日本風的名稱呢？

或許有個大家都聽過的傳說：二次世界大戰期間，日軍為了在台灣作戰不致於斷糧，特地以飛機在天空撒播可以做為救荒蔬菜的昭和草種子，剛好當時是昭和年間[19]，所以將它取名為昭和草。

它是有名的救荒野菜，味道又跟大家熟悉的茼蒿相似，所以山茼蒿、野茼蒿、假茼蒿的名稱不脛而走，又有飢荒草、救荒草等別稱。因為是從飛機撒下，又稱為飛機草。另外也有一說是它的葉子會裂開像飛機翅膀，所以稱為飛機草[20]。

雖然台灣首次科學發表，要等到一九六六年臺灣省博物館季刊，但是從名稱跟傳說，大概可以判斷它應該是日治時期後期引進。雖然引進時間不長，但由於它的適應力非常強，果實易隨風飄散，從平地到中海拔幾乎隨處可見，花園、盆栽當中也相當容易自生。

昭和草嫩葉有裂片，像飛機一樣，又被稱為飛機草

昭和草是常見的草本植物，因味道像茼蒿，又常被稱為野茼蒿、山茼蒿

**19** 1926年12月25日至1989年1月7日。｜**20** 俗稱飛機草的植物還有菊科的香澤蘭（學名：*Chromolaena odorata* (L.) R.M.King & H.Rob.），豆科蝙蝠草（學名：*Christia vespertilionis* (L. f.) Bakh. f. ex Meeuwen）

一八四九年，對野草特別有研究的知名英國植物學家喬治．邊沁[21]在《尼日植物誌》中首次發表，將昭和草放在菊三七屬。種小名 *crepidioides*，應該是結合基座或堤防（crepido）和像什麼一樣（oides），形容它的花托像基座一樣。一九一二年，改置於昭和草屬。

目前所知，會食用昭和草的地區不多。除了台灣與原生地非洲會將它當野菜食用或藥用，就我了解還有越南、印尼西爪哇、泰國西部、印度東南也會食用或藥用。日本、泰國則有用來餵養家禽家畜。

我特別注意到越南食用昭和草的歷史，同樣跟戰爭有關。越南稱昭和草為飛機菜（Rau tàu bay），為了因應越戰期間山區食物缺乏的情況，游擊隊以它作為蔬菜。而且寫進詩當中，如〈五月之夜〉[22]：「飛機菜湯裡沒有鹽……」[23]〈回村〉[24]

一般常食用的茼蒿葉片較寬大

：「吃飛機菜，拍著槍托唱歌」[25]似乎都是在描述戰時的艱辛。

昭和草來自非洲大家也許不驚訝，如果說，連茼蒿都來自非洲，可能會跌破大家的眼鏡。

茼蒿是地中海植物，所以歐洲、西亞、北非都是它的原生地。無論是葉子湯匙狀的茼蒿，還是略呈羽狀裂的山茼蒿，植物學上都是相同的物種，不同品種。不過很奇妙的是，因為它奇特的味道，歐洲除了義大利和希臘少數地方會當作蔬菜，其他國家幾乎不會食用，僅栽培供觀賞。

將茼蒿作為蔬菜食用的國家有中國、日本、韓國、越南、泰國、台灣。參考《本草綱目》當中紀載，「形氣同乎蓬蒿」而得名。雖然很多文獻已經佚失，但是從李時珍引用劉禹錫、孫思邈等人的著作，可以判斷唐代就引進東亞，且古人發揮神農嚐百草的精神，意外發現它很對亞洲人的味。

一七五三年林奈首次命名，直接將茼蒿放在菊屬，種小名 *coronarium* 意思是皇冠或花環，形容茼蒿的花如皇冠一般。一八四一年法國植物學家以茼蒿為模式種，命名茼蒿屬，屬名 *Glebionis* 來自拉丁文土壤 **gleba**，**onis** 是拉丁文屬格結尾。

---

**21** 英文：George Bentham。｜**22** 越南文：Đêm tháng năm，作者 Văn Thảo Nguyên，或許可以翻譯作阮文濤。｜**23** 越南文：Rau "tàu bay" không mu i c ng thành canh...。｜**24** 越南文：Về làng，作者 Trần Đăng Khoa，或許可以翻譯作陳登科。｜**25** 越南文：Ăn rau tàu bay, hát vỗ nhịp vào báng súng

台灣在一六八五年由蔣毓英編寫的《台灣府志》可見到茼蒿的紀錄：「葉似艾，花似小菊，性冷，吸香辛。」由文字可知，當時栽培的品種應該是現在我們稱為山茼蒿的品種，葉子與艾草相似。

因為茼蒿在春季開花，與菊花秋天開花的物候明顯不同，日本稱茼蒿為春菊（シュンギク），韓國稱笠蒿（쑥갓），判斷可能跟茼蒿果實形態有關。갓是韓國古代男性會配戴的黑笠，古裝劇裡十分常見。特別有意思的是，泰國稱為 ตั้งโอ๋，發音似「當ㄨˊㄜ」；越南稱為 Tần ô，發音類似「膽ㄜ」，都跟台語發音雷同。

除了茼蒿，台語又稱之為拍某菜。因為它新鮮時十分蓬鬆，煮熟後整個軟化，體積會大幅縮水；用來表示男性不懂茼蒿的特性，誤會太太偷吃了菜。

一九九八年黑松沙士廣告偷渡客篇當

市場可以見到的山茼蒿，其實是茼蒿的品種

中，巧妙的將台灣男女老少皆十分熟悉的兒歌《當我們同在一起》歌詞「當我」二字抽換成「茼蒿」的台語發音，引人發噱。從此以後，茼蒿的台語成了這首兒歌的代名詞。

走筆至此，後知後覺發現，茼蒿也好，昭和草也罷，會食用的國家竟然如此少。更神奇的是，有的國家只吃茼蒿，有的國家只吃昭和草，只有越南、泰國、台灣，既吃茼蒿，也吃昭和草。其中越南跟台灣，無論是茼蒿還是昭和草，食用的原因、名稱都十分相似。突然間有一種奇妙的感覺，原來，即使語言不同、文化有所差異，面對同一種植物的方式卻可以如此相似。或許，透過植物，我們跟東南亞還有更多的連結，等待我們去發現。

山茼蒿，一個名字各自表述，有人想到的是昭和草，有的人堅決認為是像艾草那樣裂葉的茼蒿品種。無論如何，下次有機會嚐到，請記得它們都是從遙遠的非洲大陸飄洋來台，豐富了我們的餐桌。

# 昭和草

**學　名** | *Crassocephalum crepidioides* (Benth.) S. Moore/ *Gynura crepidioides* Benth.

**科　名** | 菊科（Asteraceae）

**原產地** | 西非、中非、東非、南非、馬達加斯加

**生育地** | 人為或自然干擾破壞的地方，例如路旁，或樹倒處

**海拔高** | 0-2500m

一年生草本，莖直立，高可逾一公尺。單葉，互生，基部不規則裂，鋸齒緣，被柔毛。複聚繖狀頭狀花序，頂生，花苞下垂，開花時直立，管狀花橘紅色。瘦果略呈圓柱形，有白色冠毛，排成小球狀。

昭和草的花總是彎曲下垂，看起來十分害羞

昭和草的瘦果略呈圓柱形，有白色冠毛

# 茼蒿

**學　名**｜*Glebionis coronaria* (L.) Cass. *ex* Spach/ *Chrysanthemum coronarium* L.

**科　名**｜菊科（Asteraceae）

**原產地**｜歐洲、北非、西亞

**生育地**｜草地或路旁

**海拔高**｜1000m 以下

一年生草本，莖直立，高可達一公尺。單葉，互生，不規則鋸齒緣，或羽狀裂鋸齒緣。頭狀花序單生，頂生或腋生，舌狀花橘黃色，管狀花內橘黃色，外淡黃色。瘦果，無毛，排成小球狀。

茼蒿的花內橘黃色，外淡黃色

茼蒿的瘦果排成小球狀

Ch — 06

# 不再只是動畫電影
# ——馬達加斯加與印度洋上諸島

Photo by Nicolas Jehly / unsplash

《馬達加斯加》是四隻原本生活在紐約中央公園動物園的非洲動物：獅子、長頸鹿、斑馬、河馬，以及四隻企鵝的喜劇冒險故事。牠們原本要被送回肯亞草原與南極，卻陰錯陽差一起困在充滿狐猴的馬達加斯加島。

雖然電影中充滿了狐猴、猴麵包樹、旅人蕉等馬達加斯加元素，但畢竟是虛構且將動物擬人化的動畫，即便看過電影，對馬達加斯加恐怕也是所知無多。

馬達加斯加島是大家較為熟悉的非洲島嶼，也是世界第四大島。除此之外，非洲在印度洋上還有葛摩群島、塞席爾群島，以及馬斯克林群島。

馬斯克林群島是火山島，由西向東包含模里西斯、留尼旺、羅格里格三個較大的島。在十六世紀初葡萄牙發現之前，阿拉伯應該已經知道這島嶼的存在。

馬斯克林群島面積最大的留尼旺島，一八四八年前曾兩度改名為波旁島，在葡萄牙發現後便被法國佔領，僅十九世紀初拿破崙戰爭期間短暫由英國統治，至今仍是法國的海外省。法國曾引進香水樹、香草蘭[1]、咖啡、天竺葵、丁香、肉豆蔻、胡椒、肉桂、八角……積極將留尼旺島打造成熱帶植物、芳香植物的重要產地。甚至還培育出特殊的波本香草、波旁咖啡、波旁天竺葵，聞名全球。

模里西斯與羅格里格都先後被葡萄牙、荷蘭、法國、英國占領，一九六八年模里西斯獨立後，羅格里格加入該國。除了兩大島，模里西斯共和國還包含了北部相距

1 以上兩種植物介紹請參考《看不見的雨林——福爾摩沙雨林植物誌》

一千一百公里的阿加萊加群島、無常住人口的聖布蘭登群島。

馬斯克林群島除了大家熟悉已滅絕的渡渡鳥，還有很多特有的露兜樹、椰子樹。台灣常見的紅刺露兜樹就是來自馬斯克林群島的三大島，酒瓶椰子與棍棒椰子分別是模里西斯與羅格里格島的特有植物。而藍棕櫚[2]、紅棕櫚[3]、黃棕櫚[4]則分別產自模里西斯、留尼旺、羅格里格。但礙於過去資訊不發達，早期許多書籍都把馬斯克林與馬達加斯加搞混。

此外值得一提的是，模里西斯擁有熱帶地區第一座植物園，也是南半球最古老的植物園——西沃薩古爾．拉姆古蘭爵士植物園[5]，名稱是紀念該國開國元勳暨第一任總理。因位於龐普勒穆斯區，俗稱龐普勒穆斯植物園[6]。由法國植物學家皮埃爾．波微[7]於一七七〇年開始建造，面積約三十七公頃，曾經被譽為世界第三的植物園，至今仍名列世界十大植物園，是全球喜歡植物的人嚮往的聖地。

塞席爾群島被許多旅遊雜誌譽為全球最美海灘、最後的伊甸園，連英國威廉王子跟凱特王妃都選擇來此度蜜月。該群島主要是花崗岩島嶼及珊瑚礁島，孤懸在印度洋上，演化出許許多多特殊的動植物；例如世界最大的種子，俗稱屁屁椰的海椰子[8]，世界第二大的象龜亞達伯拉象龜，都是塞席爾特有的生物。雖然塞席爾古代是無人島，但是應該也很早就被阿拉伯人所知，歐洲在一六〇二年達伽馬第二次航行到印度時，發現了塞席爾群島的七個主要島嶼，並命名為七姐妹島。英國雖然是最早登陸塞席爾的歐洲國家，但最早佔領塞席爾的國家卻是法國，而後經過一段時間的自治與英國的統治後，於

藍棕櫚的種子花紋特殊，台灣有不少人喜歡蒐藏

**2**學名：*Latania loddigesii* Mart.。| **3**學名：*Latania lontaroides* (Gaertn.) H.E.Moore.。| **4**學名：*Latania verschaffeltii* Lem.
**5**英文：Sir Seewoosagur Ramgoolam Botanical Garden。| **6**英文：Pamplemousses Botanic Garden。| **7**法文：Pierre Poivre
**8**學名：*Lodoicea maldivica* (J.F.Gmel.) Pers.

海椰子種子巨大，也是玩家們喜歡蒐藏的目標

一九七六年正式獨立。雖然觀光與農漁業是當地居民主要收入來源，塞席爾卻是人均國民所得最高的非洲國家，也是唯一被世界銀行列為高收入經濟體的非洲國家。

莫三比克海峽上的葛摩群島，有時也被翻譯為科摩羅群島，主要有四個火山島，以及鄰近的小島，其中三個大島組成葛摩聯盟，而東南方的馬約特島則為法國的海外省。一九五二年在葛摩海岸發現了活化石腔棘魚，大概是所有生物愛好者對這個國家的最初印象。考古學家發現，最早到葛摩群島定居的是南島語族，而後非洲的班圖語族與阿拉伯人相繼而來。十六世紀，同樣也是在達伽馬第二次航行到印度時才被歐洲所知。十九世紀結束前變成法國的保護國，直到一九七五年才獨立。

回到馬達加斯加。因為島嶼形狀是南北狹長、島中央有較高的山脈、南回歸線通過其南部、人口數相當，過去中學地理課堂上老師常將它與台灣島相比。加上是非洲相對容易抵達的旅遊景點，國人

霸王櫚又稱為俾斯麥櫚，成熟植株相當巨大

三角椰子的葉鞘基部排列成三角柱狀

都不陌生。

西元前南島語族便來到馬達加斯加，讓這座島除了生物，連文化也與非洲大陸有所區隔。七到九世紀之間阿拉伯來到島上，陸續建立貿易據點。十一世紀左右班圖語族也開始移居至此，並且與南島語族通婚。原本島上只有一些較為零散的小王國，直到十九世紀初才形成統一全島的伊默里納王國[9]。一八八三年法國開始入侵馬達加斯加，爆發一連串的戰爭。最後，馬達加斯加女王於一八九五年投降，法國徹底吞併馬達加斯加，直到一九六〇年才再次獨立建國。

馬達加斯加是從印度次大陸分裂出來的島嶼，中央偏東側有較高的山脈，最高點海拔兩千八百七十六公尺。降雨主要受東南信風與西北季風的影響，東海岸是乾季不明顯的熱帶雨林，西半部雨影是熱帶稀樹草原，而西南部則是更加乾燥的沙漠。

因為獨特的生態與生物，讓許多生物學家對馬達加斯加十分著迷，甚至稱它為世界第八大洲。將近一萬五千種植物當中，有約莫八成是馬島特有種，甚至還演化出幾個特有的科。而動物特有種的比例同樣也很高，其中最為人熟知的是一百多種狐猴。

我們常見的觀賞植物：鳳凰木、小葉欖仁樹、旅人蕉、羅望子、麒麟花、綠珊瑚、長春花、黃椰子，還有世界知名的六種猴麵包樹、霸王櫚[10]、三角椰子[11]等，都是馬達加斯加帶給世界的禮物。

---

**9** 英文：Kingdom of Imerina。| **10** 學名：*Bismarckia nobilis* Hildebrandt & H.Wendl.
**11** 學名：*Dypsis decaryi* (Jum.) Beentje & J. Dransf.

# 長春花

**學　名**｜*Catharanthus roseus* (L.) G. Don/*Vinca rosea* L.

**科　名**｜夾竹桃科（Apocynaceae）

**原產地**｜馬達加斯加東部

**生育地**｜沿海沙地、河岸、草原、荒地、路邊，有時出現在開闊的森林或灌木叢中

**海拔高**｜1000m 以下

亞灌木，高可逾 60 公分，莖方形，全株有乳汁。單葉，十字對生，全緣，表面光滑。花白色至紫紅色，五裂，聚繖花序，頂生或腋生。蓇葖果細長。

長春花是相當普遍的植物。除了栽培，也常自生在牆角，有一定的耐旱能力。因為幾乎終年開花，所以台語多半稱之為日日春。一般認為是清代引進，連橫《台灣通史》中便可以見到相關紀載：「日日春：花五瓣，有大紅、淺紅、粉白三種，長開不絕。」

最常見的粉色長春花

全白色的長春花

長春花十分耐旱，連牆角都能生長

白花紅心的長春花

桃紅色的長春花

紅花白心的長春花

# 羅望子

**學　名** | *Tamarindus indica* L.

**科　名** | 豆科（Fabaceae or Leguminosae）

**原產地** | 馬達加斯加

**生育地** | 灌叢、疏林、河岸林

**海拔高** | 0-1500m

喬木，高可達 30 公尺。一回羽狀複葉，小葉全緣。花淡橘黃色，總狀花序腋生。莢果貌似小狗的排遺，又被戲稱是狗大便。

羅望子很早就被引進到亞洲，既是東南亞料理中普遍使用的酸味來源，也是佛經中的庵弭羅果。它在熱帶非洲、亞洲許多國家，都具有重要的文化意義。但是早期研究不多，一直認為是非洲原生植物。近年來植物學家重新研究，認為馬達加斯加西南方才是羅望子的故鄉。日本來台前，台南安平的舊稅關內就有栽培羅望子，一八九六年日本自印度引進時發芽率不佳，而後又多次輸入。恆春熱帶植物園中最早的植株是一九〇二年橫山壯次郎自爪哇茂物植物園引進。中南部成立時間較久的公園、校園可以見到許多老樹。

羅望子果實可以食用

羅望子的花十分秀氣

## 棍棒椰子

**學　名** | *Hyophorbe verschaffeltii* H. Wendl.

**科　名** | 棕櫚科（Palmae）

**原產地** | 模里西斯羅格里格島

**生育地** | 石灰岩土地

**海拔高** | 低海拔

小喬木，單幹，高可達 9 公尺，樹幹環痕明顯。一回羽狀複葉。單性花，雌雄同株。果實紫黑色。
棍棒椰子的莖往往呈現上寬下窄的狀態，如同球棒一般，與酒瓶椰子不同。全世界普遍栽培，但在野外十分稀有。最早是一九〇〇年引進，一九三八年佐佐木舜一又自南洋引進。

棍棒椰子樹幹基部往往比較窄

許多校園、公園都可以見到棍棒椰子

## 酒瓶椰子

**學　名**｜*Hyophorbe lagenicaulis* (L.H. Bailey) H.E. Moore

**科　名**｜棕櫚科（Palmae）

**原產地**｜模里西斯龍德島

**生育地**｜海岸沙地

**海拔高**｜近海岸

小喬木，單幹，高可達 6 公尺，樹幹環痕明顯。一回羽狀複葉。單性花，雌雄同株。果實金黃色。

酒瓶椰子，顧名思義樹幹像酒瓶一樣膨大，不過老株就比較不明顯。在原生地已十分稀有，最早是一九〇九年田代安定自熱帶美洲引進，全世界普遍栽培。一九六〇年代，因為日本收購，價格一度飆漲，並引起一陣栽培、而後棄養的風潮。

典型樹幹膨大的酒瓶椰子

酒瓶椰子的老樹，樹幹會拉長

# 獨一無二的畢業象徵

## 鳳凰木

記得在阿公家讀小學，學校司令台後方有兩棵高大的鳳凰木，每年五月底六月初，總是會綻放一樹火紅，宣告夏天來臨。

當時，物質資源不豐富，植物仍是許多人的玩具。我們總是時常在樹下撿拾鳳凰花落花，將其肉質花萼內層撕開，貼在手指上佯裝是魔鬼的指甲。一朵花有五片花萼，兩朵正好貼滿雙手。而鳳凰木堅硬的豆莢更是許多孩子喜歡的玩具武器，就像刀一樣插在腰間，或是拿來和朋友互砍。砍破了，種子裝進罐子裡就是簡易的沙鈴。

小學四年級下學期，暑假前收到最新一期《小牛頓》雜誌，正好有專篇介紹鳳凰木，從它的故鄉、板根、葉片到花朵，是第一次完整的認識它。國中時，學校有一位特別喜歡植物的老師，他在辦公室外種了許多植物，其中一盆約莫一人高的鳳凰木開花，令我十分驚訝。才知道，原來它不用長成大樹，便可以宣告學期即將結束。

到台北念書時，椰林大道傅鐘兩側也各有一株鳳凰花，是穿著碩士服、學士服的學生們，離校前都會去拍照的景點。不過，讓我印象特別深刻的，是航測館外那棵大樹，因為栽培在兩棟大樓中間，十分高大。有一年被雷擊中，燒掉了一大半，葉子全部枯黃。原以為它死掉了，沒想到隔了數個月，它又再次冒出新芽，展現驚人的生命力。

鳳凰木是校園、公園常見的景觀樹木，也是台南市的市樹，成功大學的校花。中南部有一些樹齡逾一甲子的鳳凰木老樹，樹冠、板根都碩大無朋。

更有意思的是，因為花期與畢業季相當，上個世紀末它竟漸漸成為畢業象徵。可是，我查了好久好久，始終沒有較為確切的文獻資料，記載鳳凰木在台灣究竟何時開始與畢業產生連結。這是很奇特的文化，我查遍海內外的資料，美國、荷蘭、西班牙、日本、中國，鳳凰木沒有畢業的意涵。大概只有越南有類似的文化，稱鳳凰木為學生花，鳳凰花開代表學期或學生時期即將結束，鳳凰花因此也象徵學生時代的美好回憶。

我查了華語、台語、客語歌曲的資料庫，歌詞中有鳳凰花或鳳凰木的共一百二十八首。當中許多都與離別或感傷有關。年代較早的如一九七八年余天所唱《鳳凰樹下》，一九八五年楊烈《珍重再見》，以及姜育恆一九八八年《鳳凰花開時》。不過這些歌都還看不出來

鳳凰木開花時一樹火紅

跟學生畢業有什麼連結。

直到一九九〇年小虎隊第三張專輯《紅蜻蜓》當中的最後一首歌《驪歌》一炮而紅，成為繼《青青校樹》與《送別》之後，最新的畢業傳唱歌曲。歌詞：「鳳凰花吐露著豔紅，在祝福你我的夢。當我們飛向那海闊天空，不要徬徨也不要停留。」至今仍舊朗朗上口。往後，鳳凰花開始頻繁出現在畢業相關歌詞當中。

鳳凰木是馬達加斯加季節性降雨森林原生的大樹。雖然目前全世界熱帶、亞熱帶地區普遍栽培這種植物，可是原生地卻越來越稀有。

一六三九年，法國海軍上將菲利普．德．龐西[12]被任命為美洲群島公司的總督，一六四二年開始在今日聖克里斯多福島上建造自己的城堡，並於城堡四周種滿了來自世界各地的奇花異卉。而台灣常見，跟鳳凰木十分相似的花卉植物紅蝴蝶[13]便在其中。一七五三年林奈以紅蝴蝶為模式種，命名了 *Poinciana* 屬，以紀念菲利普．德．龐西。一八二九年，捷克植物學家瓦茨拉夫．博耶[14]與英國植物學家威廉．胡克[15]將鳳凰木命名為 *Poinciana regia*。雖然後來 *Poinciana* 屬裡的植物都被移到其他屬，鳳凰木也被改命名，但是，鳳凰木與紅蝴蝶的英文一直都有 Poinciana。

一八三七年，康斯坦丁．拉芬斯克[16]以鳳凰木為模式種，建立了鳳凰木屬，並將鳳凰木學名調整為 *Delonix regia*，屬名來自古希臘文明顯的 δῆλος（dêlos）與小爪子 ὄνυξ（ónux），種小名 *regia* 意思是皇家的。

不知道是誰引進，但是台灣在日治時期之前，台南安平的舊稅關內就已經有栽培鳳凰木了。一八九六年愛爾蘭植物學家韓爾禮發表的《台灣植物名錄》當中，便可以見到這筆紀錄[17]。一八九六年，台北苗圃[18]建立時曾經採集枝條來扦插，嘗試培育鳳凰木。而後兩年，日本分別請人從馬達加斯加與印度孟買寄了種子，一八九八年福羽逸人也自日本寄贈三百顆種子，但是似乎沒有培育成功。直到柳本通義一九〇三年請印尼茂物植物園寄種子，才成功繁殖出小苗。

讀到這段紀錄讓我很納悶，一棵鳳凰木難道無法順利著果嗎？鳳凰木難道也是自交不親合？為什麼不從台南採集，要向國外買種子呢？無論如何，第一批小苗成樹之後，順利開花結果，繼續培育更多植株分送到台灣各地，鳳凰木終於成為台灣常見的景觀植物。

或許是因為鳳凰木真的很常見，或許是自己特別注意它，記憶裡，無論到哪，鳳凰木總是不曾缺席。十多年前搬新家，巷口的行道樹巧合的是鳳凰木老樹；某天經過樹下，又落下鳳凰花，彷彿在提醒我，還沒有寫過鳳凰木呢！

---

**12** 法文：Philippe de Longvilliers de Poincy。｜**13** 學名：*Caesalpinia pulcherrima* (L.) Sw.，相關介紹請參考《被遺忘的拉美——福爾摩沙懷舊植物誌》｜**14** 捷克文：Václav Bojer。｜**15** 英文：William Jackson Hooker。｜**16** 法文：Constantin Samuel Rafinesque。
**17**《台灣植物名錄》原文：「299. Poinciana Regia, Bojer. Anping, cultivated ; Henry 1,898.」｜**18** 即現在的台北植物園

## 鳳凰木

**學　名** | *Delonix regia* (Bojer ex Hook.) Raf.

**科　名** | 豆科（Fabaceae or Leguminosae）

**原產地** | 馬達加斯加

**生育地** | 乾燥森林、半潮濕森林

**海拔高** | 500m 以下

大喬木，高可達30公尺，樹幹通直，基部具板根。二回羽狀複葉，互生，小葉歪基，全緣，對生。幼苗具重演化現象，發芽時為一回羽狀複葉。花瓣五枚，紅色，其中一片花瓣內側白色，基部泛黃，有不規則紅色斑點，花萼肉質，外緣內紅，總狀花序，腋生，靠近枝條末端。莢果，刀狀，木質化，成熟時會開裂。種子長橢圓形，有不規則褐色縱紋。

鳳凰木的花瓣與花萼皆是五

鳳凰木的板根高大明顯

鳳凰木是台灣中南部常見的風景，畢業的象徵

# 清治時期的防禦工事

## 綠珊瑚

如果要選一種最早來到台灣，但是一直持續流行至今的多肉植物，我想絕對不能遺漏綠珊瑚。

或許是台灣早期先民遺留下來的習慣，印象中，小時候鄉下喜歡花花草草的鄰居幾乎都會栽培綠珊瑚。密密麻麻的枝條呈肉質的棍棒狀，表面光滑，像極了海底的珊瑚。西南部的陽光充足，加上乾溼季節交替明顯，耐旱的綠珊瑚直接種植在地上，往往長成比人還高的小樹。

這種植物長相奇特，英文稱之為鉛筆樹（pencil tree）或裸女（naked lady）。除了觀賞之外，具有藥用價值，很早就被引進熱帶亞洲栽培。一七五三年《植物種志》書中，林奈將它命名為*Euphorbia tirucalli*，屬名來自古希臘文Εὔφορβος（Euphorbos），是古羅馬時期一位希臘醫生的名字。他曾經擔任北非古代王國努米底亞最後一任國王尤巴二世的御醫，並記載一種大戟科植物可以當作瀉藥來使用。種小名來自印度喀拉拉邦的主要語言馬拉雅拉姆文തിരുക്കള്ളി（thirukkalli）。

由於乳汁中含有與石油相似的烴類化合物，諾貝爾化學獎得主卡爾文[19]於一九八〇年發表論文，介紹它具有生產石油的潛力。當時全球面臨第二次石油危機，卡爾文的主張讓綠珊瑚聲名大噪，吸引石油公司投入開發做生質能源。

一般文獻記載，綠珊瑚是荷蘭在台灣時引進。不過，最初它在台灣會流行，可不是先民有閒情雅致，栽培來欣賞；它有更實際的防禦用途。

如果看過《斯卡羅》等電視劇就能夠想像並了解，台灣早期，不同族群之間常為了開墾、水權等問題而發生衝突。無論是原住民與漢人，閩南人與客家人，或是來自閩南的漳州人與泉州人，甚至不同姓氏之間，都曾經為了資源分配問題集體械鬥，大打出手。

因此，早期居民常會在住家、村莊外圍修築防禦工事，除了磚牆、石牆，有刺及有毒的植物也常被使用做為籬笆。從古詩文中統計，最常栽培的植物就是刺竹、林投與綠珊瑚。

一七〇三年，康熙年間來台任官的孫元衡，特別喜歡寫詩記錄自己的心情，如同他個人臉書的著作《赤嵌集》中，就可以找到關於綠珊瑚的詩句：「階前百尺青珊瑚。」[20]。孫元衡生性浪漫，常藉物書寫心情，描述綠珊瑚的用途不甚完整。但是從「百尺」來判斷，一定是做籬笆，不然不會種這麼長的距離。

到了乾隆年間，一七四一年張湄出任巡視台灣監察御史，任官期間留下著作《瀛壖百詠》中有一首詩，直接就叫〈綠珊瑚〉：「一種可人籬落下，家家齊插綠珊瑚；

想從海底搜羅日，長就苔痕潤不枯。」約一七六三年，孫霖〈赤嵌竹枝詞〉十首之一：「竹枝環繞木為城，海不揚波頌太平。滿眼珊瑚資護衛，人家籬落暮煙橫。」以上兩詩可以看得出，乾隆年間栽培綠珊瑚當作籬笆，幾乎可說是全民運動。

一七六五年台灣鳳山縣教諭朱仕玠著《小琉球漫誌》，記錄他在台所見所聞。特別寫到他初到之時，登陸前遙望台灣，城外「遍植莿竹、菻茶[21]、綠珊瑚之類」。我想這是非常清楚的紀錄，很容易明白這三種植物的用途。而他更在物產部分，條列介紹綠珊瑚：「木名，一名綠玉，種出呂宋，無花葉，高可丈餘，色深碧，宛似珊瑚；民居多種之。」不但描述綠珊瑚的外觀形態、普遍性，還記錄了來源。這算是詩文之外，綠珊瑚較早的正式介紹，早於官修地方史。

一七七四余文儀《續修台灣府志》中紀錄就更加確定了。台灣府城外圍城牆經多次修築，最初雍正元年是「以木柵為城」，到雍正十一年「周植刺竹」，乾隆二十四年「於莿竹外更植綠珊瑚，環護木柵」。可見綠珊瑚不只是民間普遍栽培，連官方都以它為籬。此外，在物產記錄中，《續修台灣府志》特別記錄綠珊瑚是過往史書沒有的新記錄植物，相關介紹則與朱仕玠的著作相似[22]。

---

**19** 英文：Melvin Ellis Calvin，他是一位生物化學家，在植物學領域最知名的成就是發現植物光合作用當中不需要光的暗反應階段，後來該化學反應階段還以他為名，稱為卡爾文循環。｜**20** 全詩：「海東草木無零落，怪底知寒與眾殊。突兀含姿向風雨，階前百尺青珊瑚。」｜**21** 即林投。｜**22**《續修台灣府志》原文：「綠珊瑚以下八種，舊志不載，今補入，詳見附考。綠珊瑚，亦名綠玉樹。多椏枝而無花；葉光潤，雅與名稱。種自呂宋來。」

至於綠珊瑚究竟為何有保護作用，就要看另外的詩文記錄了。一八〇四年，嘉慶年間來台任官的謝金鑾，他的〈臺灣竹枝詞〉之中有一首描述十分清楚：「妹家門倚綠珊瑚，毒汁沾人合爛膚。愁說郎來行徑熟，丫斜卷口月模糊。

綠珊瑚有枝無葉，丫叉狀類珊瑚。其汁甚毒，沾人肌肉皆爛。臺人屋居前後，遍樹之以為樊蔽。」無論是詩句，還是他寫在詩後的註解，都提到綠珊瑚的乳汁有毒，會造成人的皮膚潰爛，所以栽培做籬笆。

不過說也奇怪，清代那麼多官員來台都會注意到的綠珊瑚，到了一八七一年，曾留下數百張旅台照片的蘇格蘭攝影師約翰·湯姆生，竟無一張照片有綠珊瑚。湯姆生在台灣曾拍攝過婦女採集蓖麻這類常民生活照片，照理說他應該也會拍到台灣早期常作為籬笆的綠珊瑚，但是我在所有湯姆生的攝影作品中竟然找不到綠珊瑚的影子。不過短短幾十年，「綠珊瑚籬笆」就消失了嗎？還是湯姆生忽略了呢？我內心滿滿的疑惑。明明一八九六年奧古斯汀·亨利整理發表的《台灣植物名錄》中，綠珊瑚仍舊記錄為十分普遍的植物啊！

隨著時間飄移，綠珊瑚不再負擔防禦之事，慢慢變成了觀賞植物。栽培容易的綠珊瑚，在一九九〇年代熱帶風花園興起時，它與天堂鳥便時常連袂出現。二〇〇〇年之後，跟著日本腳步在台颳起的香草與多肉植物栽培風潮，綠珊瑚當然也不會缺席。二〇二〇年的觀葉植物風潮，又搖身一變成為居家常見盆栽。

# 綠珊瑚

**學　名** | *Euphorbia tirucalli* L.
**科　名** | 大戟科（Euphorbiaceae）
**原產地** | 東非、南非、馬達加斯加
**生育地** | 草原、灌木叢
**海拔高** | 0-2000m

灌木或小喬木，高 4 至 12 公尺。嫩莖肉質，綠色，多分枝，老莖木質化，褐色。葉細小，散生莖頂。單性花，雌雄同株，花細小，大戟花序，頂生或生於分岔處。蒴果球形，被毛。

綠珊瑚的果實被毛

綠珊瑚全株肉質、綠色，過去常被栽培做圍籬

綠珊瑚今日反而成為受大家喜愛的多肉植物

綠珊瑚葉片細小

# 超過百年的假消息

## 旅人蕉

如果要選一種植物來代表馬達加斯加，那一定是號稱能提供旅人緊急飲水的旅人蕉了！無論是馬達加斯加的國徽、馬達加斯加航空的商標，都是旅人蕉。而電影《馬達加斯加》也是以充滿旅人蕉的叢林來象徵主人翁抵達了馬達加斯加。

這種植物，英文稱之為旅人樹（traveller's tree）或旅人棕櫚（traveller's palm），我想多數人都不陌生。而且幾乎所有的資料都介紹，旅人蕉葉鞘可以儲藏水，提供旅人飲用。可是你知道嗎？這恐怕是一個傳了數百年的假消息！

旅人蕉葉鞘裡的水通常會充滿各種昆蟲，十分混濁，根本就無法飲用；此外，旅人蕉葉片巨大，蒸發散量大，必須要終年潮濕多雨的森林或沼澤才能生長。在不缺水的環境中，旅人何須要這麼麻煩爬到樹上取水？

很多人都提過類似的質疑。一八九六年法國國家適應學會公報——應用自然科學評論[23]就曾經公開表示：「沒有任何證據證明旅人蕉的傳說和名稱是合理的。事實上它不是生長在沙漠之中，而是生長在潮濕的土壤或水道附近。」一九三一年開始任職於台北植物園的技師工藤彌九郎，也曾提出類似的看法，認為旅人蕉根本無法提供飲水。

旅人蕉種子外有一層藍色的假種皮

另外還有人認為，之所以稱為旅人蕉是因為它的葉子總是東西向生長，可以為旅行者指引方向。這不過是為了合理化名稱而編造的無稽之談，在野外觀察，每一棵旅人蕉的葉子方向往往都不一樣。由此可知，不管哪一種說法，都沒有足夠的證據來證明它對旅人有幫助。「旅人蕉」的名稱就是一個假消息。

那麼這個假消息到底怎麼開始的呢？先來認識一下第一位詳細描述旅人蕉的歐洲人，法國博物學家菲利伯·康默森[24]。他是我在許多文獻中反覆看到，吸引我注意的名字。特別去找傳記來閱讀，發現我們有很多共同興趣，進而欣賞的植物學家。

一七六六年康默森加入法國探險家布干維爾[25]環球航行的探險計畫。從法國出發，往南美洲前進，然後又跨越太平洋、印度洋後回到歐洲。我想這種大探險，是所有生物愛好者一輩子嚮往的旅程吧！

初抵巴西里約熱內盧，面對尚未開發的熱帶雨林，可以想像康默森會有多麼興奮。他在那裡觀察並記錄今日大家熟悉的九重葛[26]。而後，船隊又陸續經過了大溪地、新幾內亞、爪哇。一七六八年十二月，康默森來到模里西斯，與即將打造龐普勒穆斯植物園的法國植物學家皮埃爾·波微相見歡，在那兒的標本室，他見到了來自塞席爾群島，俗稱屁屁椰子的海椰子。這不禁讓我想起自己第一次看到屁屁椰子，也是興奮莫名。

---

**23** 法文：Bulletin de la Société nationale d'acclimatation de France : Revue des sciences naturelles appliquées。｜**24** 法文：Philibert Commerson。｜**25** 法文：Louis-Antoine de Bougainville。｜**26** 九重葛介紹請參考《被遺忘的拉美——福爾摩沙懷舊植物誌》

影響旅人蕉傳說的故事即將展開。皮埃爾．波微的外甥皮埃爾．索納拉特[27]陪同康默森一同前往面積更大的馬達加斯加。在馬島，康默森持續蒐集各種標本，同時觀察當地的藥用植物，想當然，處處可見的旅人蕉，康默森絕對會看到。他是這麼描述旅人蕉：「有一種與香蕉相似的植物，不同的在於它們葉子排列的方式……這些葉子十分巨大，葉柄寬闊，緊緊抓住樹幹。某種程度上，葉柄可以形成一個相當大的空腔，收集大量的雨水，滿足植物的需求……刺穿葉柄最低的部位，水量可以替好幾個水手解渴。」

事實上康默森只是在描述旅人蕉，他並沒有說這個植物的水可以為旅人解渴。可是，當語言經過一層又一層傳播，就很容易偏離原意。

離開馬達加斯加後，康默森又前往波旁島採集植物才返回模里西斯跟夥伴會合，然後打道回歐洲。不過，康默森真的非常喜歡熱帶植物吧！一七七一年又回到模里西斯，與皮埃爾．波微一同收集、栽培熱帶植物，豐富了龐普勒穆斯植物園的蒐藏。兩年後，僅僅四十五歲的康默森逝世了。回顧一生，他從小就對動植物充滿興趣，一輩子都投入在動植物研究，可惜最後卻來不及留下更多的著作。

因為旅人蕉實在太過特殊，分布也十分狹隘，其學名命名過

旅人蕉巨大的花序

程倒是沒有太複雜的故事。屬名 *Ravenala* 來自馬達加斯加當地語言馬拉加斯文，結合葉子 ravina 與森林 ala 兩個字。種小名十分簡單，代表它來自馬達加斯加。一七八二年，陪著康默森一同前往馬達加斯加的法國博物學家皮埃爾．索納拉特正式為旅人蕉命名。皮埃爾．索納拉特大家可能不熟悉，事實上，荔枝的學名就是索納拉特所命名。

根據民族植物學家的研究，旅人蕉在馬達加斯加當地是多用途植物。它的假種皮跟種子據說可以食用，也可以榨油；樹幹中的汁液可以製糖，髓心可以做蔬菜。或許就跟我們吃黃藤心或山棕心差不多的概念吧！葉片可以用來包裝，或是蓋屋頂。我想，巨大葉片在多數熱帶地區都有類似的使用方式。葉柄可以做牆，樹皮可以鋪在地板上，樹幹則可造屋。除了了解旅人蕉是非常多用途的植物，也間接證明旅人蕉沒有提供旅人飲水的這項用途。

至於旅人蕉怎麼來到台灣，當然不能不提田代安定。一九〇一年十月他到日本，攜帶一批植物回到台灣，當中就有旅人蕉。而後，旅人蕉又多次引種，包含一九〇二年自印度引進，一九〇三年柳本通義自越南再次輸入。甚至到了一九三八年七月，佐佐木舜一再度從南洋帶回旅人蕉。

經過一百多年，台灣各地校園、公園，都可以見到旅人蕉，而旅人蕉名稱由來的假消息，也持續不斷地傳播。

---

27 法文：Pierre Sonnerat

## 旅人蕉

**學　名**｜*Ravenala madagascariensis* Sonn.

**科　名**｜旅人蕉科（Strelitziaceae）

**原產地**｜馬達加斯加東北

**生育地**｜雨林或半潮濕森林、沼澤

**海拔高**｜1000m 以下

喬木，高可達 30 公尺，樹幹通直無分枝，基部叢生狀。單葉，葉片巨大，全緣，葉柄長，互生，二裂狀排列如扇，生於莖頂。花序自葉腋抽出，蠍尾狀聚繖花序。蒴果。

旅人蕉葉片左右交互生長，在同一平面排列成巨大的扇形

旅人蕉老樹常叢生

# 祥獸獻瑞

## 麒麟花、長壽花

如果要選最常見的馬達加斯加原生花卉，那一定不能漏了麒麟花與長壽花。早期沒有太多改良與育種，這兩種植物幾乎都是紅色花，喜氣洋洋，加上十分容易種植，西南部鄉間十分普遍。

記得小時候在鄉下，阿公家花圃裡也有這兩種植物。但是因為麒麟花全株是刺，我總是離它遠遠的，心中莫名害怕被刺傷，未曾仔細觀察過它。

不過，我倒是記得阿公家的麒麟花有兩個品種，一個莖幹筆直粗大，一個莖幹較細，在地上扭來扭去，附近有鄰居還把它當成矮籬笆來種。

麒麟花在植物學上，跟綠珊瑚同樣都是大戟科大戟屬。一八二一年，曾經擔任留尼旺島總督的法國軍官米利烏斯[28]將麒麟花引進歐洲，植物學家便相當沒有創意地以 *milii* 做為麒麟花的種小名，以資紀念。因為血紅色的花與莖上的棘刺，英文稱之為 Christ plant（基督植物）、Christ thorn（基督的荊棘）或 crown of thorns（荊棘皇冠）。

---

28 法文：Pierre Bernard Milius

早期引進的麒麟花植株低矮纖細、略呈匍匐狀生長

無刺麒麟花，學名 *Euphorbia geroldii*，也是馬達加斯加特有植物，本世紀才引進

麒麟花幾乎全年開花。不過，它的花十分特殊，看起來是一朵花，實際上是一個典型的大戟花序。紅色看起來像花瓣的部分，實際是植物學上稱為苞片的構造，裡面由一朵沒有花瓣的雌花，數朵雄花排列成一個杯子狀的聚繖花序；而雄蕊週圍則是蜜腺點。

麒麟花又稱為番仔刺、刺仔花、虎刺花、鐵海棠。雖然多刺，但是黑褐色的莖與紅色的花十分搶眼，觀賞性高，加上與祥瑞的神獸同名，十分討喜。而多刺的特質也讓它常被栽植作綠籬。

文獻上記載，麒麟花在十九世紀便引進台灣。除了觀賞，也是台灣的民俗藥用植物，全株可以做為跌打損傷、燙傷用藥。但是千萬要注意，麒麟花跟綠珊瑚同屬，乳汁同樣有毒，國際上還用它來製作防治蝸牛等軟體動物的用藥。

除了較纖細、匍匐性的品種，一九六九年張碁祥又自日本引進大葉麒麟、黃苞麒麟、大紅麒麟三個品種。增加了麒麟花的觀賞性。約莫二〇〇〇年之後，育種家開始嘗試將麒麟花跟其他同屬不同種的植物，如聖誕紅、無刺麒麟花[29]雜交。又培育出粉紅色、橘黃色、淡黃色、黃色紅緣、黃綠色、粉紅色有噴點白色有紅色噴點，各式各樣的花色，還有更巨大的苞片，或是軟刺、無刺，大概近百個不同的品種。原本老派的麒麟花，再度成為花市新寵。

29 學名：*Euphorbia geroldii* Rauh

麒麟花紅色的部分其實是苞片，中間有數朵細小的雄花

黃苞麒麟花苞片淡黃色

除了同樣來自馬達加斯加，長壽花也是以類似模式，近幾年又變成流行花卉。

長壽花發現的年代很晚，流行的速度卻很快。一九二〇年代由專門研究馬達加斯加植物的法國植物學家佩里耶·德拉巴思[30]在馬達加斯加的高山上發現，並於一九二八年正式發表，將它視為另外一種同屬植物的變種[31]。

一九三二年德國植物學家布洛斯費爾德[32]將長壽花引進德國，因為栽培容易，花期又與聖誕節接近，很快就在歐洲流行。一九三四年，另一位喜歡多肉植物的德國植物學家馮·珀爾尼茨[33]，將它視為獨立物種，並以 *blossfeldiana* 做為種小名重新命名，以紀念布洛斯費爾德。

一九六九年張碁祥自日本引進的大葉麒麟，植株直立

一九六五年張發自日本引進，最初稱為壽星花。因為栽培容易，可以扦插或葉插快速繁殖，加上農曆年前後開花，也是很快就流行，成為大街小巷常見的小品。

一九七〇年代之後，歐洲開始進行長壽花育種，採用跨種雜交的方式，很快就培育出現橘、粉、黃、白，甚至紫紅，各式不同的花色，大大增加長壽花的可看性。二〇〇二年，育種家夢寐以求的重瓣的品種，終於在瑞典出現。此後，長壽花從原本的四瓣，一路增加到三十二瓣，彷彿一朵小玫瑰，再度於全球園藝市場刮起一陣旋風。

不過，因為是歐洲培育的品種，相對不耐熱。台灣也自行以鵝鑾鼻燈籠草[34]等台灣原生的燈籠草屬植物進行雜交，培育出更耐熱或花期更早的品種。

長壽花引進至今，還不到一甲子，卻已成為台灣銷售排行前十大的花卉，成為新一代年節花卉。或許未來某天，過年前買一盆長壽花也將成為「傳統」。

---

**30** 法文：Joseph Marie Henry Alfred Perrier de la Bâthie。｜**31** 佩里耶．德拉巴思命名的學名：*Kalanchoe globulifera* var. *coccinea* H.Perrier。｜**32** 英文：Robert Blossfeld。｜**33** 德文：Karl Joseph Leopold Arndt von Poellnitz。｜**34** 學名：*Kalanchoe garambiensis* Kudô，一些國外的研究仍將它視為匙葉伽藍菜（*Kalanchoe integra* (Medik.) Kuntze）的同種異名

## 麒麟花

**學　名**｜*Euphorbia milii* Des Moul.

**科　名**｜大戟科（Euphorbiaceae）

**原產地**｜馬達加斯加

**生育地**｜潮濕至乾燥的岩石地，全日照或半遮陰的灌叢區或森林邊緣

**海拔高**｜0-1500m

灌木，高可達 2 公尺。莖黑色，四至五稜，螺旋生長，稜上有硬刺。單葉，簇生莖頂，全緣。單性花，雌雄同株，花細小，總苞紅色，大而明顯，聚繖狀大戟花序生於靠近莖頂刺旁。蒴果。

2000 年後培育出的麒麟花，苞片大且顏色多變

# 長壽花

**學　名**｜*Kalanchoe blossfeldiana* Poelln.

**科　名**｜景天科（Crassulaceae）

**原產地**｜馬達加斯加

**生育地**｜山坡上

**海拔高**｜1600-2400m

多肉質草本，直立生長。單葉，十字對生，偶見三葉輪生，齒狀緣。花紅色，四瓣，複聚繖花序腋生或頂生。蓇葖果。

長壽花是常見常見的花卉與多肉植物

這幾年出現重瓣且顏色更多變的長壽花

# AFRICAN
plants

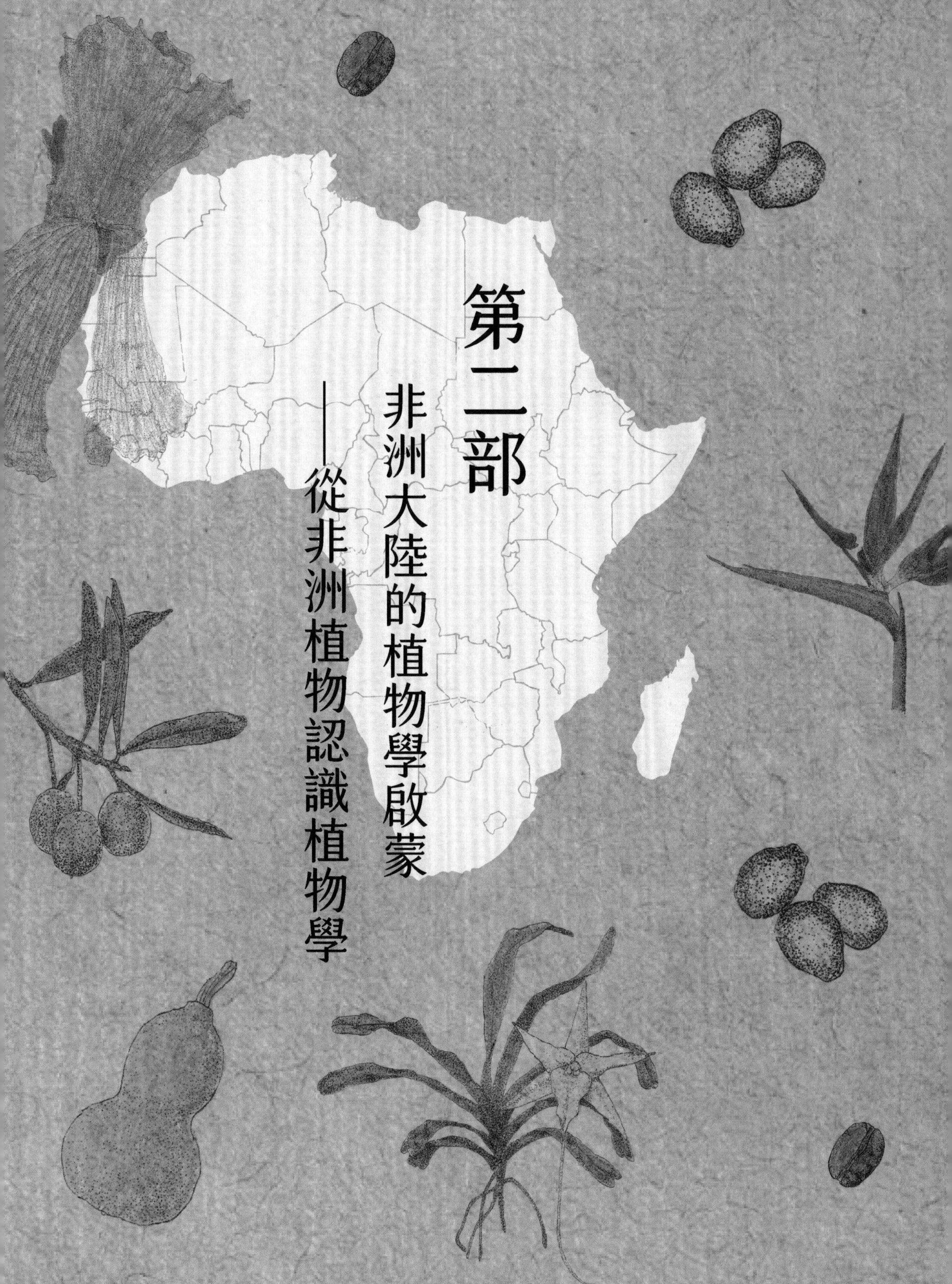

# 第二部

## 非洲大陸的植物學啟蒙

## ——從非洲植物認識植物學

Ch —— 07

# 給大人的植物學

# 我也需要上植物課嗎？

這幾年因為疫情，周圍很多朋友原本對植物毫無興趣，但是卻因為開始動手栽培幾盆植物，意外感受到植物的療癒魅力。疫情逐漸趨緩，有些人停留在以植物布置居家環境，有些人卻深深著迷，想要更深入了解，常問我有什麼入門書籍，可以有系統的認識植物學。

此外，我也因為著作，有機會接觸到很多植物相關從業人員，如芳療師、園藝治療師、花藝師、設計師、廚師、中草藥達人，這些朋友常會問植物的各種問題，於是發現，有非常多的產業都跟植物密切相關。

這些領域的專業人員都需要認識植物，但是往往都從應用面學起，沒有受過基礎植物學的訓練，所以常會出現一個問題：學了很多植物學相關知識，卻十分零碎，沒有系統，幾乎可說都是死背。每每要寫書、授課，植物分類、學名、照片、基本的專有名詞，便常有錯誤。這些小問題最大的根源，其實都是因為沒有學過植物學的基礎。

除了必須死記硬背，因為工作，或是因為幾盆觀葉植物，開始對周邊所有植物產生興趣，看到常見的花花草草，總是想知道它們的名字，當要進一步了解身邊植物的名稱，到底要怎麼查？用形色嗎？還有沒有更好的方法？

就這樣，因為喜歡與好奇，開始會出現各式各樣關於植物的問題：為什麼植物會長成這些奇怪的模樣？香菇、昆布、海帶，這些蔬菜也是植物嗎？芋頭、姑婆芋怎麼分？薑、南薑與薑黃有什麼不同？檸檬、萊姆有什麼差別？桃李梅櫻杏李梨花怎麼分？植物科屬怎麼記才會快？品種、物種傻傻分不清楚？為什麼要學拉丁學名？知道積雪草這個名稱，該怎麼查到關於積雪草的正確資料？

越學越深入，越深入問題就越多，多到開始懷疑人生，自己又不是植物學家，學植物學要幹嘛？或是，我想學植物學啊！但是沒有入門書，難道要上大學抱著厚重的普通植物學課本重新開始？

沒有學過植物學的好友與讀者們各種關於植物的問題，如雪片般飛來。包含：這是什麼植物？什麼是學名？去哪裡找？有沒有推薦書籍？怎麼換盆？有馬陸怎麼辦？長菇了怎麼辦？介質究竟是太濕還是太乾？甚至葉子自然老化落葉、缺水萎凋、根長太長，都成為大家

芳療師、園療師、花藝師、設計師、廚師……許多行業都會接觸植物，需要學習植物學

的大問題！

說真的，對於出差多天，一回家看到葉子枯萎，不知道要趕緊澆水，卻傳訊息求救？葉子自然老化枯萎脫落，緊張得如世界末日？甚至期待被曬傷的葉子可以復原。這一切，一開始都令我十分驚訝。

但是一次又一次接觸到這些問題，慢慢回想起自己認識植物到進入植物學的過程，想起了原本那個什麼也不懂，對植物一竅不通的自己。很多看似植物學基本知識，自己何嘗不是一點一滴慢慢學習累積？

我是從小接觸植物，自然而然學習植物相關知識的自然學習者，同時也是中學、大學後接受系統化植物科學教育的系統化學習者。我有豐富的經驗，包含學習中遭遇的種種挫折。於是，開始嘗試將自己的經驗訴諸文字，跟更多人分享，除了栽培經驗，我常以宮鬥劇或八點檔式的誇張比喻，去解釋植物形態、分類、乃至於生態學的知識，還有一些專有名詞。

但是對於如何學習植物學，卻依舊刻意跳過，因為一直擔心太過生硬的植物學會嚇跑初學者。於是，從第一本書到第四本書，都盡力以說故事的方式去介紹植物，吸引大家注意，設法突破同溫層，讓植物可以觸及更多人。

直到疫情之後，非植物相關科系的摯友，因為興趣，總是不斷跟我討論植物與植物學，才開始意識到，植物學或許對許多相關產業的工作者有幫助。特別是當淑貞社長邀請我規劃一門課程，讓更多因為疫情而對植物產生興趣的讀者，有一個深入理解植物學的方式，才發覺到，除了繼續說故事，也應該要負責任地告訴我的讀者們，究竟什麼是植物學，究竟該如何進入植物學的殿堂，一窺堂奧。

於是開始盤點自己學習植物的歷程，希望分享自身經驗，讓大家可以更輕鬆的進入某個植物環節。赫然發現，很多關鍵時刻，我的啟蒙植物都來自非洲，這些非洲植物，一步一步引領我，帶領我進入植物的世界。因此，第二部，也將以這些非洲植物為例，解釋植物學中的概念。

# 如果植物也有履歷表

一個人會有姓名、家族、身材、外貌特徵、身體健康情況，以及他的住家、故鄉，還有個性、價值觀、才藝、專長、閱歷……這些都是認識一個人會碰到、接觸到的各種面向。同樣的道理，植物也有非常多面向。

假設今天我們要快速認識植物，幫它做一份履歷表，就必須把所有不同的面向都考慮進去。

就像古人有姓、名、字、號、暱稱、綽號，植物有全世界科學家公認的拉丁文學名，包含屬名與種小名兩個部分。另外還會有它在不同地區、不同語言，甚至是不同行業別使用的名稱，通通都是俗名。

而植物分類上由小到大的階層：屬、科、

不同的微生育地適合不同的植物生長

目，就如同是植物背後龐大的血緣系統，從最簡單的家庭成員，姓氏宗族，一直擴展到整個民族。

植物本身，究竟是喬木、灌木、草本、著生植物、藤本植物……植物學上稱為生活型，就彷彿是它的身材一般。葉子、花、果的形態特徵，就如同人的外貌特徵，有沒有美人尖、雙眼皮、酒窩……。

而植物器官與細胞所進行的呼吸、光合作用、向光、睡眠、休眠等運作，就像是人體內器官與細胞運作一樣，包含了呼吸、消化……會進一步影響健康狀況。

若以人的故鄉與住家對應到植物，即是它的自然分布地與生育地。像人可以描述住在哪個縣市，是住公寓、華廈、電梯大樓或獨棟建物、三合院。植物自然分布如東南亞、非洲或拉丁美洲，而所謂的生育地就是森林、草地、溪流、湖泊、海岸等各種生態環境。

再細一點的微生育地，如森林裡的小溪流、樹幹上、樹冠層，因為這些環境中，光線、溫度、濕度每日變化的程度，以及介質厚度都不一樣，是影響栽培植物的關鍵。條件越嚴苛，植物越難栽培。這就好像人的個性，有好相處與不好相處，植物也可以從非常好照顧到超難照顧區分不同等級。

有的人追求名、有人追求利、有人愛權勢地位，每個人在意的價值都不同；植物也是如此，有的在意溫度、有的需要濕度、有的喜歡大太陽，有的愛躲在陰暗處。

有的植物會擬態、有的會設陷阱、有的會黏蟲、有的會捕蟲、有的會儲水、有的會漂浮、有的會飛翔，這些生態現象就如同是才藝一般。

假如站在人的立場來看，不同植物有不同價值，或是食用、做飲料、藥用、榨油、製漆、橡膠、染色、提供纖維織布製繩，各有各的專長。

而植物的演化歷程，彷彿它的家族史，個別植物本身的發現史、命名史、應用史，就如同其閱歷一般，構成精彩的故事。

如果從植物學的角度來看，植物名稱（姓名）、分類階層（家族），屬於植物分類學。植物的形態（外貌特徵）當然是形態學。植物器官組織與細胞運作所反應總總生理現象（身體健康情況），是植物生理學。生理與外在的生活型（身材）與自然分布（故鄉）、生育地（住家）、微生育地（個性）、生長所需的環境因子（價值觀）、各種有趣的生態現象（才藝）、演化歷程（家族史）有密切關係，而外部這些表現，受環境影響很大，包含了植物生態學、植物地理學等領域。至於人類如何利用植物（專長），則屬於民族植物學的範疇。而植物本身的相關歷史，當然就是自然史的部分。

如果幫植物製作完整的履歷表，我相信每個人關注的重點都不一樣。畢竟植物在不同的人心中，價值不同、用途不同，需要認識的重點也有所區別。

但是我由衷相信，真正喜歡植物的人，一定都想了解所有面向，深怕遺漏。

# 將植物請進生活之中的閱讀方向

我寫書，也喜歡看書。個人認為，喜歡植物，認識植物，有幾個閱讀方向都要掌握。包含植物圖鑑、植物學基礎、植物觀察與栽培、植物的故事、植物跟土地的關係，還有比較多人可能會略過的自然文學與自然史。這幾年因為觀葉植物風潮，國內外有非常多傑出植物書籍作者，創作了一系列很棒的作品，如果想認識植物，強烈建議大家可以從以下這些書籍開始閱讀。

首先，建議大量閱讀各類型圖鑑。雖然現在網路資訊發達，但圖鑑仍舊是最有效率認識各種植物的方式。個別植物類群，我自己特別喜歡的經典，如摯友林奐慶老師《臺灣橡實家族圖鑑》、郭城孟老師《蕨類觀察圖鑑》三本、彭鏡毅老師《為愛走天涯 踏覓秋海棠》、王秋美博士等人《臺灣豆科植物圖鑑》。綜合植物圖鑑，如夏洛特老師《雨林植物觀賞與栽培圖鑑》、泰國新生代的園藝家 Pavaphon Supanantananont《觀葉植物圖鑑：500種風格綠植栽培指南》、小林智洋、山東智紀《有趣到不可思議的樹木果實圖鑑》、陳坤燦老師《愛花人集合！300種最新花卉栽培與應用》、尤次雄老師《Herbs香草百科》等，我都非常喜歡。其他如水果、蔬菜、蘭花、海岸植物、水生植物等各類型圖鑑，都是比較容易入門、入手的著作。當然，早期以地區為主的植物誌，如《台灣植物誌》、《蘭嶼植物》、《恆春半島植物》也建議大家借來熟讀。

閱讀圖鑑時，特別請大家不要跳過前面總論，以及形態介紹的部分，這是認識植物最重要的基礎。此外，當野外觀察遇到不認識的植物時，希望大家可以先回家比對圖鑑，而不是直接上網求名。除了自己動手查到答案可以留下深刻印象，更是「學而時習之不亦悅乎」的具體展現。

植物學方面的書籍不多，DK編輯部有一本《FLORA英國皇家植物園最美的植物多樣性圖鑑：深入根莖、貼近花果葉，發現生命演化的豐富內涵》，運用大量照片介紹植物器官，很適合大眾閱讀。國內則有彭鏡毅老師的《植物學百科圖典》，詳細介紹植物的器官。還有以漫畫形式呈現的《哆啦A夢科學大冒險4：探究植物夢工廠》，也適合各年齡層。

另外，觀察並栽培植物，就跟養小孩要買親子教育書來看一樣，也建議多看栽培的書，特別是依台灣本地氣候所寫的栽培書，像是Yuty黃郁婷老師所作《綠境：以四季為起點的觀葉養護日常》、梁群健老師《水耕盆栽超好養》、陳坤燦老師《新手種花100問》、鄭德浩《室內觀葉植物栽培日誌：IG園藝之王的綠植新手指南》，都十分推薦。當然，前述觀賞植物的圖鑑本身也會有栽培部分，可以交互參照。如果連買書來學習怎麼照顧家裡的綠色寵物都不願意，說自己有多愛植物真的很難令人信服。

人跟植物的關係密不可分，了解植物的用途與背後的故事我認為十分重要。推薦韓國作者中惠雨《植物學家的筆記：植物告訴我的故事》、溫佑君老師與楊智凱老師合著的

《療癒之島：在60種森林香氣裡，聞見台灣的力量》。另外，董景生博士所作五部原住民植物誌：《走山拉姆岸：中央山脈布農民族植物》、《綠色葛蕾扇：南澳泰雅的民族植物》、《邦查米阿勞：東台灣阿美民族植物》、《串起斧噶艾：魯凱下三社群民族植物》、《婆娑伊那萬-蘭嶼達悟的民族植物》，都是民族植物學必讀經典。當然，還有胖胖樹自己寫作的四本著作：《看不見的雨林——福爾摩沙雨林植物誌》、《舌尖上的東協——東南亞美食與蔬果植物誌》、《悉達多的花園——佛系熱帶植物誌》、《被遺忘的拉美——福爾摩沙懷舊植物誌》，也請別錯過。透過這些書籍，你可以知道人類的歷史文化跟植物原來如此接近。

除了知道植物的名字，希望大家可以認識台灣這座島嶼跟植物的關係。游旨价博士著作《通往世界的植物》、《橫斷臺灣》，是台灣少數關於植物地理學的科普書籍，文字優美，又滿滿的大尺度地質史與植物的故事，經典中的經典，愛台灣這塊土地的人絕對不容錯過。另外，《熱帶雨林：多樣、美麗而稀少的熱帶生命》則是少數以生態系角度來切入的科普書籍。

自然文學的部分，這幾年國內外也有很多精采作品。如國外知名作家彼得·渥雷本《樹的韌性》、哈思克《嗅聞樹木的十三種方式》，都是以樹木為主角。《花朵的祕密生命》則是以花為主角。古碧玲總編輯《不知道的都叫樹》雖然是個人回憶的散文，但是跟大量的植物連結，是跳出傳統框架的植物書寫。

自然史與科家傳記的部分，我很喜歡《博物學家的自然創世紀：洪堡德織起「生命

藉由胖胖樹的著作可以了解人類歷史文化與植物的關係（攝影／王瑋湞）

之網」，重新創造我們眼前的世界》，介紹博物學家亞歷山大．馮．洪堡德[1]的一生。加拿大森林學家蘇珊・希瑪爾的《尋找母樹：樹聯網的祕密》以及卡珊卓《我的尋藥人生》，有他們個人的自傳，也有研究介紹，十分勵志。台灣方面，如李瑞宗老師《佛里神父》與吳永華老師《早田文藏》。還有吳永華老師《貂山之越：淡蘭古道自然發現史》等一系列古道相關著作，李瑞宗老師《沉默的花樹：台灣的外來景觀植物》。這些書籍當中，除了自然史，也有許多關於個別植物的介紹。

最後還有植物繪圖的書籍，如《植物畫的第一堂課：英國皇家植物園首席畫師教你畫》、《植物畫的基礎：美國植物畫女王一步一步教你畫葉子花朵果實及更多》、《歐洲百年經典植物繪【隨書送超大幅海報】：花朵、草木、果實……，48種手繪植物名畫的細微觀察與作畫祕訣》，以及黃湘玲老師的《植物情人》與《蘭花絮語》。除了學習如何畫植物，也從藝術家的角度來認識植物。我認為自然文學、自然史與植物繪圖這部分，相對比較柔軟，是喜歡文學或藝術的人接觸植物的最佳入門書。

不論網路再怎麼發達，書籍都是系統化學習的最佳工具。資訊爆炸的時代，知識不易學習且容易忘記，往往是因為過於發散。書籍的存在，除了幫助大家將龐雜的資訊去蕪存菁，更將知識分門別類且系統化，大有助於理解跟記憶。

從植物圖鑑為起點，先大量知道植物的名稱和樣貌，親自動手觀察並栽培植物，再透過植物與人和土地的關係了解植物的不同面向，最後進入自然文學、自然史與藝術，讓植物融入生活之中，相信這是全面認識植物、愛上植物，將植物請進生活之中的好方法。

1 德文：Alexander von Humboldt

Ch——08

# 喜歡都是從不經意接觸開始
# ——認識及觀察植物的方法

# 從內惟市場的香龍血樹段木談起

## 到底什麼是莖？

還記得上幼稚園前，我跟母親在高雄鼓山區內惟市場看到攤販在販售香龍血樹的段木。那時候我根本不知道那是什麼，只依稀記得攤商老闆說：「不要看它是木頭喔！泡在水裡就會長出一株植物，會帶來好運。」

母親買了一截木頭，不是真的為了「幸運」，而是要讓我觀察那株植物，滿足我的好奇心：究竟一段木頭如何長成一株植物呢？

除了買香龍血樹的段木，母親也準備了一個黑色水盆。回家後，依攤商的建議將這段神奇的木頭泡水約三公分，然後在室內明亮的地方擺著。每天我都痴痴地望著它，常常替它換水、加水。

一開始沒什麼動靜，我很怕它死掉，母親讓我耐心等待。果然，幾個禮拜後，莖上一圈一圈橫紋上長出小小的綠芽。接著，芽開始往上長長，然後冒出新葉。長出葉子的同時，水面下也慢慢長出一條又一條的根。

這是母親第一次讓我感受到植物與生命的奧秘，讓我漸漸喜歡上這群綠色的夥伴。從香龍血樹的段木來認識植物的「莖」，可以發現，莖是葉片與根的橋樑。莖向上長葉，向下長根。莖的特色是有「節」與「節間」，芽會自節上長出，再漸漸分化成葉子、枝條。

植物的器官很簡單。只有營養器官：根、莖、葉，以及繁殖器官：花、果實、種子。營養器官理論上還保有分化，並且繼續生成其他器官的能力；這也就是為什麼香龍血樹的段木可以長成一棵植物的原因。當然，每一種植物分化能力不同，有的植物必須以特別的激素誘發它分化，有的植物如香龍血樹，卻很容易自己就長成一株新植物。

藉由莖再繁殖出一株新的植物，我們稱為扦插，也就是俗稱的插枝。沒有精卵結合的有性生殖過程，植物的基因不會改變。所以，藉由營養器官繁殖植物，稱為營養繁殖或無性繁殖。

假設我們進一步解剖植物的莖，會發現裡面有像吸管一樣的構造：將根所吸收的水分與

香龍血樹的莖有明顯的節，芽會自節上長出

養分輸送到各部位的木質部，以及將葉片光合作用產生的葡萄糖輸送到各部的韌皮部。木質部與韌皮部合稱維管束，在植物的莖當中，會在靠近表皮處排列成一個圈；這是蕨類、裸子植物跟開花植物才有的重要構造，也是植物到陸地上之後，可以長得高大的關鍵。苔蘚之所以矮小，就是因為它們沒有維管束。

像香龍血樹這類植物的莖，是直立在地表之上，並且會產生分枝，我想大部分人都不會搞混，都知道它是莖。可是，植物的莖經過長時間的演化，形態變得十分多樣，有一些就容易讓人搞混。除了直立在地表，有的會平貼在地上或樹上，稱為匍匐莖，許多蕨類、秋海棠，或是這些年流行的天南星科觀葉植物就是這類。

還有一些，它的莖非常短，短到幾乎看不到，像是茴香與蒔蘿。有的植物，平常是短短而且直立的莖，但是為了繁殖，會長出橫著走且到處爬的莖，然後在遠離母株一段距離後就會長出一棵完整的植物，這種特殊時候才橫走的莖，我們稱為走莖，如吊蘭就十分明顯具有走莖，還因此被栽培供觀賞。此外，觀葉植物中的非洲面具也有這樣的構造。

以上提到的莖都算是比較好區分的。有的植物莖長在地下，不容易觀察，就常被誤會。例如在地下，通常長成球形或橢圓球形，但是外表仍然可以看到一圈一圈的節，稱為球莖；像是天南星科芋頭這類植物，球莖就非常明顯。還有一種也長成球狀，但是可以一片片剝下，稱為鱗莖。如果縱切洋蔥，就可以發現，一片一片，其實就是一節一節，同樣還是存在節跟節間的構造。石蒜科植物，包含大家熟悉的洋蔥，或是來自非洲的火

非洲面具會藉由走莖繁殖，在遠離母株後長出新植株

球花，就是鱗莖典型代表。

再來，在地下橫走，不規則塊狀，也有明顯一節一節的地下莖，又稱為根莖或根狀莖。它是莖，不是根，千萬別被名稱誤導了。薑目植物就是地下莖的代表；除了大家熟悉的薑、薑黃，還有竹芋、天堂鳥、旅人蕉，甚至芭蕉[1]，其實都有這樣的構造，所以才會在地上長成一叢一叢的狀態。

除了基本的支撐與傳輸水分養分，有的莖還扮演了儲存養分與水分的功能，如前述的球莖、鱗莖、地下莖，還有一些多肉植物，莖也會充滿水分。

有一些莖，為了攀爬，會有纏繞的現象，甚至會長出捲鬚或吸盤這樣的特殊構造，如瓜類或葡萄。

還有一些植物，如仙人掌，因為葉子退化成針刺狀，或是整個消失了，莖還必須扮演葉子的角色行光合作用。有的仙人掌，莖扁平如葉，稱為葉狀莖，大家最熟悉的曇花[2]就是葉狀莖。更特殊的是常見的文竹、武竹，葉子其實都退化了，看起像葉子的部分事實上是特化成葉狀的莖，又稱為假葉。

或許有人會想問，為什麼它是莖，而不是葉呢？基本上根、莖、葉大致的區別，除了外觀，主要是維管束的排列方式。莖的維管束是韌皮部在外，木質部在內，排成一個環，環繞整個莖；而葉的維管束是在葉脈當中，木質部在上，韌皮部在下。經由解剖，可以確認到底是莖還是葉。

只能說，植物的多樣性太高，莖的形態千變萬化，想要真的把「莖」說清楚講明白，也許必須用一整章，甚至一本書才足夠。這本書畢竟不是「莖」的專論著作，關於莖的介紹，還有很多不完整之處，但希望可以藉由本文讓大家知道莖的功能，它具有節的基本特徵，千變萬化的形態，進而能夠對莖有更多的概念。

1 薑、薑黃、竹芋、芭蕉的介紹，請參考《舌尖上的東協——東南亞美食與蔬果植物誌》｜2 曇花與仙人掌的介紹，請參考《被遺忘的拉美——福爾摩沙懷舊植物誌》

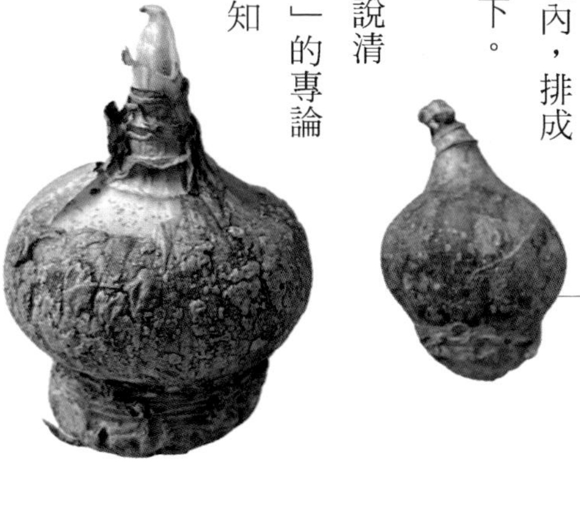

火球花的地下鱗莖，是石蒜科的典型構造

# 香龍血樹

**學　名**｜*Dracaena fragrans* (L.) KerGawl./
*Dracaena deremensis* Engl.

**科　名**｜天門冬科（Asparagaceae）假葉樹亞科（Nolinoideae）／龍舌蘭科（Agavaceae）

**原產地**｜西非、中非、東非

**生育地**｜潮濕森林

**海拔高**｜600-2250m

灌木或小喬木，高可達15公尺。單葉，寬而長，互生，螺旋排列於莖頂，全緣或波浪緣。花白色，六瓣，背面中間與兩側暗紅色，圓錐狀繖房花序，腋生。漿果球形，成熟時橘黃色。香龍血樹在台灣又常稱為巴西鐵樹或幸運木，但它是非洲植物，跟南美洲的巴西一點關係也沒有。由於花有很明顯的香氣，又是龍血樹屬，故名。

它發現極早，所以早在一七六二年林奈就替它命名為*Aletris fragrans*。一八〇八年改放到龍血樹屬。因為葉片巨大，跟玉米有一點點相似，英文常稱之為corn plant（玉米植物）。

歐洲大概十九世紀就開始栽培香龍血樹，並且培育出許多不同葉色、葉形的品種。有些甚至高矮差異極大，常被誤以為是完全不同種的植物。台灣最早於一九〇一年十月由田代安定自日本引進。因為耐陰性佳、栽培與繁殖十分容易，是相當普遍的植物。

3 學名：*Dracaena surculosa* var. *maculata* Hook. f.
4 學名：*Dracaena surculosa* var. *surculosa*
5 學名：*Dracaena aubryana* Brongn. ex E. Morren
6 學名：*Dracaena goldieana* Sander ex Mast.
7 學名：*Dracaena reflexa* Lam.
8 學名：*Dracaena cinnabari* Balf.f.
9 學名：*Dracaena trifasciata* (Prain) Mabb.，過去使用的學名是 *Sansevieria trifasciata* Prain

密葉竹蕉是香龍血樹的一個品種

香龍血樹的花有很明顯的香氣

香龍血樹是台灣常見的觀賞植物

龍血樹屬目前有一百九十五種，廣泛分布在熱帶地區。台灣引進作觀賞龍血樹種類，有許多都是來自非洲。除了香龍血樹，還有前面介紹過的開運竹，另外還有油點木[3]、星點木[4]、長柄竹蕉[5]、虎斑木[6]，以及來自馬達加斯加的百合竹[7]，甚至樹脂可作為中藥血竭的索科特拉龍血樹[8]，近年來也曾引進。而大家熟悉的虎尾蘭[9]，原本是獨立的屬，二〇一七年後新的分類也被併進了龍血樹屬。

長柄竹蕉現在越來越少人栽培了

星點木與油點木是同種不同變種

檸檬千年木是香龍血樹的栽培品種

血竭是索科特拉龍血樹的樹脂，近幾年也引進台灣

虎斑木生長緩慢，較少人栽培

來自馬達加斯加的百合竹形態多變

# 吊蘭

**學　名**｜*Chlorophytum comosum* (Thunb.) Jacques

**科　名**｜天門冬科（Asparagaceae）龍舌蘭亞科（Agavoideae）／龍舌蘭科（Agavaceae）

**原產地**｜獅子山、賴比瑞亞、象牙海岸、奈及利亞、喀麥隆、赤道幾內亞、薩伊、尚比亞、衣索比亞、烏干達、肯亞、坦尚尼亞、馬拉威、辛巴威、莫三比克、南非

**生育地**｜雨林、常綠林、河岸林、灌叢內遮陰處

**海拔高**｜50-2450m

多年生草本，根肥大，莖極短，常會長出走莖，走莖的節點上會再長出新的植株。單葉，細長，叢生於莖頂，全緣。花白色，三四朵簇生，總狀排列於花葶上，花葶細長而彎曲下垂，先端常會長出不定芽而呈走莖狀。蒴果。

吊蘭又稱為掛蘭，也是我從小就認識，姑姑栽培在院子裡的老派觀葉植物。一九〇九年便從日本引進台灣。因為走莖會長許多不定芽的特性，十分特殊，早期常被栽培成吊盆販售。也因為這個特性，英文稱之為spider ivy（蜘蛛常春藤）。

也是十八世紀就命名，很早就被當作觀賞植物栽培的植物。屬名*Chlorophytum*來自希臘文綠色χλωρός（khlōrós）以及植物φῠτόν（phutón）兩個字。常見栽培的是葉子邊緣白色或中斑的品種，全緣的植株反倒較少見。栽培十分容易，因為根膨大，有儲水功能，也有一定耐旱性。

除了觀賞，在台灣也當作治療咳嗽及消腫的草藥。本種以外，該屬台灣還有引進大吊蘭[10]、橙柄草[11]等同樣是來自非洲的觀葉植物。

10 學名：*Chlorophytum alismifolium* Baker

11 學名：*Chlorophytum filipendulum* subsp. *amaniense* (Engl.) Nordal & A.D.Poulsen

吊蘭的花葶先端長會長出不定芽，如走莖一般，向外擴張

綠葉的吊蘭越來越少見

## 火球花

**學　名** | *Scadoxus multiflorus* (Martyn) Raf. / *Haemanthus multiflorus* Martyn

**科　名** | 石蒜科（Amaryllidaceae）

**原產地** | 非洲沙哈拉沙漠以南全境

**生育地** | 低地潮濕森林至疏林遮陰處，各種環境

**海拔高** | 0-3000m

多年生草本，具地下鱗莖，冬季或乾季會落葉休眠。單葉，互生於莖頂，全緣。花紅色，繖形花序，花葶直立，直接自鱗莖中央抽出。先開花後長葉。漿果球形。

火球花栽培相當容易，幾乎年年都可以開出火紅的花朵，十分受歡迎。幾乎可以說是孤挺花之外，台灣最常見的鱗莖類觀賞植物。

一九五八年引進台灣。是觀賞植物也是消腫解毒的藥用植物。

火球花橘紅色的果實

火球花開花之後才長葉

火球花是台灣十分受歡迎的花卉

# 文竹

**學　名**｜*Asparagus setaceus* (Kunth) Jessop

**科　名**｜天門冬科（Asparagaceae）天門冬亞科（Asparagoideae）／百合科（Liliaceae）

**原產地**｜衣索比亞、肯亞、坦尚尼亞、莫三比克、馬拉威、尚比亞、辛巴威、波札那、南非、賴索托、史瓦帝尼

**生育地**｜灌叢與森林

**海拔高**｜不確定

多年生草本，根肉質。主莖細長，叢生，具攀緣性，側枝互生。假葉輪生，排列如三或四回羽狀複葉，整體呈現扁平狀。花白色或粉紅色，細小，總狀花序腋生。漿果細小，球形。

文竹植株纖細優雅，常栽培成盆景

# 武竹

**學　名** | *Asparagus densiflorus* (Kunth) Jessop

**科　名** | 天門冬科（Asparagaceae）天門冬亞科（Asparagoideae）／百合科（Liliaceae）

**原產地** | 莫三比克、南非

**生育地** | 沿海沙丘、岩石地、灌叢

**海拔高** | 低海拔

多年生草本，根肉質。主莖細長，叢生，柔軟而下垂。側枝互生。假葉六枚輪生，排列如二或三回羽狀複葉，排列立體。花白色或粉紅色，細小，總狀花序腋生。漿果細小，球形，成熟時紅色。

文竹、武竹是同屬植物，栽培條件也類似，常被放在一起討論。以枝條與假葉來說，文竹較纖細，武竹較粗獷。文竹枝條直立且會攀爬，武竹較高之後多半會下垂。文竹較耐陰，武竹較耐曬。

不過，雖然名稱裡有竹，卻跟竹子沒有親緣關係。它們的同屬植物當中，大家最熟悉的應該是蘆筍 ，形態也有些類似。只不過，大家鮮少看到蘆筍[12]完全展葉的植株樣貌罷了。

武竹因為較耐曬、耐旱，許多花台都會栽培。文竹栽培需要遮陰，但是因為特別纖細，像是小竹子一樣，常栽培作盆景。此外，文竹常做插花素材或新娘捧花，又有新娘草之稱。雖然有毒不可以食用，但文竹卻仍是草藥。

武竹的小枝條特化成假葉

武竹是十分常見的觀賞植物，其枝條多半下垂

武竹的花十分細小，總狀花序腋生

12 學名：*Asparagus officinalis* L.

# 地球生態系最重要的角色

## ◎葉片為何如此多變？◎

在香龍血樹的段木長成一棵新植物之後，母親給我的第二次驚喜是一片葉子。甚至是葉子的一部份，就可以長出一棵植物。

有的葉子會在葉柄折斷處長出一株小苗，有的葉子邊緣缺刻處可以長出許多不定芽。甚至還有一些植物，如虎尾蘭或美鐵芋，即使葉片切成很多段，只要環境條件適合，幾乎每一段的切口都可以長根，長出一株新植物。

這是多肉植物有趣的葉片繁殖法。除了多肉植物，不少雨林植物，如秋海棠、紫金牛，也都可以如法炮製，不斷繁殖。試著想像一下，把自己五馬分屍，然後每一個部分都可以再長成一個跟原本自己一模一樣的完整個體，是不是令人頭皮發麻？

當然，植物不一樣，這樣比喻有點太誇張了，而且繁殖不是葉子的主要功能，並不是什麼植物都可以用葉子來無性繁殖。之所以能長出一棵植物，一方面是因為葉片還保留了分化的能力，一方面是因為葉片可以提供萌發一棵新植物的一切能量。這就不得不提葉子對於植物，甚至整個地球生態系的重要功能——光合作用。

光合作用是植物吸收陽光的能量，藉由葉肉細胞裡的葉綠體，將原本不帶能量的二

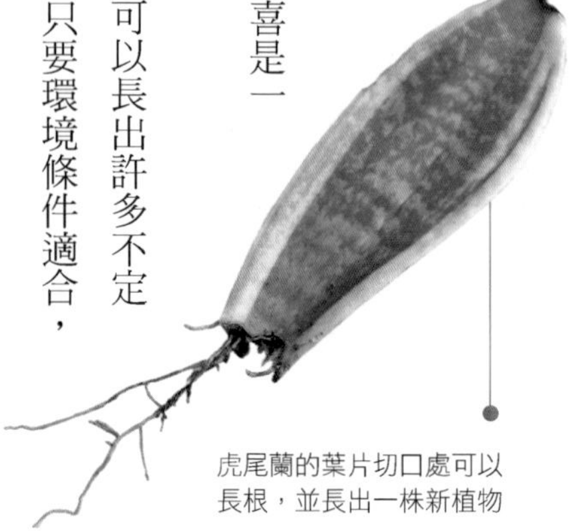

虎尾蘭的葉片切口處可以長根，並長出一株新植物

氧化碳和水，轉化成具有能量的葡萄糖。這個過程之所以如此重要，是因為能量可以被固定在植物體內，並且排出氧氣與水氣。這堪稱地球上最重要的化學反應。因為植物非但提供了所有生物呼吸時必須要的氧氣，動物還可以藉由取食植物獲得能量，進一步產生食物鏈，整個地球才得以生生不息。

光合作用以外，葉片第二個重要的功能是蒸散作用。植物的根系吸收土壤中的水分，只有一小部分會經由光合作用的化學反應式被固定下來，九成以上都會在葉片的氣孔打開，吸收二氧化碳時，散失到空氣中。這就是蒸散作用。

為什麼植物要如此浪費水呢？以一百公尺的大樹為例，樹木體內並沒有加壓馬達可以將水分從地底下打到樹冠。但是，植物的維管束就像吸管一樣，會發生虹吸現象。當水分不斷散失到空氣中，便形成強大的拉力，將水不斷的往上送，經過樹幹、枝條、葉脈、葉肉，傳遍整個植物體，最後再離開植物，進入大氣之中。

透過蒸散作用，在炎熱的氣候中，水會帶走熱量，降低植物體內的溫度，就如同人類會流汗一樣。而且，當植物量夠大，例如一整座森林，植物的蒸散作用在地球的水循環就會扮演不可或缺的角色。例如雨林裡，大約有三成的降雨會進入植物體內，然後經由蒸散作用回到大氣。如此一來，不但形成雨林恆定的空氣濕度，也提高了降雨的機率，讓水可以在地球上循環往復。

這就是為什麼光合作用與蒸散作用如此重要，不但提供一切生命所需的能量、氧氣，還影響了水的循環。砍伐森林，會造成水及二氧化碳循環改變，影響氣候條件，造成氣候變遷，降雨及乾旱越來越極端。

回到葉子，了解葉子兩大功能——光合作用與蒸散作用，是了解植物多樣性的樞機。葉子的形態之所以千變萬化，都是為了適應不同生態環境當中的光線、降雨量及氣溫條件的差異，還有降低被取食的可能。

舉例來說，在熱帶雨林，因為降雨量高，葉片往往相對巨大。一來，有足夠的雨量跟濕度可以支撐這麼大的葉片；二來，植物可以排除過多的熱。此外，同樣是雨林植物，因為樹冠層輻射強、溫度高，樹木為了避免被灼傷，反射過多的陽光，葉片往往較厚，表面具有蠟質，下垂而非平展；嫩葉更常常因為有較多花青素而呈紅色或紫紅色，科學家認為這項特點，一來可以保護尚未發育完全的葉綠體，避免被太強的輻射線給破壞，二來能降低植食性昆蟲取食。

雨林樹冠層以下的植物，葉片為了競爭

臘腸樹的新葉泛紅，可以避免新葉曬傷，還能夠減少被昆蟲啃咬的機會

更多的陽光，加上雨林裡濕度恆定，往往更加巨大，而且演化出裂片、孔洞，各式各樣讓陽光有機會穿透到下層的形態，並且減少因為面積巨大而造成破壞的可能。此外，葉表面光滑，葉緣全緣，有會滴水的葉尖，且葉片下垂而非平展，更是為了避免雨水在葉表面停留而滋生黴菌的機會。

而雨林下層植物葉片產生虹光現象，一來是為了提高在陰暗環境光合作用的效率，二來能欺騙草食動物，減少被取食的機率。萬一大樹倒下突然失去遮蔽，也可以反射較多不需要的可見光，避免瞬間的強光破壞葉綠素。另外，雨林裡不只植物多樣性高，吃植物的動物也非常多。底層植物演化出各種斑點、顏色，有的模仿昆蟲的卵，有的讓自己看起來像病菌感染，有的像是被蟲吃過，有的單純讓自己不像葉子，有的則積極警告動物「我有毒」，都是為了避免被吃掉。還有葉子長毛、長刺，有特殊的味道，也都是同樣的道理。

熱帶植物演化出複葉，一樣也有上述種種好處。葉片巨大化後，變成複葉可以避免葉子受力面積過大，減少被啃咬後因為細菌入侵，造成整片葉子報銷的風險。而且同樣可以使光線透過，不讓上層葉子遮蔽[13]。

在終年乾燥的草原或沙漠，葉子往另外一個極端演化，開始縮小。有的甚至退化成針狀，減少水分散失；有的變成肥厚的狀態，具備儲水能力。在較寒冷環境中植物也演

13 關於雨林植物葉片的特化，包含羽狀複葉、斑紋、虹光現象，可以進一步參考《看不見的雨林——福爾摩沙雨林植物誌》

化出較細小的針狀葉，則是為了降低熱量的散失。

在風特別強的環境裡，植物葉片也有適應的方法。像棕櫚科植物這樣的葉子就具有強壯且富彈性的葉軸，符合空氣力學的細長羽片。在缺乏氮等植物生長所需營養的土地，有的植物葉片還特化成捕蟲構造，如豬籠草、捕蠅草、毛氈苔。

因為地球上各地方的環境不同，造就了各式各樣的葉片。一方面讓植物學家讚嘆不已，卻也讓初入門想認識植物的人莫衷一是。於是，為了讓大家可以互相理解，植物學家制定了一套描述葉片的語言。從葉子在莖上的排列方式開始，相對簡單的互生、對生、輪生、叢生，再來描述葉子的外型、葉子的邊緣、葉子的基部與尖端。

另外，葉子本身是單葉或複葉也有一些區別，因為顛覆大家對「一片葉子」的想像，所以對初學者造成門檻。但是我常說的，不要死記硬背「複葉」，而是去理解它。先理解什麼是莖，直接從莖上長出來的才稱作葉，這樣就容易判斷究竟哪些是單葉，哪些是複葉。此外，累積大量實務觀察經驗，理解植物為什麼要長出複葉，從植物演化的角度去看，不要死記奇數、偶數羽狀複葉。才能減少判斷錯誤的機會。

舉例來說，一般大家常誤以為芹菜食用的部分是莖，因為從小幫忙挑菜的時候，大人總是會交代葉子的部分摘掉。事實上，我們食用芹菜的部分是葉柄，被我們摘掉的葉子，植物學上稱為小葉或羽片。如果把芹菜整株連根拔起，就可以發現芹菜具有很短卻明顯分節的莖，莖以上全部都屬於葉的部分。進一步將芹菜橫切，可以觀察到芹菜的維管束都集中在靠外有葉脈的一側，而不是像莖會圍成一圈。這些都是輔助判斷莖與葉片區別的方式，下次有機會買芹菜，建議大家可以仔細觀察。

形態學的介紹，過去往往會放在植物圖鑑的最前面或最後面，像是「說明書」一樣的存在。可是，包括我，一開始都直接跳過，迫不及待想認識每一種植物。直到發現很多長得非常相似的植物，卻無法有效區分之後，才回過頭來熟悉這些葉片的形態學名稱。

一開始就要求大家記憶植物形態學的名稱意義不大，我反而建議大家不要背誦，觀察植物時拿著葉片形態表去比對即可。把腦袋空出來，藉由植物葉片去探究植物原本生活的環境，了解植物為什麼會長成這個樣子，才是學習植物趣味所在。

畢竟葉子肩負生態系中最重要的光合作用任務，是植物不可或缺，幾乎隨時隨地都存在的器官。葉子的大小、形態，與氣候條件高度正相關。因此，歸納起來，認識葉子的重點只有一個——植物究竟生長在何種環境。

一般食用的是芹菜的葉柄，從橫切面就可以看到它的維管束只分布在一側

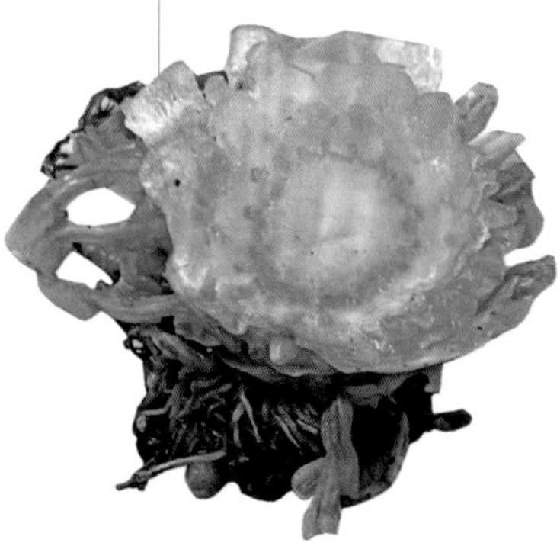

芹菜的莖很短，但是可以看出來維管束長成一圈

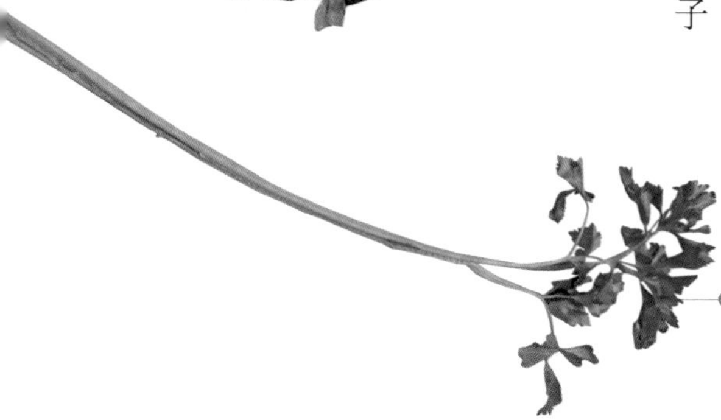

芹菜是二回羽狀複葉，這整個稱作一片葉子

# 虎尾蘭

**學　名**｜*Dracaena trifasciata* (Prain) Mabb./
*Sansevieria trifasciata* Prain

**科　名**｜天門冬科（Asparagaceae）假葉樹亞科（Nolinoideae）／龍舌蘭科（Agavaceae）

**原產地**｜奈及利亞、喀麥隆、中非共和國、赤道幾內亞、加彭、剛果、薩伊

**生育地**｜森林邊緣，明亮半遮陰處

**海拔高**｜500-1200m

多年生草本，具地下莖。葉叢生，螺旋排列，厚革質，全緣。花白色，六瓣，總狀排列的繖形花序，腋生。漿果球形，成熟時橘紅色。

虎尾蘭類植物有數十種，其中最常見的虎尾蘭就有長葉、短葉、銀葉、黃邊等許多品種。雖然名稱裡有蘭，虎尾蘭卻不是蘭花，二〇一七年後新的分類將它歸在龍血樹屬。

因為容易栽培，耐陰又耐旱，無論室內室外，都是常見的觀賞植物。在草藥應用上，將它用於外敷，治療一些外傷。因為葉片纖維可以做弓弦，又稱弓弦麻。

黃邊虎尾蘭也十分常見

扇葉虎尾蘭跟棒葉虎尾蘭是田代安定所引進

文獻上記載，虎尾蘭最早是荷蘭時期引進，不過歷史文獻中都沒有找到相關紀錄。比較確定的是日治時期，一八九八年福羽逸人曾經寄贈黃邊虎尾蘭，一九〇一年十月田代安定也自日本引進棒葉虎尾蘭[14]跟扇葉虎尾蘭[15]。而後，日治時期，以及一九六〇年代又引進了一些不同的品種。二〇二〇年觀葉植物流行風潮中，一些較特殊的種類被引進，成為大家蒐藏的目標。

短葉虎尾蘭植株矮小，也十分受歡迎

台灣低海拔次生林常可以見到人工栽培的虎尾蘭蔓生一整片

虎尾蘭十分容易開花

14 學名：*Dracaena angolensis* (Welw. ex Carrière) Byng & Christenh.，過去使用的 *Sansevieria cylindrica* Bojer ex Hook. 是同種異名

15 學名：*Dracaena hyacinthoides* (L.) Mabb.，過去使用的 *Sansevieria grandis* Hook.f. 是同種異名

# 落地生根

**學　名** | *Kalanchoe pinnata* (Lam.) Pers./*Bryophyllum pinnatum* (Lam.) Oken/*Cotyledon pinnata* Lam.

**科　名** | 景天科（Crassulaceae）

**原產地** | 馬達加斯加

**生育地** | 灌叢

**海拔高** | 0-500m

多肉質草本，直立生長。單葉或一回羽狀複葉，十字對生，偶見三葉輪生，齒狀緣。花紅色，四裂，複聚繖花序頂生。蓇葖果。

落地生根這個屬，又稱為伽藍菜屬、燈籠草屬或長壽花屬，屬名來自廣東話伽藍菜。除了落地生根與長壽花，該屬還有許多常見的觀賞植物都是來自非洲。如原生於東非南部與南非北部的唐印[16]；葉緣有許多不定芽的蕾絲姑娘，也常被稱為落地生根，來自馬達加斯加[17]；屋頂、牆角到處可見的洋吊鐘[18]，來自馬達加斯加，生命力極強，有時候又稱為不死鳥或棒葉落地生根。

16 學名：*Kalanchoe thyrsiflora* Harv.
17 學名：*Kalanchoe laetivirens* Desc.
18 學名：*Kalanchoe delagoensis* Eckl. & Zeyh.

落地生根的花是倒吊的鐘狀，所以又有倒吊蓮、天燈籠、古仔燈之稱

落地生根的葉片包含單葉、三出複葉、一回羽狀複葉，十分多變

蕾絲姑娘葉緣常會長出許多不定芽，落地後便可以發育成一棵新的植株

唐印是 1971 年自日本引進，同樣是來自非洲的伽藍菜屬多肉植物

只要有一點點土就可以生長的洋吊鐘，又常被稱為不死鳥

# 芹菜

**學　名**｜*Apium graveolens* L.

**科　名**｜繖形科（Apiaceae）

**原產地**｜歐洲、北非、西亞、中亞

**生育地**｜潮濕地或沼澤

**海拔高**｜平地

兩年生草本，莖極短，高可達 1 公尺。一到二回羽複葉，互生，鋸齒緣。花細小，白色，複聚繖花序頂生。離果。

大家熟悉的芹菜，也是原生於地中海周邊國家的蔬菜。無論是大家熟悉較纖細且顏色偏黃的一般芹菜、中空的芹菜管，又或者是西洋芹，都是相同物種下的不同品種。

考古學家發現，西元前一千三百多年，著名的埃及法老王圖坦卡門的金字塔中就曾出現芹菜作為花環。在古希臘神話中，芹菜是從冥神血液中長出來的植物，因此芹菜常被做成死者的花環。

芹菜又稱旱芹，名稱用來跟東亞原生的水芹區別。引進東亞年代難以確定，一般認為在漢代到南北朝之間。引進台灣的年代也十分久遠，十七世紀末《台灣府志》中已有芹菜的紀錄。

芹菜是大家十分熟悉的蔬菜

中南部栽培及採收芹菜的盛況

## 根在地底下到底有多深

### 根的定位

台語俚語：「樹頭顧乎在，不怕樹尾做風颱。」意思是只要顧好樹根，足夠穩固，樹冠就不怕遇到颱風。引申有鞏固根本之意。

但不曉得大家是否想過，樹木的根系在地底下究竟有多深？或許有些人會認為：「樹有多高，根就有多深。」或是「樹的根系應該跟樹冠差不多大吧！」事實上，在自然環境中，樹木的根系很少超過兩公尺深，而且主要都是集中在一公尺以內。

道理很簡單，因為樹木的根系需要「呼吸」；太深的地方缺乏氧氣，根部無法正常呼吸。我自己就曾經在棲蘭山觀察過被颱風吹倒的檜木，樹幹基部直徑超過一公尺，樹高起碼二十多公尺，倒下後露在外的根盤高約兩層樓，但是根系深度卻大約只有兩公尺。

如此一來，數十公尺的大樹要怎麼站穩呢？在森林裡，樹木的根系非常廣，比樹冠幅更寬。而且根不但會自體癒合，還會與鄰近樹木的根系交織成一張複雜的根盤。就彷彿是整座森林的樹木都綁在一起一樣，十分穩固。

這都還只是物理結構的部分。加拿大森林學家蘇珊・希瑪爾藉由放射性同位素來進行研究追蹤，發現不同物種的樹木之間，藉由藏在地底下的真菌所形成的複雜網路，彼此可以交換水分、營養物質，甚至防禦酵素，一起克服乾旱、病蟲害等逆境。這些發現讓我們對森林、對植物根系之於植物以及整個森林生態系的重要性有了更多了解。

回到植物本身，雖然多數植物根系深度不超過兩公尺，但也不是說植物的根系就一定不能長很深。土壤質地不同，氣候條件不同，植物根系的深度還是會有差異；像是在沙漠之中，植物根系為了尋找水源，可以長得非常深。

此外，仍舊有少數植物的根不在土壤中，而是露在空氣之中，除了吸引大家的注意，同樣也像葉片形態，能夠反映植物的生長環境。以來自馬斯克林群島的紅刺露兜樹為例，它應該是少數「賞根」的景觀植物吧！樹幹基部粗大且發達的支柱根，像八爪章魚一樣

緊緊抓著地面，是它的特色，也是它在原生地生存的重要策略。

紅刺露兜樹跟台灣海邊常見的林投是同屬植物，形態有許多相似的地方，生長環境也雷同，都是海岸林。這樣的環境風沙大，支柱根可以協助固定植物體。

除了露兜樹這類植物之外，熱帶雨林裡很多喬木都有支柱根。除了可以在泥濘的土地上站穩，支柱根還可以協助樹木在土壤含水率幾乎飽和的雨林交換氣體，甚至擴張地盤。還有一些雨林植物選擇形成板根，如鳳凰木、火焰木，也同樣是為了克服雨林潮濕的環境。

另有一些植物，因為不是長在泥土裡，而是著生在樹木或岩石上，根系露在空氣當中，稱之為氣生根。除了可以攔截空氣中的水蒸氣，還可以牢牢抓住附著物，甚至可以行光合作用。

最神奇的是某些天南星科植物，簡直就是陸海空三棲。爬在樹上的時候會長出氣生根；爬在土表則長出與一般植物相似的根；在泡水的環境下，則又出現類似水生植物的根系。

還有寄生植物，根可以鑽進寄主的組織當中，偷取養分。當然，有一些根系可以儲存養分，如大家熟悉的蘿蔔、胡蘿蔔，整個主根膨大，或是番薯、樹藷，則在根末端形成塊根。

不過，在這邊也要特別強調，市面上觀賞植物的分類，有時候跟植物學上的定義不一樣。像是地下有儲藏器官的植物常被稱為「球根植物」，如火球花；但多數時候，這

檜木的倒木可以發現，根系深度大概只有兩公尺

這兩年流行的「塊根植物」，很多其實是莖部膨大

些球狀構造是植物的鱗莖或球莖，而不是根部。還有這兩年跟觀葉植物一起流行的所謂「塊根植物」，很多其實都是莖部膨大，尤其是木本植物。從塊根植物的英文 Caudex 也可以看出端倪，Caudex 源自拉丁文，意思是樹幹，英文用來指木本植物為了儲水而膨大的莖。

那麼，科學家究竟怎麼區分根與莖呢？除了外觀上莖有節與節間，解剖後，莖與根的維管束排列方式也不同。莖的維管束是環狀，環繞整個莖一圈；而根的維管束則像一個中軸，在根的中央。

大多數人沒有學過植物學，不瞭解植物學上對根、莖、葉的定義，所以容易搞混。連著三篇講這三個器官，除了希望讓大家對於植物器官，還有植物學家怎麼區分這些構造有更多的認識，也希望大家可以從生態角度去了解植物的器官，為什麼會有這麼多的變化。

# 紅刺露兜樹

**學　名**｜*Pandanus utilis* Bory

**科　名**｜露兜樹科（Pandanaceae）

**原產地**｜模里西斯、留尼旺、羅格里格

**生育地**｜海岸林

**海拔高**｜近海岸

小喬木，高可達20公尺。分枝少，樹幹基部有發達的支柱根。葉細長如劍，葉緣有硬刺，螺旋排列於莖頂。單性花，雌雄異株。雄花是總狀排列的佛焰花序，佛焰苞白色；雌花頭狀花序，苞片白色。聚合果。

紅刺露兜樹約莫於一九九〇年代引進，因為造型奇特，很快就遍布全台。早期認為是馬達加斯加島特有植物，近年來研究，應該是來自馬斯克林群島。

紅刺露兜樹的雄花序下垂，十分特殊（攝影／陳志雄）

紅刺露兜樹有發達的支柱根，也常被栽培做景觀植物

紅刺露兜樹的果實與林投類似（攝影／王秋美）

# 洛神花到底是不是花？

## 天書一般的花朵與花序

賞花是許多人喜歡的活動？但有的花長得不像花，有些像花又不是真的花。喜歡賞花的你，可以分辨哪些是真花，哪些不是花嗎？

舉例來說，大家都十分熟悉的洛神花，既可煮解渴的洛神花茶，還可以加工做成蜜餞、果醬。名稱上有個「花」，但它是花嗎？事實上，市面上販售的洛神花不是一朵完整的花，而是洛神的花萼，在花凋謝後發育而成，包裹在整個果實之外。只要實際栽培過洛神，看過它開花就會發現洛神花不是真的花。

相對於根、莖、葉三個營養器官，花、果實、種子是植物的繁殖器官。其中，最引人注意，我想是花吧！為了順利授粉，繁衍後代，植物無所不用其極。有的走誇張艷麗路線，有的是香味濃郁系列，有的屬於極端低調迷你花，當然也有少數只能用「怪美的」來形容。光是花，就可以寫一系列的書來介紹。

對於初接觸植物的人來說，先從一些常見花卉入門是不錯的選擇。因為花是植物相對穩定的器官，即使在不同環境，同一種植物的花基本上都還是一樣，頂多就是顏色深淺不同，不像葉片會有很大的差異。

一般食用的是洛神花萼後發育的肉質果托

早期沒有俗稱滴血認親的DNA技術前，植物學家是依花的形態特徵來替植物分類。先分成兩大類，花瓣可以一瓣一瓣剝下來的稱為離瓣花，花瓣基部合生成筒狀的稱為合瓣花。然後再參考雄蕊、雌蕊的個數，跟花瓣的排列方式等等條件，將植物分成不同科屬種。於是，花不再只是花，更可以說是認識植物、辨識植物的重要依據。

如果只是偶爾賞賞花，沒有常跟植物接觸，真的不需要認識這麼複雜的形態。但如果是植物從業人員，或者想從認識常見植物到認識很多植物，甚至自己找出不認識植物的名稱，就不能只是死背每一種花的名稱。學會怎麼看花，知道花的各部位名稱，如花冠、花瓣、花被片、花萼、萼片、花托、小苞片、總苞、雄蕊、雌蕊、柱頭、花柱、子房、心皮、花藥、花絲……這些是晉升到玩家或達人的重要關鍵。真的有心，一定要找一本形態學的書對著看一遍，每次看花，就跟著對照。搞不清楚這些名詞之間的關係，總是用差不多的態度來學，那永遠就只會差不多。

除了花朵本身，在我寫作過程中發現大家最害怕的不只有花，還有花的排列方式，專有名詞稱為「花序」。植物圖鑑裡，關於花序的描述，如總狀花序、繖形花序，都是看得懂的字，對於初學者來說卻彷彿天書一般的存在。

看起來千變萬化的花序，事實上都是從一種變化而來。先考慮花苞產生時，生長點是否還在，能否繼續長出新的花苞，以此區分成有限花序與無線花序兩大類。有限花序再分成單花及聚繖花序的各種變化。無限花序要把握的，其實是花梗跟花軸之間的關係。從最基礎的變化出所有花序類型。

我還是強調，不要死記硬背，要理解。花的形態重點只有一個，就是「排列組合」。排列組合有三層。第一層，是花本身所有構造：花瓣、花萼、花托、雄蕊、雌蕊的排列方式，掌握這些，什麼離辦花、合辦花，或是上位花、下位花，就可以一清二楚。第二層，花與花之間的排列規則，這就是所謂天書般的花序。第三層，是花跟枝葉的排列關係，這就相對簡單許多。不外長在枝條最末端，或是從節間長出；從節間長出的花，再看它是在有葉子的枝條、沒有葉子的枝條，或是樹幹上，如此而已。

千萬不要被那些複雜的形態迷惑，要以簡馭繁，搞清楚排列組合，就大致能夠掌握花朵形態的奧秘。

當然，花，不只迷人，更扮演生命延續的重責大任。其存在最重要的意義是繁殖。授粉成功與否是生命能不能延續的關鍵。因此，了解花跟花序以外，建議大家可以了解花授粉的方式。

花為了授粉，策略千奇百怪。有的為了避免自花授粉，雌花、雄花不同時間開，或是控制雌雄蕊的位置，如裂瓣朱槿，讓雌雄蕊不會碰到。有的呢，為了避免授粉失敗，選擇自花授粉。更多的則是跟授粉者一同演化出千奇百怪的姿態。或是配合授粉者的口器、出沒時間，或是設下陷阱，或是假裝成其他蝴蝶、假裝成競爭者……簡直不擇手段。

如馬達加斯加島的大彗星風蘭，因為三十公分的距[19]，讓達爾文[20]大膽判斷一定有一種口器長達三十公分的蛾。一開始大家都不相信會有這麼巨大的蛾，但是四十年後，達爾文逝世了，科學家真的發現了這樣的昆蟲。又過了整整一百年，科學家終於觀察到這種蛾替大彗星風蘭授粉的過程。

回憶大學植物形態學課程，每周都要在學校四處採花來觀察。回到實驗桌上，先觀察帶花的枝條，記錄其花序與葉片形態。然後將花各部位一一拆下來，弄清楚花瓣、花蕊的數量，也搞清楚這些構造彼此間的相對位置。

一次又一次，記錄各科植物花的特徵；一次又一次，反覆累積觀察植物的能力。不知不覺間加深了對植物各科形態特徵的印象。而每一種親自採過、觀察過的植物，就這樣深深烙印在腦海中。所以我由衷相信，觀察絕對是認識植物相當重要的過程。

19 植物花朵的特殊構造，通常是管狀或囊狀。

20 英文：Charles Robert Darwin

## 洛神花

**學　名** | *Hibiscus sabdariffa* L.

**科　名** | 錦葵科（Malvaceae）

**原產地** | 加納、奈及利亞、查德、中非、加彭、剛果、薩伊、蘇丹

**生育地** | 草地或灌叢

**海拔高** | 0-600m

一或二年生直立草本，高可達 3 公尺。單葉、互生、三角形或三到五裂，鋸齒緣。花大型，黃色泛淡紅色，單生於葉腋。總苞星狀，基部與花萼相連。花萼暗紅色，授粉後發育成肉質的果托，果實為蒴果。

洛神是音譯自英文 Roselle。原生於非洲草原，十六、十七世紀後陸續引進熱帶亞洲與拉丁美洲，一九一〇年藤根吉春自新加坡引進台灣。除了洛神果萼可以食用，洛神葉在緬甸等東南亞國家也當作蔬菜，用來煮酸湯，或和肉類食物一起煮，增加酸味。除此之外，莖幹纖維可以做麻繩。

洛神的蒴果包在後發育花萼內

洛神的掌狀裂葉，也可以當蔬菜食用

洛神真正的花類似朱槿花一般

# 蝦咪！哈密瓜與美濃瓜是親兄弟

## 果實與種子的秘密任務

水果、堅果、豆莢，是生活中我們常食用的果實，大家都不陌生。而且因為不同植物的果實往往具有明顯的特徵，所以很容易從果實認識植物。不過，生活中仍有一類水果，讓人感到困惑，那就是來自非洲與西亞的甜瓜。

住在鄉下阿公家的期間，因為舅公家栽培哈密瓜、洋香瓜、美濃瓜，所以我幾乎一年到頭都有瓜吃。印象中常迫不及待自己拿刀將哈密瓜或洋香瓜剖成兩半，將大量的種子去掉，用湯匙一口一口挖著吃。而美濃瓜較小，皮較薄，則是先削皮再去子，然後切成一塊一塊，用叉子慢慢品嚐。我一直以為它們是親戚，長大後才知道，原來不管是洋香瓜、哈密瓜，甚至是美濃瓜，竟然都是同一物種之下的不同品種。

當然，熟悉我其他著作的讀者一定都不陌生，我幾乎什麼蔬菜水果都吃。加上喜歡自己動手剝、削、切水果，累積了許多觀察水果的經驗。

除了水果，我們吃的還有一大類是乾燥的果實或種子，一般常被稱為堅果。但是市面上的各種堅果當中，以植物學的定義嚴格來看，只有栗子屬於堅果。其他都有各自不同的名稱。

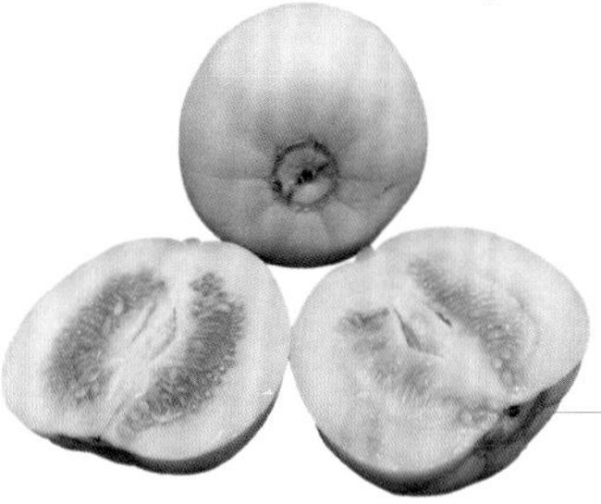

美濃瓜也是甜瓜的品種

蔬菜之中，有各種果實、種子，如大家不愛的苦瓜，同樣也是瓜果，另外還有豆子、各種茄、葵。當然，不要忘記，五穀雜糧也幾乎都是植物的果實或種子。

食用之外，很多果實或種子能夠乾燥，就像寶石一樣，成為大家收藏的目標。有的有翅膀、有的有刺；有的顏色鮮艷、有的造型奇特。部分種子或果實乾燥後十分堅硬，甚至能雕刻成藝品。如第一部介紹過的葫蘆果實、羅非亞椰子種子，就是常見的雕刻素材。

就跟花朵一樣，一般對植物各部位的俗稱比較含糊，但在植物學上，植物學家為了可以讓其他植物學家更容易理解，對於植物各部位有較為精準的定義。除了前述根、莖、葉、花朵，果實跟種子也是如此。科學家以花朵子房構造發育成果實的方式，將果實區分成許多不同的類型。

最好區分的當然就是裸子植物的毬果，直接拉出來。被子植物就複雜得多，大部分是一朵花形成一個果，但也有一些是整個花序形成一個果；這樣的例子不多，如鳳梨、諾麗果，或是桑葚、波羅蜜這些桑科植物，就是整個花序一起發育成一個果，成為複果。比較特殊的是桑科榕屬的隱頭花序，自己發展成隱花果，也就是俗稱的無花果。

一朵花形成的果可以再分成兩種。一種是很多子房發育成小果，小果再組成一個大果；如釋迦、草莓，就是這類，稱為聚合果。其他一朵花形成一個果，可以再看果實的構造，概分成肉果與乾果兩類。乾果依成熟後會不會裂開，分成會裂開的裂果，以及不會裂開的閉果兩大類。然後再考慮各自心皮的數目、種子與果實的關係，細分之。同樣道理，肉果也是考慮其發育過程，子房數目、子房上下位區分。學習時不要死背，觀察並理解它的發育過程就可以了。

葉子的功能是光合作用，形態跟環境相關。花的角色是授粉，形態跟授粉者有關，形態重點在排列組合關係。果實帶著種子，最大的任務是長出新植物，當然就與傳播方式密不可分。如果是靠風，種子或果實就需要十分輕細，而且常常會有翅膀或是毛等附屬構造，如火焰木種子外就有薄膜狀的翅膀。如果靠水，通常密度會很低，而且皮很厚，才可以在水面上長時間旅行，椰子就是這類果實的典型。靠動物傳播，有的會黏，有的有勾刺，有的則是提供好吃的果肉，大部分的水果屬之。還有一些植物更加積極，藉由果皮兩側組織纖維厚度、長度不同，發展出捲曲彈射或是炸開等物理傳播方式。少數利用森林大火傳播的種子，會在大火之後才開裂。生態上我們稱之為火災適存植物。

種子本身的大小，與母體提供的養分相關。一般來說，種子小的植物往往可以傳播得很遠，它們的種子數量多，可以經過很長時間都還具有發芽能力。初發芽時植株細小，往往選擇在開闊、裸露的地方生長，遇到適合環境就會快速發芽、長大，整棵植物的生命週期短，一般生態學上又稱為陽性植物。本文開頭提到的甜瓜、苦瓜，就是屬於這類植物。

種子巨大的植物傳播距離容易受限，種子數量要比細小種子的植物少得多，脫離果實或母株之後沒有馬上發芽往往會快速失去發芽能力。發芽時植株通常就十分高大，耐陰性佳，幼苗期與生命週期長，一般生態學上又稱為陰性植物。當然，生命總有例外，

甜瓜是蔓性藤本（攝影／王秋美）

為了適應地球上各式各樣的環境，總是會有落在兩個極端中間的物種。

本章藉由個別植物，依序帶大家認識植物的莖、葉、根、花、果實與種子等六大器官，並跟大家分享個人學習形態學的心法。希望大家不要死背，而是從個別器官去了解為什麼植物會長成大家所見的樣子，並藉由這些器官去了解植物背後的生態。我由衷相信，這才是生命最引人入勝之處。

## 甜瓜

**學　名**｜*Cucumis melo* L.

**科　名**｜瓜科（Cucurbitaceae）

**原產地**｜東非、西亞

**生育地**｜荒地、草地、疏林，特別是河岸

**海拔高**｜0-1220m

一年生草質藤本，莖被毛。單葉，互生，鋸齒緣，葉柄被毛。單性花，雌雄同株，花瓣五裂，黃色，腋生。瓜果，橢圓形或扁球形。甜瓜品種眾多，其中日治時期引進的美濃瓜，因為日文「メロン」直接音譯英文Melon，音似梅弄，久而久之便成了美濃瓜。

甜瓜的橫切面與縱切面，
不同品種顏色有明顯差異

有網紋的哈密瓜與皮光滑的洋香瓜都是甜瓜的品種

甜瓜也是開黃花，與其他瓜科相似（攝影／王秋美）

# 觀察植物，還差一門「形態學」的距離

「我只是想認識植物，一定要學植物分類學嗎？」其實，你有更簡單的選擇。

我有幾個朋友，疫情後開始在辦公室種植物，越種越感興趣，生活也開始出現變化。原先走過路過沒有注意過的花草樹木，似乎變得不太一樣。忍不住會去留意那些花朵，想知道它會香嗎？是不是好栽種？但卻不知道怎麼去查詢這些植物。拍照想詢問植物名稱，有時又不好意思開口。

還有一個朋友，原本對植物一竅不通，開始學習芳香療法後，卻要背誦一大堆芳香植物的名稱、學名、科屬……學得好痛苦！特別是課本上那些長得十分相似的精油植物，如錫蘭肉桂與中國肉桂、熱帶羅勒與神聖羅勒、羅馬洋甘菊與德國洋甘菊，該怎麼分辨跟記憶？除了「氣質」不同，他一直想知道有沒有更簡單，或是更有系統的記憶方式。

朋友們來找我，讓我有機會發現大家的需求與困擾。其實，認識植物是有方法的。不論是辨識植物的差異，或是記憶植物的科屬，並非植物相關科系畢業生的專利，只要有心，任何人都可以做得很好。就像許多生活在鄉下自己種植作物的阿公阿嬤，或是經常上菜市場買菜的朋友，隨便就能夠認得數十，甚至上百種植物。原因無他，常觀察而已。

不過，學習認識植物之前一定要先了解，植物辨識並不等於植物分類。植物分類是科學家做的事，背後牽扯許多複雜又深奧的理論。但是植物辨識，就像玩看圖找出兩邊不一樣的遊戲。想要快速發現不同，需要細心，也需要實際的觀察經驗累積。

很多對植物陌生的人會覺得，植物都長那麼像，到底是要怎麼區分。其實，是否能夠區別的關鍵，不在植物差異度有多大，而是願不願意主動觀察。植物差異再大，不觀察永遠都不會發現；差異再小，就像是雙胞胎的父母，天天看，一定會找到很多區別。

一般辨識植物，都是從最容易接觸到的葉片著手。只要觀察夠細微，單憑葉片就可以完全區分出不同。因為仔細看就會發現，不同植物的葉片質地、顏色、形狀、葉身跟葉柄連接方式、葉脈顏色，都會有不太一樣的地方。甚至同一種植物的葉片，在不同環境、不同季節、開花前後，也可能有所差異。光是觀察葉片就是一門學問。

除了葉片本身，還可進一步觀察葉片在莖上的排列方式，有沒有毛、刺，或其他附屬物，有沒有托葉等構造。當然，也能在不同季節去觀察葉片以外的器官，如花、果、種子。另外還有相對不容易觀察的部分，則是植物發芽長大的過程。葉片的樣貌會一直轉變，十分有趣，也充滿驚奇。

觀察過程可以搭配有系統的記錄，無論是繪圖、拍照、文字、眼腦並用，都可以。但要考慮的點是，如何讓這份紀錄有規則可循，便於自己將來回顧，或是跟其他人交流。

這時候，想要輕鬆愉快，絕不能不認識植物的六大器官：根、莖、葉、花、果實、種子，更不能跳過植物圖鑑當中，關於葉片、葉序、花朵、花序等「形態」專有名詞的介紹。

那麼，植物形態究竟是什麼呢？簡單來說就是進入植物世界的語言。那些看似天書般的植物形態術語，不過就是科學家描述植物長相、外貌的用字遣詞。不是要增加學習者的困擾，而是要替大家建立基礎，方便溝通。

學會這一切，就像是讀懂植物圖鑑的說明書一樣，知道哪些關鍵形態可以輔助區分相似的植物，認識植物便具有系統化的方法，不再需要一味死記硬背，學習能夠事半功倍。未來看到特別的植物，不用人導覽也可以自己觀察跟學習。

如果不學植物形態學，就好像不懂植物圈的語言，進入植物世界永遠需要一個專家來翻譯。不但與植物之間隔了一層紗，植物長相傻傻分不清楚，看過就忘，自己學習植物應用也無法提高一個層次，只能留在被動吸收的階段，無法主動學習新知。

如果是一般植物愛好者想自學，強烈建議從形態學打好基礎；如果是植物相關從業人員，更加不能忽略形態學的重要性。李時珍在《本草綱目》提到：「天造地化而草木生焉……茍不察其精微，審其善惡，其何以權七方、衡十劑而寄死生耶？」由此可知觀察植物，了解植物的細節，絕對是每個植物相關從業人員不可或缺的技能。

從死記到活用，從植物應用產業的學徒到大師，就差一門「植物形態學」的距離。不懂怎麼觀察植物，不懂植物形態學，千萬別說自己正走在自學植物學的道路。

# 看山還是山的境界

## 我如何認識植物

不管是私下互動，或是在各地分享，常有人問我如何認識很多植物。不過，三言兩語總是解釋不清，所以特別寫這篇文跟大家分享「我如何認識植物」。整理了從簡單到進階的方式，還有遇到不認識的植物該怎麼求救。

植物種類繁多，該如何認識？又為什麼要認識植物呢？我個人覺得認識植物是一種興趣，除了植物本身的生態，還有植物背後相關的歷史文化。

如果是喜歡接觸大自然，認識植物可以幫助我們野外求生。在爬山或健行的過程，觀察植物可以成為一種趣味。如果是喜歡在家栽種花花草草，認識植物更是提高栽培技巧的必要過程。

如果只是種幾種好玩的，那是不是認識這些植物或許沒有太大差別。但是當想要種的種類越來越多，想要種好，而不只是種活，認識這些植物就非常有意義。就好像人有個性，每種植物也有自己的個性，不同植物的栽培方式也有所不同。知道植物的名字後，才有機會進一步去了解它原本的生活環境、氣候、生育地等狀況。藉由這些資訊、調整它的介質、澆水頻度、光照、施肥等栽種植物會面臨的問題。

如果事先不做功課，把著生植物種在土裡、把林下植物種在全日照環境，或是把沙漠植物放在室外淋雨一週，輕則植物體弱、生病，重則死亡。所以我認為在栽培植物前先認識它是很重要的環節，除了降低失敗的機率，更代表對植物、對生命的尊重。

就像學習語言有自然學習法與系統學習法，認識植物也是如此。過去農村社會，因為生活所需，自然而然會認識各種作物，區分哪些是菜、哪些是草、哪些是果樹、哪些有藥用……只要常接觸，起碼可以認識百來種。

都市化後，想認識植物可能就要從公園、綠地下手。以自然學習法來說，網路資訊不發達的時代，翻圖鑑是最快速的方式，正確率也高。早期鄭元春老師的著作《台灣常見的野花》、《台灣的海濱植物》、章錦瑜老師《室內觀賞植物》、薛聰賢老師《台灣花卉實用圖鑑》全集……一直到近代，郭城孟老師的《蕨

類圖鑑》、夏洛特老師的《雨林植物觀賞與栽培圖鑑》、《食蟲植物觀賞與栽培圖鑑》、葉子老師《原來喬木這麼美》、《原來野花這麼美》、陳坤燦老師《愛花人集合！300種最新花卉栽培與應用》、鐘詩文老師《台灣原生植物全圖鑑》等，都是很棒的工具書。

隨著資訊普及，部落格或植物論壇也成為大家認識植物很便利的工具。例如「一個人與花草的生活」、「福星花園」、「愛花人集合！」、「胖胖樹的熱帶雨林」等部落格，或是快被遺忘的「塔內植物園」、「花花世界」等論壇，也都有大量且系統化的資訊。

進入臉書時代，只要參加幾個植物社團，每天一直看大量的照片，也可以快速的從無到上百種。推薦社團如「Taiwan 雨林探險家」、「阿草伯藥用植物園」、「新興水果研究社」、「瘋植物學院」等等，裡頭高手如雲，PO出來的植物千奇百怪。當然，外語能力不錯也可以加入一些國際性的植物社團，可以看到的東西又會更多更廣。只是社團中的資訊有時候不見得都正確，需要花一些時間區別名稱及相關訊息的對錯。

以上這都是在沒有系統化訓練之前，藉由大量接觸的方式來快速認識植物。分辨植物的方式靠的是「氣質」。一些常見或形態較特殊的植物，例如葉片巨大的麵包樹、開花時的風鈴木、鳳凰木，或是常見的九重葛、黃金葛、虎尾蘭、馬纓丹、台灣欒樹等等，大概都可以快速被記憶。即使記不得，也可以對植物名稱、科屬有一些基本的概念。

然而，認識植物到達一定的量之後，往往會開始產生瓶頸。認識植物會從看山是山進到看山不是山的階段，開始發現很多植物很類似，好像是A、又好像是B或C。例如，把沒有開花的耳豆樹、摩鹿加合歡都當成鳳凰木，例如香楠、紅楠、大葉楠的區分，例如水杉與落羽松，或是廣東油桐與木油桐的區別。這時候就需要進入系統化的學習方式。

系統化的學習方式，可以藉由參加一些植物的講座、課程入門，也可以買書自修。但不論如何，都要開始學會認識並描述植物的形態。要成為真正的「植物人」，總得懂一些植物圈描述植物最基本的術語，也就是「行話」。這是「有效溝通」的第一步。

不然可能就會有把雀榕托葉當作落花，搞不清楚什麼是「一片葉子」的情況發生。一些平常對植物沒有興趣的朋友，出國偶然看到幾種自己覺得特別的植物想要發問，隨手拍張照，有時候拍得很模糊，有時候是沒有拍到關鍵特徵。如果只是隨口問問，問不到答案，通常就算了，畢竟只是一時好奇罷了。但如果是真心想認識植物，無法準確描述植物特徵，沒有拍到有效的關鍵形態，都會造成被詢問者的困擾，想幫也幫不上忙。

例如以下詢問：「我在國外看到一棵很漂亮的樹，花紫色的，葉子綠綠的，樹高高的……」這個描述幾乎無效。但是如果變成「我在國外看到一棵很漂亮的樹，花紫色的，合辦花，花冠筒先端五裂，圓錐花序頂生，二回羽狀複葉，對生。」這樣就會有八、九成的把握是藍花楹。這描述對於不是植物圈的人會覺得是天書，明明是華文卻不知道什麼意思，但只要有基礎的形態概念，就很容易了解。就算原本不認識藍花楹，也可以藉由檢索表慢慢找出答案。

再回到學習過程中，就算已經認識上千種植物，這世界上數以萬計的植物，不認識的永遠比認識的多。遇到不認識的植物又該怎麼辦？這部分可以分為自救或向外求救。

自救很容易理解，最簡單的方式是自己翻圖鑑。進階一點可藉由植物的形態特徵，透過「檢索表」一步一步找到答案。那向外求救又是向誰，以及如何求救呢？大部分人想到的是問植物專家、老師。但是如果都沒有認識的人可以問呢？或許可以尋求ＡＩ的幫忙。

一般來說，不管是栽培的植物，或是台灣野生的植物，通常都會有人認識。想「快速」知道答案，可以到前面提過的臉書植物社團求助，或是專門讓人問植物的社團，如「這是什麼花」或「拜託～～幫我鑑定一下這棵植物好不好嘛」。如果是特殊的植物類群，也可以直接到不同類群的社團求教，可能會更有效。不過，又回到前面的命題，請人幫忙要提供足夠的訊息，照片有對焦且清楚是基本，該拍的重要特徵不可以漏掉。不然就算網路上高手如雲，一樣無解。當然，有時候還是會遇到完全沒有人認識的植物，這時候又回到自救這條路。想自己查，就需要完整的植物形態特徵，除了枝葉，更要有花果，才可以藉由「檢索表」慢慢找到答案。

再來說說智慧手機的植物辨識ＡＰＰ。以較多人熟悉的「形色」來說，優點是，常見的花卉正確率其實不低，可以快速幫助分辨是哪一類的植物。缺點是，這是一款中國開發的軟體，通常答案都是中國使用的俗名，容易跟台灣常見的名稱搞混。例如台灣所稱的黑板樹，在「形色」會稱為麵條樹，有黃金雨美稱的阿勃勒，「形色」給的答案是「臘腸樹」——這個答案在中國不算錯，但是與台灣一般所稱的臘腸樹截然不同。還有黃金葛，「形色」會告訴你那叫做綠蘿，得到了答案，卻是一個無法跟台灣的花店或植物愛好者溝通的俗名。

或是使用 Google 智慧鏡頭。常見的植物判斷正確率很高。只要特徵夠特別，照片夠清楚，就算是國內不常見的植物也可以辨識。雖然有時候判斷會有一點點誤差，但是會提供一些不同的建議答案，可以幫助判斷。優點是，速度快，隨時隨地可用，不需要帳號，也無需費用，而且任何生物都可以查，不限於植物。缺點是，越罕見稀有，越少人上傳過照片的生物，判斷成功率越低。

如果是熟悉拉丁文學名的生物愛好者，建議可以使用「inaturalist」，簡稱 iNat，台灣版稱為愛自然。，這是一款動植物都可以辨識的ＡＰＰ，也是生物愛好者的社群，許多生物學家、玩家都有使用，有學名也有在地名稱，正確性會高很多。即使當下ＡＩ無法給出適當建議，也會有其他生物學家給建議。不管在哪個國家拍的動植物，都可以上傳求助，十分便利，是一款適合公民科學家的國際化軟體。如果想要的答案不只是俗名，而是正確的拉丁文學名，強烈建議使用「inaturalist」。

回到「我如何認識植物」這個命題。即使認識的植物有數千種，我還是會一直碰到不認識的植物。有時候會偷懶到臉書社團求救，有時候會自己設法找答案。找答案是有趣的過程，就彷彿打遊戲破關一樣，在尋找答案過程中也會得到不同的成就感。謹以此文跟大家分享「我如何認識植物」的一些小小心得，希望可以幫助大家體會植物世界的美麗與浩瀚。

## 臘腸樹

學　名｜*Kigelia africana* (Lam.) Benth./*Kigelia pinnata* (Jacq.) DC.

科　名｜紫葳科（Bignoniaceae）

原產地｜西非、中非、東非、南非

生育地｜低地河岸潮濕森林、潮濕疏林

海拔高｜0-1800m

喬木，高可達20公尺。一回羽狀複葉，全緣。幼苗具重演化現象，初為單葉、鋸齒緣。花血紅色，總狀花序下垂，幹生。果實圓柱狀，不開裂。

臘腸樹廣泛分布在非洲的雨林及草原疏林。大象、河馬等許多動物皆會食用其果實。不過，新鮮果實對人類有毒，會造成腹瀉，通常是乾燥、烤熟後食用，或是釀酒。全株可作藥用，在非洲用來治療多種疾病。一九二二年三月金平亮三自新加坡引進，台灣各地偶見栽培。台北辛亥路於羅斯福路至新生南路之間，便栽培一整排做為行道樹。

臘腸樹的果實如地瓜一般掛在樹上，十分堅硬

臘腸樹小苗由單葉轉變成一回羽狀複葉

臘腸樹的花暗紅色，成串吊掛在樹上（攝影／蔡惠霙）

Ch — 09

# 每個人都可以有綠手指
# ——植物栽培

# 電話裡的花開花落

「你放在哪裡的哪一棵植物開花了。」這是還在台北工作時，母親打電話給我的開場白。那時候幾位熟悉的朋友總是戲稱我的植物叫媽寶樹，但我知道這是母親表達關心的方式。因為她可以跟我聊的話題，就是我這個自私的孩子每次帶回家鄉託孤的熱帶植物。

偶爾她也會稍來壞消息，告訴我哪一棵植物又升天了。以前不懂事，只會回：「喔！算了！」母親雖然不說話，但是我卻感受到她心裡的愧疚，然後會比平常拉更長的時間才會再撥電話來。

後來有一次她又告訴我花死掉了，要我別再亂買，都被她顧死了，浪費錢。於是我問母親今年一共死了幾株植物，「四棵。」「四棵，那很厲害耶！那些賣花的一年都不知道要死多少植物，我們家才四棵，媽媽真厲害。」

花死了，責備毫無意義。不說話，母親也能察覺到我心裡不開心而感到難過。但是換一種方式表達，卻給母親信心，讓她對於栽培熱帶植物產生了興趣，進而願意聽我說明，去了解如何照顧這些植物。

不過，嚴格來說並不是我教母親栽培植物，母親反倒是我栽培植物的啟蒙老師。不知道是不是升學壓力與工作壓力，有很長一段時間我幾乎失憶。年幼時的點點滴滴都被鎖在記憶的盒子裡，直到回台中生活幾年，許多塵封的記憶慢慢被喚醒。

母親雖然沒有念過生物相關科系，卻教了我很多基礎的生物學知識。她告訴我什麼是蝴蝶、什麼是蜻蜓、什麼是蟋蟀、什麼是蚱蜢、什麼是螳螂。鳥跟蝙蝠有什麼不一樣，牛跟羊有什麼不一樣……還有木麻黃、榕樹、銀合歡、鳳凰木、黃槿、落地生根……各種身邊常見的植物名稱，都是小時候母親常提起，耳濡目染之下認識。

母親陪著我去灌蟋蟀，還給我買了捕蟲網、撈魚網、昆蟲箱、水族箱，讓我去抓蟲、捕魚、抓螃蟹、養魚、養蟲、養螯蝦、養寄居蟹、養天竺鼠、養兔子、養狗……她沒有禁止我做這些把家裡變成小動物園的瘋狂行為，只有告訴我要小心，要記得回家吃飯。

除了這些小動物，我也常帶著小鏟子、小鋤頭出門，挖各種小花、小草回家種。每天把自己搞得髒兮兮，母親卻沒有責罵我，反而替我找了很多容器，讓我可以安置那些土半夏、雷公根、天胡荽、金線釣烏龜、海金沙、鳳尾蕨、腎蕨、正榕……每一次搬家，陪著我把這些植物搬來搬去。

上小學，母親為我訂閱國語日報、小牛頓雜誌，還有故事大王，買了全套的漢聲小百科，以及恐龍、魚類、昆蟲、動物圖鑑、歷史百科、科學百科、科學家傳記等書籍，滿足我閱讀的需求。國中時，母親還到牛頓雜誌上班，讓我可以第一時間拿到每一期最新的牛頓、小牛頓雜誌。我不是出生於非常優渥的家庭，下課後不像同學一樣去補習或學音樂、才藝。但是我的母親盡可能的讓我可以在家自學。

到台北求學時，從小蒐集的植物，如麵包樹、可可樹、榕樹，還有一些蕨類，都是母親替我澆水、拍照。工作以後，我開始買植物回家中，仗勢的是原本就喜歡植物的母親會替我照顧。

剛回台中頭幾年，每次遇到颱風、寒流，母親總是陪我把植物搬進搬出。後來，我開始在外租地，植物一次又一次搬家、換盆、澆水、整理，都是母親陪著我，早出晚歸。

如果我在植物科普寫作上有一絲一毫的成就，都要歸功於我的母親，一直在背後默默支持著我。如果我有綠手指，一定也是遺傳自我的母親。

# 怎樣才能有綠手指

去朋友家替他的植物健診，他又問了我：「你家的植物為什麼總是綠意盎然，到底該怎麼樣才能把植物照顧好？」說真的我很懶惰，不知如何回答，畢竟這是一個非常、非常、非常困難的問題，非三言兩語可以說清楚。

許多人對植物不了解，單純因為漂亮或可愛就買回家，最後植物往往會生病，甚至死路一條。我想，要把植物種漂亮有幾個關鍵。為大家整理一下居家種花的幾個大要領。一、究竟適合種什麼？二、用什麼介質種比較好？三、怎麼澆水？四、怎麼施肥？以上每一點都可以寫一整篇，我只能講重點。所以種花一定「要用心、要用心、要用心」，很重要所以講三遍。

一、究竟適合種什麼？

這個其實是大多數人種花失敗的原因。植物不會走路，遇到不合適的環境便長不好，甚至死亡。舉例來說，許多人喜歡好光的多肉植物，但是買回家後卻放在室內，植物當然長不好。或是明明住台北、家裡陽台也朝北，巷子又窄小，先天光照就不足卻硬是要種一堆多肉，怎麼種怎麼死，來問我，我勸他不要再種多肉了也講不聽。或是像鐵線蕨那樣的植物，雖然耐陰，但卻需要高空氣濕度，一般家裡根本無法營造這種環境。又或者，日本品系的櫻花或歐洲的鬱金香，夏天非常怕熱或是需要經過零度以下低溫才會開很多花，卻硬要在亞熱帶台灣的平地種，怎能抱怨它開不好或死掉？

所以我總是強調，先了解自己的居家環境，特別是光照強弱、四季的溫度變化，再決定要種什麼植物。自己的壞習慣不改就千萬不要肖想改變植物的習性。

二、用什麼介質種比較好？

大部分去花市買的植物，不管是多肉、室內耐陰性植物、甚至九層塔、迷迭香、果樹，盆子裡多半都是用「培養土」。「培養土」很好用，保水、透氣、含有機肥、重量輕又便宜。可是「培養土」不是真正的土壤，非礦物質，而是植物死掉後化成的有機物。有「使用期限」，會依澆水的頻率不同而漸漸腐化、變酸，短則兩三個月、長則一年。如果在自然界，生物死後會回歸大地，但是在居家的盆栽中，培養土往往會變成殘害植物的兇手。當培養土酸化，植物根系會開始腐爛、然後就無法發揮正常的吸水作用，看起來就像缺水一樣。這時候再繼續澆水，只會讓植物死得更快。所以，換盆、換土是居家養植物必須要做的工作，怕髒就別養花了吧！

當然，除了培養土，每種植物需要的介質也不同，櫻花、杜鵑、茶花好酸，有些植物喜歡弱鹼，有的要非常高的透氣度，有的介質完全不能有肥，有的要用板子種。無法一概而論，需要視每種植物做調整。千萬不要把蝴蝶蘭、空氣鳳梨等著生在樹上的植物種在泥土裡，拜託，它很容易會死給你看。

三、怎麼澆水？

很多人或許以為我在說笑，但澆水確實是門很大的學問。澆水的頻度、澆水的時間，也是很多人失敗的原因。最常聽到的莫過於我的多肉又爛掉了、我的蘭花又死掉了。一般植物，早上澆水或晚上澆水沒有差，但是澆多澆少就是一個大問題。有的植物葉子大又薄，蒸發散快，夏天恐怕一天要澆兩次。有的植物肥肥的，久久澆一次就可以，澆太多反而會淹死，而且淹死的主要症狀是葉子脫水。因為介質太濕導致根爛掉無法吸收水分，很多人會誤以為是缺水，整棵植物拿去泡在水裡，當然死更快。但是究竟多久要澆一次並沒有標準答案，要看蒸發散的速度。一般來說，土表乾了再澆是最保險的做法。以下舉幾種特殊植物說明。

所謂的懶人植物空氣鳳梨，很多種類很愛水，需要每天澆，但是萬一賣家很沒良心告訴你說它是懶人植物放著就會活，而買家又當真，都不澆水當然就會渴死。多肉植物，有的是夏天生長，有的是冬天生長，生長季要多水，休眠期要斷水。所謂的斷水，就是一兩個月都沒有澆水也不會怎樣，千萬不要手賤。蘭花，尤其是蝴蝶蘭，要乾溼交替，全乾了再澆；可能是一天澆一次，也可能是幾天澆一次，看有沒有下雨而定。而且，以上這些耐旱的植物，多半是景天酸代謝的光合作用形式，也就是說，它晚上才會把氣孔打開[1]，請傍晚再澆水，白天澆水它是吸不到的。還有些植物要泡在水裡，有的要高空氣濕度，不同季節澆水時間也不同，這屬於進階課程了先跳過。

四、怎麼施肥？

人要吃維他命補充營養，植物也不例外。自然的情況下，野外的植物可以靠枯枝落葉提供植物養分。但是家中的盆栽沒有養分的循環，當原本介質中的養分耗盡，植物生長也會受阻。植物行光合作用只能夠把光的能量轉化成糖類，植物生長需要的其他養分，如氮、磷、鉀，以及微量元素，在盆栽的情況下需要額外補充，協助植物生長。這邊強烈建議，居家栽培植物直接使用化肥就好，千萬千萬千萬不要把果皮、茶葉、牛奶、咖啡渣、蛋殼放進你的盆栽裡。一來很噁心又不美觀，二來容易造成土壤酸化，對植物不見得好。三來，有機物分解需要高溫高空氣濕度，這是居家環境不容易營造的。要這

1 光合作用有 C3、C4、景天酸代謝（CAM）等不同形式

些東西在盆栽表面自己分解曠日費時，還會發臭，千萬不要這樣做。四來、牛奶跟蛋白的分子太大了，植物根本不會吸收。

最後切記，施肥最忌諱過量，薄肥可以減少肥傷。養分太多太濃，植物一下子吸收不了反而會受傷，甚至死亡。而且許多熱帶植物，像豬籠草或是一些熱帶果樹的幼苗，因為原本生長在貧脊的土地，所以不能根部施肥，只能葉面施肥，這都是要特別注意之處。

我常說：「一個月內種死五棵植物會自以為是植物殺手，但是種死五百棵之後，別人會認為你是植物達人。」從小到大，種死的植物沒有一千也有八百。種植物是一門學問，還有很多我也不會的知識需要不斷學習，想把花種好，繳點補習費是很正常的。只要用心，相信人人都可以有綠手指。

# 養植物一定要換土、換盆，就像養魚要換水，養貓要換貓砂

好友找我幫忙的時候，通常都是植物出狀況的時候。而植物出狀況，有一半以上都是沒有因為沒有換盆、換土所造成。

相信很多人都有類似的經驗。到花市買的盆栽一開始都長得很茂盛，可是半年一年後，植物的葉子開始委靡不振，或是「越長越小」，甚至一直掉葉子。這時候很多人都會以為是水澆不夠，開始拼命澆水，甚至以為是養分不足，買肥料施肥，導致植物加速死亡。其實，植物會這樣，常常只是因為「培養土壞了」。

沒看錯，就是培養土壞掉了。市售植物多半是以培養土栽培，培養土不是真正的土，而是泥炭苔、椰子纖維、珍珠石、碳化稻殼、發泡煉石等物質混合而成，質輕、透氣、保水、保肥性佳，而且很便宜。可是依澆水的頻率及氣候條件不同，培養土使用期限約三個月至一年半，使用過程中培養土內的有機質會漸漸分解腐壞。導致培養土酸化、顆粒變小、易結塊，進而影響植物根系生長。

解決方法有二。如果是木本植物或大型草本植物，在根系長滿後換大盆就好。如果是小型草本植物，那建議在症狀發生初期，直接把培養土都敲掉換新。

居家環境栽培植物畢竟不如大自然，沒有完整的生態循環，必須依靠人不斷提供新鮮的介質。注意換盆、換土，相信就可以大大降低植物死亡的情況發生。

植物在野外的環境，沒有生長空間限制，沒有長太大需要換盆的問題。所有枯枝落葉最後回到大地，也沒有有機物酸化或發酵生熱的問題，不用換土。但是在人為栽培的有限空間花盆中，所有問題都會一一浮現。

很多朋友第一次聽到要換盆、換土，都會覺得怎麼這麼麻煩。但是，植物換盆、換土，可能是一年，甚至兩三年才要進行一次。相較於養魚每週要換水，養貓要換貓砂，頻率其實低很多。客觀來說，無論是花的時間還是買花盆買土的成本，養植物多半都比養動物來得更省。

為了確保植物健康，換盆是必要之舉。你不換，植物不是漸漸弱化，就是死給你看。植物還健康的時候換盆，換完後適應的時間也短。等到植物弱化才要換，往往更麻煩。要是植物已經爛到沒有根，還要注意空氣濕度不能低，以免死亡。這時候已經不是只有換盆或換土了，

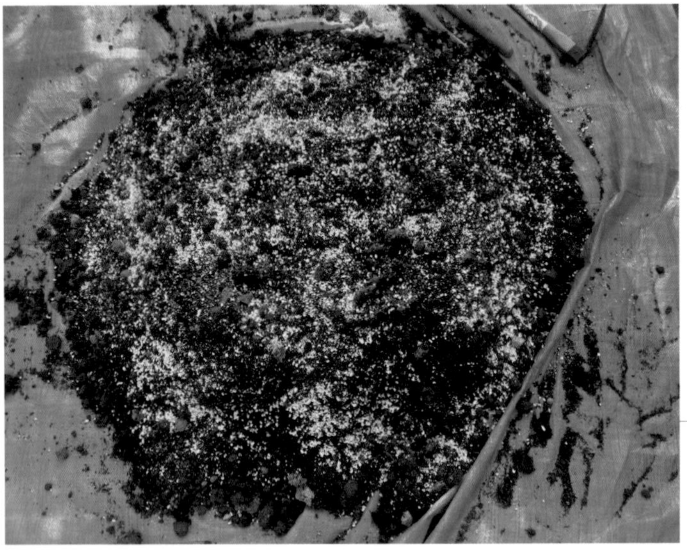

培養土不是真正的土，包含泥炭苔、椰子纖維等會分解的有機物，有使用期限

問題更加棘手。如果是常見植物，你還可以說再買就有，如果是愛馬仕或賓士等級的植物，絕對欲哭無淚。

你或許還會問，為什麼枯枝落葉在野外腐敗酸化發熱，野外的植物不會死，盆栽裡的植物卻會死。這都是「濃度」的問題。就像你在海裡或河裡尿尿，尿酸對海水的酸鹼值不會有影響，魚不會死，但若在水族箱中，魚自己一直尿尿就可以毒死自己。

還是老話一句，養植物是一門大學問，種花前請先做功課。到底什麼是空氣濕度、什麼是介質，該如何澆水、換盆，這些都是功課。網路上有很多免費資料，我也寫過非常多文章放在FB跟部落格上，沒事多看看，植物保平安。多買幾本胖胖樹的書來看，也會增加相關知識，保佑您家植物健康。

如果不想弄髒手，不想要處裡這些種植物的麻煩事，請不要買植物。要不然也可以像養魚換水一樣，把照顧植物的工作外包。就像是銀行或辦公室，交給專業的來，永遠都會有漂亮植物可以欣賞。

# 「三天澆一次」，還在用這種不完整的觀念替植物澆水嗎？

許多人買植物，常會隨口問花店老闆幾天澆一次水。這時候往往會得到三天、五天澆一次這樣的答案。許多新人照著老闆指示澆水，但是沒多久植物卻死了！心中滿滿疑惑！因為用天數來決定澆水頻率是不完整的澆水概念，可能都是害死植物的原因。

澆水，是植物栽培中最簡單也最困難的技巧！栽培植物會失敗，應該有一半的原因出在大家最常忽略的澆水。不施肥，植物通常不會馬上死給你看，但是澆水方式不對，快則一天，慢則一週至一個月，植物很快就升天了。

很多植物新手求好心切，擔心植物缺水，每每見到葉片下垂或老葉黃化便心急如焚，這時多半會以為是缺水，於是拼命澆灌。若是真的缺水，或是好水的植物便罷！遇到蝴蝶蘭、毬蘭這類雨林裡的多肉植物，或是喜歡空氣濕度卻不喜歡根部太潮濕的鐵線蕨類，越澆只會死越快。因為這類植物喜歡的是「空氣濕度」，不是介質泡在水裡。加上市面販售的植物往往使用培養土或水苔這類有機介質栽種，持續澆水只會加速植物「淹死」。植物葉片下垂、乾癟，確實是缺水，但是缺水的原因不是沒澆水，而是澆太多導致爛根。植物沒有根，無法吸水，這類看似缺水，實際卻是淹死的案例不勝枚舉。

蕨類和秋海棠喜歡的是空氣濕度，而不是溼答答的介質

這種命案現場多半會出現在天天看植物，一天沒澆水會難過的新手——例如我本人。

當然，乾死的植物也不是沒有。例如最近每天午後雷陣雨，如果植物種在室外，有些就選擇不澆水，若不巧持續幾天不察，最後就會發現植物枯了。或是出差、旅遊一個週末，甚至一週，回家全部變菜乾的案例也非常多。這類命案，通常出在栽培者相對懶惰的情況。強力建議這類栽培者可以栽培多肉等耐旱植物，盡量不要碰大葉子的觀葉植物。

植物是水做的，需不需要澆水，就跟人需不需要喝水一樣。如果是涼爽的天氣，沒什麼流汗，或許可以一兩個小時喝一口水。但如果是正進行劇烈運動，汗如雨下，也許每五分鐘十分鐘就要喝水。植物澆水也是同樣的道理。澆水的頻度不是天數決定的，而是蒸散作用的速率。如果是夏天，每天大太陽，曬一天後，土乾得要死，即使是仙人掌也可以天天澆水。如果是陰雨綿綿的梅雨季，當然澆水時間可以拉長。好水植物，澆水的頻度要大於等於蒸發散量；如果是耐旱植物，澆水的頻度要小於等於蒸發散量。這也就是為什麼即使午後雷陣雨，植物還是可能會枯萎，因為降雨量根本不夠。就好比打完籃球，流得滿身大汗卻只喝一口水。人都會脫水，植物不枯掉才奇怪。

不過，不管是好水植物或耐旱植物，澆水都要澆透。差別在於好水植物要一直保持介質潮濕，但是耐旱植物卻要乾濕交替。此外，使用培養土或水苔栽培的植物要特別注意，這類介質如果完全乾掉就會變得不易吸水。只是在表面澆水，水會很快就從四面八方流掉，不會進入介質中。如果倒出來看就會發現，澆了一大盆水，介質卻還是乾的。這時候就要將整個花盆泡水十至三十分鐘，介質才會慢慢吃到水。而前述的蝴蝶蘭、毬蘭與鐵線蕨這類好濕氣的植物，栽培重點在環境的營造，而不是只有澆水；要提供高空氣濕度，但是通風與透氣性佳的介質。

至於澆水的時間，夏天適合在清晨、傍晚或晚上澆水。因為水珠在大太陽下會出現凸透鏡現象，容易灼傷植物葉片。如果是冬天，最好早上澆水。尤其是寒流來時，相對怕冷的熱帶植物，要在接近中午時澆水。傍晚氣溫會開始下降，這時候澆水，人都會感冒，何況是熱帶植物。還是老話，澆水的時間跟頻率得視天氣而定，沒有一定要什麼時候澆，也沒有絕對的標準。要每日細心觀察。

另外，澆水還要考慮植物的光合作用類型。植物光合作用有 C3、C4、景天酸代謝（CAM）三種。C4 與 CAM 植物相對比較耐旱。常見的 C4 植物如玉米、甘蔗、地瓜。而仙人掌等多肉植物，鳳梨科植物則多半是 CAM 植物。CAM 植物將光合作用中耗水的過程留在晚上進行，白天則關閉氣孔，減少水分消耗。因此，像空氣鳳梨這類植物，盡可能要在傍晚澆水。因為白天澆水是不會吸收的。澆都是白澆。

猶記得栽培植物的老前輩曾說：「學會澆水，栽培植物就成功一半。」澆水不但是例行工作，也是植物栽培中不可忽視的重要環節！

# 花盆裡長菇了，發霉了，該怎麼辦？

每次下大雨，我想植物栽種在戶外的花友一定都很開心，不用澆花了，也不用擔心是否缺水澆花。不過，雨勢減緩後，很多新朋友就會有新的問題出現，例如「我的花盆裡長菇了」、「我的花盆土表發霉了」，請問這些該怎麼辦？

造成發霉的黴菌、或是俗稱菇的蕈類，都屬於菌物界，或稱為真菌界的生物，不是植物界，也不是動物界。他們通常是大自然生態系的分解者，在物質循環中扮演重要角色。大部分真菌會透過分解枯枝落葉獲得生活所需養分，讓枯枝落葉、甚至是動物的屍體、排遺，以植物可以吸收的分子形式回歸大地。加上它們是透過細小的孢子在空氣中散播，所以，只要你的花盆中有未分解完成的有機物質，如培養土、枯枝落葉，就會長這些生物。

基本上，在台灣栽培植物就一定會長出這些生物。它們多數對你栽培的植物本體是沒有害的，無須太過緊張。不用移除，因為移除也會再長出來，隨它去就好了。植物多半有一定的免疫力，不會這麼容易就生病。

如果植物本身好好的，出現一些菇啊！黴啊！有兩個方法處理：一、移到室外通風的地方，減少盆內的有機物質。二、跟我一樣佛系栽培植物的，就 let it go！不會怎麼樣，不會怎麼樣，不會怎麼樣。不要緊張！不要緊張！不要緊張！

當然，如果是你的植物生病了，出現傷口而造成真菌感染，當肉眼都可以看得出來真菌感染，基本上菌絲已經入侵，差不多回天乏術了，救回的希望渺茫。所以，當你的植物非常難搞，非常貴，要切的時候請一定要消毒。不然也是只能 let it go 了！

再次強調，植物是生命，栽培植物的花盆，就是一個小生態系，土裡面會有微生物，長長菇很合理。既然要栽培植物，就不要對花盆裡會出現的其他生物那麼敏感，也不要那麼想移除。與其移除那些生物，不如移除你過度緊張的情緒。

想像一下，這些植物在野外，不就是跟很多生物一起生存嗎？野外本來就會有作為生產者的植物、各種吃植物的昆蟲、蝸牛，各種吃小蟲的小動物是消費者、還有做為分解者的菇菇們，這樣才是一個完整的生態系統。植物葉子被咬幾口、長幾隻蟲、長幾朵菇，基本上依照我的佛系栽培法，除非危害到植物本身的生命，其他情況我都是不管的，不移除也不噴藥。

再次強調，栽培植物是一門生命學，修身養性的過程。不要緊張、不要緊張、不要緊張。let it go 就好了！

# 蟲蟲危機來臨！一早起床植物葉片被咬了好多洞，該怎麼辦？

端午節過後是炎熱夏天的開始，蟲蟲活動的高峰期。因為如此，端午節有掛香蒲、艾草的習俗，還要喝雄黃酒。人都怕蟲了，何況是植物？所以對許多養花、愛花人士而言，夏天也是蟲蟲危機來臨的時刻！

當栽培植物的時間長了，難免都會遇到蟲害。某天一早起床，無論是要澆水，還是跟植物說早安，卻赫然發現心愛的葉子被吃了。是誰？是誰？是誰？火冒三丈！我想，很多栽培植物的人都有過這樣的心情吧！如果栽培植物時間不長，以前沒有遇過，那恭喜你，看完這篇文章開始擔心的時候，很快就會遇到蟲了。這就是莫非定律！

基本上，台灣位於亞熱帶，只要植物栽培在室外，無論是陽台、露台，還是院子，昆蟲就可以輕易地飛到你家植物身邊。一早起床，葉子會少一大片，通常是夜盜蛾或蝸牛之類的。有時甚至可能是小強，牠會吃蘭花的花苞、猴腦鹿角蕨的新芽，什麼都吃，令人恨得牙癢癢。有時候是有藝術天分的切葉蜂，葉子咬出很多半圓形，彷彿草間彌生的作品。當然，環境不同，出現的蟲也可能不同。就胖胖樹熱帶雨林的經驗，目前觀察到的蟲超過三十種。

如果無法接受蟲咬，就要找兇手。如果是蛾類或蝸牛，到處翻一下，基本上跑不遠。白天牠們往往在睡覺，可能躲在葉背或花盆裡。只是，蟲有保護色，而且通常肥滋滋，甚至毛絨絨，不要嚇到喔！我的建議，找到就抓起來，驅之別院。有毒毛的請用夾子或帶手套，避免皮膚發炎。第一次遇到，我想大家感情上都很難接受，特別是小強。所以我自己年輕氣盛時，小強、蝸牛被抓到後，都是立馬判藍白拖之刑，其他蟲蟲才會驅之別院。

葉子咬出很多半圓形是切葉蜂的傑作

現在，不管是什麼蟲，我都心如止水。只要不傷害植物生命，都隨牠們吃。被咬過的葉片我也不會剪掉，蟲咬如同黃葉，那是一種「自然」。我還會觀察蝶、蛾類幼蟲化蛹、羽化。當然，自然生態是殘酷的，牠們也會來不及長大就被鳥、蜥蜴、蛙類吃了。畢竟我的小雨林裡，有植物、有蟲、也有兩爬，甚至小型哺乳動物跟大型鳥類。不是想長大就可以順利長大的。

現在的我走生態栽培法，或是開玩笑說是佛系栽培法。植物就是大自然的生產者，而環境中有很多蟲，代表的是生態系的完整，環境友善。所有植物，只要環境對了就可以健康生長，會有一定抵抗力。葉片被吃了，都會再長回來，不用擔心。哪怕是芽蟲、介殼蟲，在完整的生態系中，都有牠們自己的天敵。沒有蚜蟲，哪看得到可愛的瓢蟲呢？更何況，我的樹那麼高，也不可能爬梯子上去抓蟲。再加上我有兩三千株植物，這棵吃吃、那棵吃吃，會自己找到平衡的。所以我完全不噴藥，也很少很少施肥。栽培植物靠的是自然的循環，還有生態系的平衡。

小時候有一首兒歌《樹》：「樹呀！樹呀！我把你種下。不怕風雨，快點長大。長著綠的葉、開著紅的花。鳥來做窩，猴子來爬，我也來玩耍。」既然歡迎猴子跟鳥，當然也歡迎各種蟲。因為由衷希望所有生物在我的熱帶雨林裡都可以開心生長。不希望哪天，蟲都消失了。如果沒有昆蟲，生態就不生態了，豈不令人難過？遺憾？

蟲咬也是生態的一部份，生命力的展現，希望大家可以欣賞這樣的美。

# 栽培植物，不能不懂的「葉相學」

疫情之後實在太多人入植物栽培這個大坑，來問我的問題也是史無前例的多。不過，我歸納了一下，大概有九成的問題，透過「葉相」就可以看出端倪。

我想，照顧過寶寶的父母，大概都可以從嬰兒的哭聲來判斷，究竟是餓了、便便了，還是有其他需求。養過貓狗等寵物的朋友，一定也可以藉由牠們的叫聲，大概知道發生什麼事。那種植物呢？幾乎多數問題，都可以從「葉相」判斷。

葉子是多數植物最明顯的器官，占比非常大，而且葉子每天不斷地跟外界環境交換氣體與化學分子，所以植物到底是渴了（缺水）、餓了（缺肥）、睡了，還是病了，甚至是要生寶寶了，幾

乎都可以從葉子判斷。

一、葉子突然下垂

舉例來說，白天出門上班前植物葉片都好好的，下班卻看到它的葉子下垂，這大概不外乎兩種情況：一、渴了，該澆水了；二、它在睡覺，不要叫醒它。如果是渴了，土大概都乾了，摸一下便知道。夏天，你不喝水都會渴，何況是植物，請不要看到它渴了還問怎麼辦，澆水就對了，而且要澆透。如果土還很潮濕，葉柄也飽滿，那多半是在睡覺。很多植物都有睡眠的情況，最明顯的如豆科、木棉科等，葉子如含羞草一般整個合起來或是下垂，它是在睡覺，不用太緊張。

二、葉子一直下垂無力

葉子缺水無力，但是怎麼澆水都不會恢復，那就是爛根了。特別常發生在葉子較厚的著生植物或多肉植物。這些植物，如蝴蝶蘭、毬蘭，或是部分多肉植物。爛根吸不到水，當然也會讓葉子呈現委靡不振的樣子。這時候要清理爛根，換介質。如果當作缺水繼續不斷澆水，最後植物就被淹死。

三、葉子越長越小

正常情況下，葉子不會突然變小。當葉子越長越小，這時候要特別注意，有可能是根部出了問題，沒辦法有充足的養分供應葉片生長。如果是著生性的藤本植物，也可能是陽光不足，或是沒有提供攀附的支柱。當然，大樹頂層的葉子，跟小苗階段葉片大小會有所不同，這倒是正常現象，不用太過緊張。

葉子下垂，要注意究竟是缺水，還是它原本習性如此，又或是睡眠

## 四、葉子出現斑點或紋路

葉子如果突然出現不同顏色的花紋、斑點，那也要注意。翻開葉背仔細看看是否有蟲，可能是薊馬、紅蜘蛛、蚜蟲等危害。如果不是蟲，有可能是缺乏各種養分。這是比較複雜的情況，缺乏不同養分會出現不同的狀態，至少要施綜合肥，或是換盆，不能放著不管。但如果是斑葉植物，那就另當別論了。或是它出藝，那恭喜您要發了。

## 五、葉子整片變黃

葉子整片黃了，請看看它是新葉還是老葉。如果是長出來很久的老葉，那多半是葉子老了，要落葉歸根。這是正常的生命現象，就跟人會掉頭髮，不要那麼緊張。如果是落葉植物，冬天要休眠，全部掉光葉是很合理的。栽培前請先了解自己的植物是不是會休眠。如果是新葉一長出來就黃，那請參考上一點。

## 六、葉子變紅或變紫

葉子整片紅了，請看它是新葉還是老葉。同上，如果是老葉，那就跟楓紅是一樣的道理。如果是新葉長出來就紅紅紫紫的，慢慢轉綠，那是熱帶植物保護未成熟葉綠素的正常現象。但若是像鳳梨科、苦苣苔科植物，本來綠葉，但是突然葉基或葉背變紅或變紫或出現大塊色斑，那恭喜您，它要開花了。這種情況叫做婚姻色。

## 七、葉子變形了

葉子變形要看它是不是有受外力影響。如果是被風吹，或是生長時受到擠壓而造成畸形，那等它長新葉就好，無需太緊張。如果是長出的葉子形態跟之前完全不同，

老葉變黃，是正常的生理現象

鳳梨科等植物葉片變紅，是因為要開花了

那要注意，這可能是植物學中所稱的「二型葉」。有些植物，如麵包樹屬，有時候會是全緣葉，有時候會長出裂片，這都是正常的現象，跟植物本身的成熟度有關。有可能裂葉變全緣葉，有可能全緣葉變裂葉。另外，很多的蕨類植物，如海金沙、鹿角蕨，或是木本植物如昂天蓮，它要開花或長孢子時，長出來的葉片也會跟平常完全不同，這些都是所謂的二型葉。

同一株植物在不同成長階段長出完全不同形態的葉片，稱為二型葉

葉片受外力擠壓變形是不可逆的，只能等待下一片新葉

## 八、葉子的尾巴消失了

植物幼苗跟成株往往也會有極大的不同。例如最近流行的龜背芋，不論是種子繁殖，或是扦插中段繁殖，葉片都會返祖，從沒有洞洞的心形葉狀態，慢慢長成有破洞，而且邊緣有裂片。又或是足球樹之類的木棉亞科，會從單葉變三出複葉，最後再變掌狀複葉。又或是觀音座蓮或部分豆科植物，一回羽狀複葉慢慢變成二回羽狀複葉。又或是神奇的大葉桃花心木，從單葉變成三出複葉，然後變成五片羽片的一回羽狀複葉，七片羽片，九片，然後八片。尾巴消失了，就像是蝌蚪變青蛙一樣。還有像是號角樹，葉基會從心形慢慢變成盾狀。這些都是所謂的「重演化現象」。

「葉相學」是植物栽培的基礎，是跟植物溝通的媒介。最難學，卻也是種植物不得不學的基本功。葉子作為植物最明顯的器官，除了背負光合作用、交換氣體等任務，還會在植物的生老病死，或是晨昏中，出現明顯的生理現象。這是我經常提到的，栽培植物要常常觀察它，特別是從澆水中，去注意它是否健康。祝福大家都可以練就一套視葉的好功夫，跟植物溝通無阻。

# 阿嬤養的觀葉植物為什麼長得特別好？

友人私訊，說想要開始栽培觀葉植物。傳了幾種在別人家裡看到的竹芋、秋海棠，問我好不好種。這個問題實在很難回答，因為很多植物放在室外很好種，但是種在室內問題很多，相當容易枯萎。這馬上讓我聯想到植物圈常常以「阿嬤養的」來形容長得很好的觀葉植物。很多新手不懂，為什麼阿嬤養的植物總是長得特別好。我想，就我觀察到的現象來為大家分析，為什麼阿嬤總是可以把植物養得特別肥美。

近兩年所謂的「觀葉植物」，在一九八〇年代末期有另外一個名稱叫做「室內觀賞植物」。而一九九〇年代在網路論壇開始流行的「雨林植物」，跟「觀葉植物」也有高度重疊。因為這些觀葉植物多半生長在熱帶森林裡，具一定耐陰性，加上為了避免被吃掉而生的美麗花紋，還有特殊葉形、紋路，讓它們具有被栽培在室內觀賞的潛力。不過，說真的，這些植物並不是所有種類都適合栽培在室內，這也是為什麼阿嬤總是養得比較好的原因。

以阿嬤居住的鄉下三合院來看，多半是朝南或朝東。除了曬穀物，院子裡通常會栽培龍眼、芒果等果樹。剛好為這些植物營造了一個相對接近原生環境的條件：自然光、半遮陰、通風。這些條件對於這些植物很重要，因為這些植物所謂的耐陰，並不是完全不曬太陽，而是有很短暫的時間會接受太陽直射。太陽會在某個時段穿透樹葉，直射這些觀葉植物。而這些觀葉植物便在短暫照射太陽的時間裡進行光合作用。如果放在完全沒有自然光的室內，全部用人工光源照射無法產生這種效果，對植物葉片的顯色和葉片大小會有顯著的影響。這是阿嬤植物種得比較好的首要原因。

另外，室外通風，即使是天天澆水，早晚澆水，也不會因為「悶不通風」產生很多疾病。像是葉緣、葉尾焦黃，或是葉面出現黃斑，很多時候都是悶出來的病。很多觀葉植物，如龜背芋、琴葉榕，在室外通風環境隨便養隨便活，但是在不通風的室內，如果水分沒有控制好，就容易生病。

鄉下通風的環境，夜溫明顯會比較低。這也讓植物有了喘息的時間，不會長期處在熱昏的狀態下。熱帶雨林的環境，白天雖然會超過三十度，但是夜晚多半只有二十度上下。甚至雨林內部，終年都是二十幾度。這樣環境下演化出來的植物，多半有怕熱、怕曬的公主病。如果放在室內沒有冷氣的環境，夏天高溫勢必會讓這些植物熱死。

另外，很多前輩喜歡開玩笑說觀葉植物「怕鬼」，不能單獨栽培，要很多很多種在一起。其實這是因為這些植物需要稍微高一點的空氣濕度，這也是室內缺乏的條件。阿嬤為了方便照顧，把很多植物都種在一起，加上室外直接接觸土地，空氣濕度自然比室內高。這都是室內無法比擬的條件。

從介質來看，阿嬤多半是用泥土種植物，而在都市室內，則多半以培養土種植物。泥土是礦物，培養土卻含有大量有機質。當有機質在悶熱的室內慢慢分解，會釋放出養分，卻也會漸漸酸化。當介質太酸，就會腐蝕植物的根，植物沒有根，會吸不到水，植株就會漸漸衰弱。這時候很多人以為植物是缺水，繼續澆水，就會造成植物敗根，看似缺水，其實都是淹死的。

最後是心態。種植物很多時候要放寬心。被蟲咬一口、老葉黃化、新葉長壞了，都是很自然的現象。這些病不會造成植物死掉，不用太過緊張。很多蔬菜，因為人工育種，往往更需要人為照顧。相較於蔬果，原生種的觀葉植物更野、更好種，阿嬤以她種蔬菜水果的經驗來種觀葉，完全就是一片起司蛋糕。

我必須要不斷強調，室內不是不能種植物，而是不能什麼植物都種室內。種植物最重要的幾點：陽光、通風、空氣濕度、介質、病蟲害，都需要特別注意。想種好觀葉植物，強烈建議一定要了解植物原本生長的環境，會減少很多栽培過程的疑惑。只要能夠掌握好植物生長所需要的氣候條件，人人都能有阿嬤的綠手指。

阿嬤在鄉下養的植物，很多時候因為光線、濕度、夜溫等條件，反而長得更好

# 雨不停落下來，花怎麼都不開？

常有朋友及讀者問我，家裡栽種的植物不知道為什麼都不開花，或是花苞為什麼一直掉落。

如果是後者，通常我會反問對方覺得是為什麼？最近有沒有改變什麼栽培條件？記得曾經有人回答說，前陣子有施肥，但是後來沒施肥了花苞還是一樣掉。事實上，花苞還是一直掉，就代表土壤中的養分還在。不是停止施肥養分就會馬上消失。長葉、開花、結果，需要的養分不太一樣，養分比例突然改變，會導致植物不知道到底該先開花，還是先長葉，所以消苞了。

植物是很敏感的生物，當環境條件突然改變，如空氣濕度下降，或是氣溫突然升高，太乾或太濕，都可能導致花消苞。甚至當果樹已經結果，果實尚未成熟時，突然施開花肥也可能會導致落果。所以我一般施肥頻率很低，只要植物生長情況正常多半不會施肥，就是不希望干擾植物正常生理。除了小苗或植物換盆受傷時使用液肥或激素，平常多半使用枯枝落葉來作為植物堆肥，就是這個原因。

另外，造成植物不開花的原因也很多。包含植株尚未成熟、植物不夠健康、養分不足、空氣濕度不足、光線不足、光線太多、環境太差……。甚至反過來，環境太好，沒

來自非洲雨林的油點木很好栽培，但是需要半遮陰、較高的空氣濕度才容易開花

有低溫或乾旱這些逆境，植物拼命長大，也都可能是植物不開花的原因。

千萬不要忘記，植物開花就是為了繁衍後代，跟媽媽懷孕生寶寶一樣，需要消耗很多能量。雖然很多植物年年開花，但是仔細觀察就會發現植物有豐年、欠年的情況，也就是一般常說的大小年。如果今年是豐年，隔年，甚至隔兩年，很可能都是欠年。當然，不同植物情況不同，氣候條件也會有所影響，不能一概而論。

植物非常聰明，有時候花苞很多，但是植物本身負荷不了也會消苞。甚至花開後好不容易結果了，果實未成熟卻掉落。追根究柢，多半都是植物發現自己當下不適合開花結實，所以自動放棄了。這些情況當然會令人感到失落，想找出原因，不過，說起來這些其實都是自然現象，不用太過在意，或是刻意想去改變它、保留它。

一般來問我問題，除非答案很困難，不然我多半不會直接給答案。我希望幫助讀者思考，學會自己找到可能的答案，所以會不斷反問。來問去哪邊買，我會問有沒有搜尋過；來問做了什麼或不做什麼植物會不會怎麼樣，我會問那你嘗試過嗎。有些人覺得幹嘛不直接給答案就好，其實，直接給答案最省時省力，一問一答反而要花更多時間精力。但是我由衷希望提問者可以自己動手實驗、自己找答案，並真的學到知識且內化，而不是問過就忘了。這才是我不斷反問所想要看見的結果。

我寫書也是類似的想法。書上會記錄考證的過程，記錄當初遇到什麼問題，我從什麼地方、做了什麼，解決這些問題。把過程寫下來，是希望讀者可以了解思考的方式，也歡迎大家找到不同答案時可以來討論。如此一來，知識才能被活用，而不是流於死記。

回到種花消苞或是不開花這件事。種花、認識植物的過程遇到問題很正常，沒有問題才奇怪。遇到花不開、消苞，都是十分寶貴的栽培經驗，只有不斷累積這些經驗，栽培植物的功力才會不斷提升。就像人生，一帆風順不見得是好事。只有不斷遇到挫折，人生才可能不斷進步。

花開有花開的美好，不開花也有不開花的理由。但是千萬不要忘記，花開就一定會伴隨著花落。這就是人生。

Ch 10

# 一千零一次的母親節
# ——植物收集

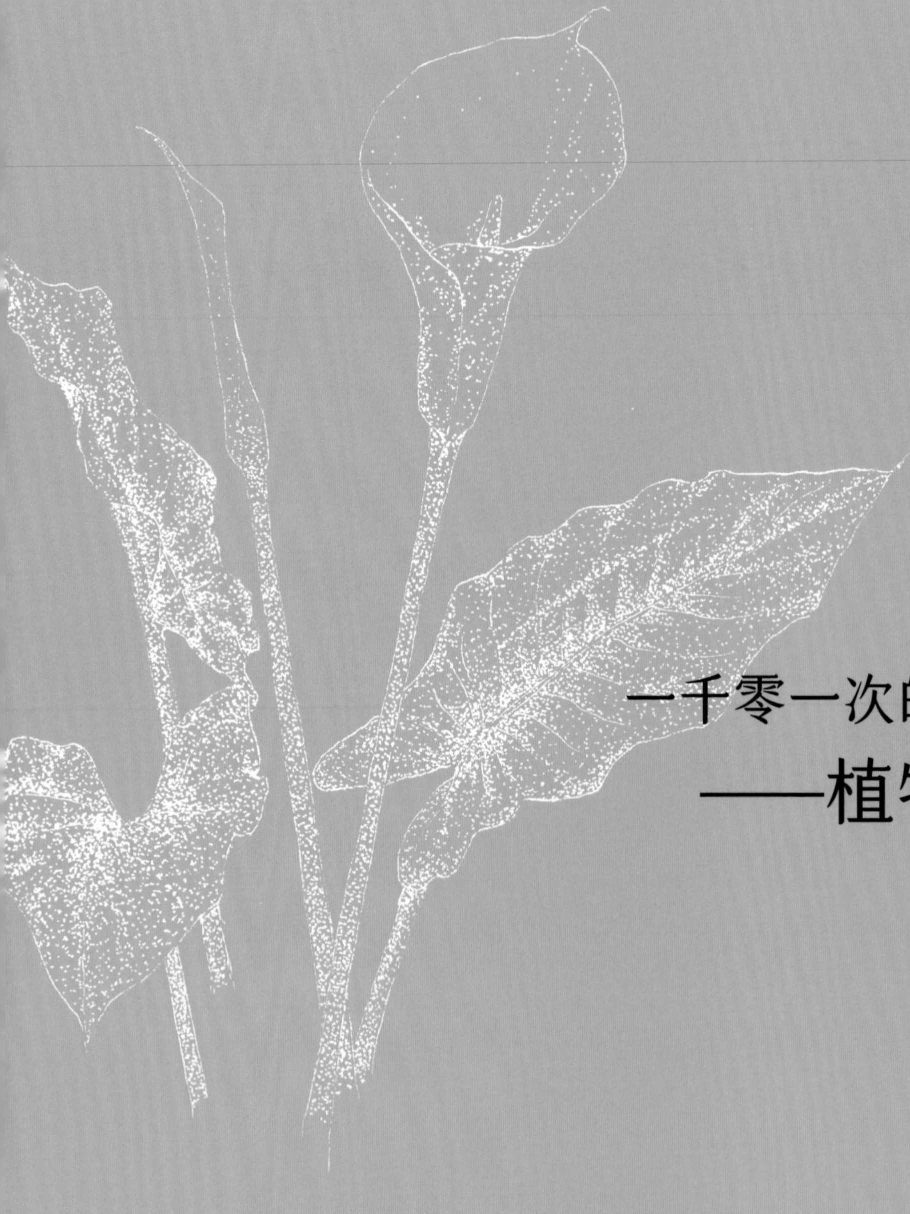

# 收集植物從撿種子開始

收集的眾多植物，有許多都是四處撿種子所培育。因為觀察植物發芽的過程，可以知道它從小苗到成熟植株的形態變化，既能對植物發育有更多了解，同時也是一個很療癒、並且極富成就感的活動。

為了撿拾種子，每次休假我就會排行程到處去找植物、看植物。特別是五月以後，許多植物果實陸續成熟，是撿種子的好時機。因此，有好幾年母親節我跟母親都是在四處找植物中度過。由於大家當天在社群媒體多半都是聚餐文，趴趴走撿種子的行程便顯得十分突兀。摯友們總是戲稱，原來撿種子是我的母親節慶祝儀式。

喜歡植物的人，往往是什麼植物都喜歡，什麼植物都想種，我也不例外。因此，小時候總是帶著工具，四處挖草、撿植物回家栽培。直到國中後，為了順利升學，暫時不再飼養動物，也不再收集新的植物。

大學以後，為了實現夢想，我開始蒐集、整理、記錄，並考證台灣的熱帶雨林植物相關資料。在浩瀚無邊的植物圈替自己畫了一個範圍，限縮在熱帶雨林。一方面因為雨林的生物多樣性高，涵蓋各大類植物，一方面也期許自己在範圍內能夠更深入了解，為夢想中的植物園尋找植物成員。

我用 excel 來管理這些熱帶植物資訊，並且建立了中文名、學名、科別、特徵、原產地、生育地環境、引進時栽植地點、引進年代與引進者等欄位，方便查詢、排列與分析。

大二以後，循著自己整理的記錄，開始探訪台灣各地，尋找那些曾經來過台灣的熱帶植物。無論原生種或外來種，從台灣北中南低海拔天然林、植物園、校園、公園、私人藥用植物園、溫室、農場、花市、水族館，甚至販售東南亞雜貨的店鋪、菜攤、玉市，

許多收藏的植物，都是母親陪我四處撿拾或採集果實、種子自行培育

找尋、繁殖、記錄，甚至再發現一些罕見的植物。

台灣位在熱帶及亞熱帶交界，加上山脈陡峭，雨量充沛，全島孕育四千多種維管束植物。雖然受到氣候條件的限制，台灣沒有生態學定義上真正的熱帶雨林，野外卻不乏熱帶植物，如大家熟悉的茄苳、榕樹，都是廣泛分布在南亞、東南亞的物種。

還有一些較為罕見的熱帶雨林嬌客，受溫度及濕度影響，自然情況下生育地局限於蘭嶼及恆春半島，如山檨子、椴葉野桐、蘭嶼肉豆蔻、繁花薯豆、小仙丹花。也有少數較耐低溫，但需要高空氣濕度的植物，可以出現於台灣北部潮濕多雨又避風的溪谷，如紫黃、帶狀瓶爾小草、羅蔓藤蕨、盾形單葉假脈蕨等許多蕨類。甚至一小部分特別怕熱卻要恆定濕度的物種，長到了中海拔的霧林帶，如尖嘴蕨、細葉蕗蕨。因為這些地方具有接近該物種於東南亞分布中心的環境。

除此之外，還有各時期引進台灣的熱帶植物，如我在《看不見的雨林——福爾摩沙雨林植物誌》等書中介紹過的巴西橡膠樹、美洲橡膠樹、柯柏膠、龍腦香、油患子、長葉大風子……。

這些熱帶植物，多數都不是一般大眾會栽培的觀賞植物，所以需要自己去尋找、收集種子，培育植株，無法直接從市面上購買。還有一些常見的景觀植物，如火焰木、臘腸樹、猢猻木、油椰子，我也是自己到公園撿種子來繁殖。或是進口的熱帶水果，則將食用後的種子保留下來栽種。藉此觀察植物發芽、長大的過程。

比較有趣的是，在玉市或手工藝材料行裡可以找到一些非常堅硬、能夠加工做成串珠的種子。如緬茄、花木魚果、太極紅豆，還有東南亞超市或中藥店的香料與蔬菜，如胭脂樹、臭豆、緬甸臭豆，有很低的比例仍具有發芽力，可以繁殖。

這些都是有別於一般認知的植物收集方法，比直接從「花市」購買植物來得更不容易，卻也讓我對這些植物更加了解。

當然，為了增加植物多樣性，各式各樣常見的蕨類、草本植物、水生植物，我也都是四處採集而來；包括牆角、水溝蓋下、河道、次生林，都是採集植物的地點。少部分植物或是跟著風或鳥而來，在我的園子裡自行發芽、長大，也都成為胖胖樹熱帶雨林裡的成員。並沒有因為收集方式不同，對待這些植物就有所差異，在我心裡每一株植物都像我的孩子一樣。我由衷相信，只要細心觀察，用心照顧，每一株植物都是最美麗的生命。

收集植物從來就不只有購買一種方式，很多時候，找植物的過程也是一種學習。或許是不斷爬梳資料，或許得明查暗訪，確認植物所在地，然後安排時間，等待開花結果。直到成功培育前，都是一連串的考驗。每一株植物都有我跟它相遇的故事。曾刻意尋找，但更多時候是因緣巧遇。我從各式各樣的地方尋找植物的蹤跡，尋找每一種曾經來過台灣的熱帶植物，無論是原生種或外來種，從歷史文化來看，許多熱帶植物背後都具有一段特別的意義。就如同我的座右銘：「如果我這輩子只能做好一件事，希望可以為臺灣留下更多活的文化資產（熱帶植物）。」

## 油椰子

**學　名**｜*Elaeis guineensis* Jacq.
**科　名**｜棕櫚科（Palmae）
**原產地**｜中西非
**生育地**｜河岸森林或淡水沼澤
**海拔高**｜1300m 以下

常綠喬木，單幹，高可達20公尺。一回羽狀複葉，葉基部小葉變成刺狀。單性花，雌雄同株，異穗。果實成熟時黑色，基部橘紅色。

油椰子就是大家熟悉的油棕櫚，榨棕櫚油的原料植物。由於它原生於西非，一八七〇年代，棕櫚油成為西非許多國家的主要出口農產品。但是後來馬來西亞、印尼等國家廣泛栽培，成為全球最大棕櫚油產地。一方面改善當地農民經濟條件，一方面卻也是破壞原始雨林的主因，所以我在《看不見的雨林──福爾摩沙雨林植物誌》書上稱之為「最善良也最邪惡的植物」。

台灣最早於一八九八年由福羽逸人自日本寄來種子，而後田代安定等人又多次引進。許多公園、校園皆可見到作為景觀植物的巨大油椰子樹。我個人也是到公園裡撿拾種子來繁殖，印象最深刻的是油椰子種子發芽需要將近一年，甚至更長的時間，小苗成長也非常緩慢，是相當考驗耐心的植物。

油椰子果實可以榨棕櫚油

台灣各地公園、校園常見栽培的油椰子

油椰子小苗成長十分緩慢

# 購買植物不能不懂的花市學

常有人問我哪些植物去哪邊買，我的回答都一樣：「隨緣。」事實上，除了採集、撿拾種子需要花很多時間找資料、明查暗訪，購買植物也有許多「鋩角」。

植物畢竟是生命，市場有季節性，再常見的植物也不是要買就一定買得到。例如夏天花市就不會賣水仙，冬天就是很難看到豬籠草。還有一些植物，銷路不好，漸漸就在市場上消失了。我們這些玩植物時間稍微比較長的老屁股，遇到曾經很普遍，現在卻很難找到的植物總是會稍微多一些。我並不想用生不逢時來安慰剛入門的植物新人，畢竟每個年代都會引進新的植物，只要在圈子待得夠久，大家都有機會碰到特殊植物降價時，也都有機會蒐集到各種特殊植物。

一九八〇年代我開始會在菜市場、夜市、牛墟的攤位上買植物，那時候年紀小，移動的能力不佳，認識的植物也不多。還處於觀察、試驗，不斷學習的階段。

一九九〇年代搬到台中之後，年紀稍長，活動範圍加大，開始頻繁地逛國光花市、學校附近許多家水族館，拿著少少的零用錢買草、買魚蝦。當然，因為看過的圖鑑、栽培過的植物都越來越多，開始有一點點小小的心得。

一眨眼到了二〇〇〇年代，到台北求學的我幾乎每周都會到花市報到。這時期如劉姥姥進大觀園，開始快速且大量累積植物及市場知識。

經由網路及同好介紹，發現台北的花市很多，有市場區隔，簡直媲美百貨公司。除了建國假日花市，還有文林花市、承德路花市、社子島花市、內湖花市、景美花木批發市場、永和花市、板橋花市……稀奇古怪的植物應有盡有，超好買，買到沒有零用錢都不後悔。直到二〇一三年離開台北前，一直都保有「逛花市」的儀式。

在不算長也不算短的花市經驗中，印象特別深刻的是，當學生時，花市有些老闆會很兇地直接跟你說：「不買不要摸！」完全沒有在跟你客氣的。問植物名還會理直氣壯跟你說，不會自己查喔！一方面讓我大開眼界，一方面也激起了我的好勝心，不斷要求自己進步，期許自己有一天可以看懂所有植物。

每隔幾年花市裡便會出現新的明星，舉凡觀葉植物、美花、藥用植物、果樹、蘭花都有。當然，隨著熱潮減退，這些明星總是有被請下神壇的一天。而且，隨著網路發達，資訊越來越普及，那些一株叫價萬元、千元以上的植物，價格崩壞的速度也越來越快。

例如過去曾流行過的國蘭、樹葡萄、辣木、彩虹桉、香波果、老虎鬚……還有這幾年的觀葉植物、鹿角蕨，都是曾經出現高價的商品。因為這些經驗，加上年紀增長，開始學會等待，等待風潮過後再入手。

花市另外還有一種現象是「冷飯熱炒」。以前資訊不發達，有些冷門的植物，一段時間後就會改名稱重新被端上檯面。曾經不紅，不代表永遠不紅，名稱取得好，就可能會有流行的機會。

雖然植物是生命，但是只要商品化，都避不開人類喜新厭舊的習性。廠商為了生存，必須一直開發新產品，才能夠在市場上有一席競爭之地。也因為如此，價格崩壞、冷飯熱炒、或是不受歡迎而被市場淘汰的植物，總會一直交替出現，年年上演。

在花市，為了幫助消費者做選擇，也有一套屬於花市的分類學。分類方式不是什麼界門綱目科屬種，而是綜合植物生長環境、形態、分類，衍生出來的一套約定俗成的規則。商家、玩家，都在這套規則下各自找到歸屬。

也不是什麼秘密，只要稍微有點經驗就會發現，市場的觀賞植物分成三盆一百的入門草花、山野草、蘭花、球根花卉、室內觀葉植物、雨林植物、木本花卉、盆景、藤蔓、多肉、水生植物、草藥、香草、蔬菜、果樹，還有近年來興起的塊根……說穿了，後來網路論壇，或是近年來的社群媒體社團，大致上也是這樣區分。

其中一些特別大的類群，又會再細分成更小的類群。例如，雨林植物裡就能夠細分秋海棠、鳳梨、苦苣苔等子類群。而一些相似的類群，有時候也會混雜在一起，例如山野草也常會賣原生蘭花，觀葉植物跟雨林植物高度重疊，又或是香草與藥草一起販售。而三盆一百草花區甚至可以見到更多各類群植物，包含觀葉、果樹、多肉……。

有些人逛花市會直接走到他有興趣的攤位，有些人會跳著看。而我是從頭逛到尾，一家也不錯過的那類。畢竟，熱帶雨林裡的植物多樣性太高，幾乎在所有類群中都能找到。

除了逛花市，我也很喜歡逛水族館，看魚也看水草。畢竟，無論是亞馬遜雨林、東南亞雨林，抑或是剛果雨林，因為環境潮濕，大小溪流、沼澤遍布。近年來觀葉植物或雨林植物玩家，不少人原本都是水草玩家，因為箭毒蛙風潮興起的生態缸而踏入更大的植物圈。至今，很多美麗，且可以挺水栽培的水草，如東南亞美麗的辣椒榕、水椒草，還有非洲的水榕、黑木蕨、噴泉草，仍是水族館裡才容易買到。

喜歡藥用植物的人，大概都不會錯過各地的青草街、青草巷。這裡的植物種類也非常多，有曬乾的，也有新鮮的，零星可以見到一些盆栽。一部分當然會跟花市的植物重疊，但仍舊有一定比例是花市裡不會出現的種類。對我而言，青草街跟花市一樣好玩，可以從更生活化的角度接觸植物。不少青草店的老闆，自己也是採草人，認識植物名稱之外，更懂得如何利用這些植物搭配出好喝且養生的青草茶[1]。

很多東南亞新住民早期來台灣，沒有東南亞市場前，多半都是從龍山寺旁的青草巷，或是台中第一市場的青草街購買魚腥草、雷公根、薑黃、香茅等植物。隨著來台人數日增，東南亞市場也逐漸成形。新興的東南亞香草、蔬菜，如越南毛翁、叻沙葉、甲猜[2]……

**1** 關於青草街與青草巷的歷史文化與植物，請參考《被遺忘的拉美——福爾摩沙懷舊植物誌》。**2** 關於東南亞植物與市場，請參考《舌尖上的東協——東南亞美食與蔬果植物誌》

容易扦插、或用地下根莖繁殖，直接從東南亞市場購買材料，也是一種收集方式。

當然，隨著接觸植物的時間越來越長，認識的廠商越來越多，加上社群時代，廠商幾乎都有自己的社群帳號，方便聯繫。除了逛花市、水族館，直接到園子參觀選購也是一種方式。

網路購物興起後，植物也從實體市場，延伸到網路交易平台。特別是疫情這幾年，網購植物成為一種風潮。大大改變了植物市場的結構，玩家可能也是賣家，不再是過去的經營模式。對消費者而言，有方便之處，也有容易產生糾紛的地方。

除了自己採集或購買，收集植物也能夠認識不少同好，交換植物也是一種收集的方式。在我收集的眾多植物當中，有非常多都是植物同好交流、贈送而來。甚至還有植物同好，因為生涯改變，將植物託孤給我。植物栽培，又多了一層意義。

不過，三十多年的植物收集經驗裡，還是有遇過一些植物消失就真的消失了，不是想買就一定能買到。當初廠商繁殖了一批，賣掉之後，或許是因為不好種，或許因為無法開花結果，各種不明原因就消失在市場上了。例如捕蟲豆，以前三盆一百每攤都有，現在只剩下少數玩家手上有植株，很久沒有在市場上見過。

還有些植物，過去的圖鑑裡幾乎每本都有，如錦袍木；但是找了快二十年了還在找，依舊沒有機會遇到。

我想，蒐集植物就是這樣才有趣吧！如果有錢什麼植物都買得到，那就失去收集植物的樂趣了。

## 水榕

**學　名**｜*Anubias barteri* Schott

**科　名**｜天南星科（Araceae）

**原產地**｜幾內亞、賴比瑞亞、象牙海岸、奈及利亞、喀麥隆、赤道幾內亞、加彭、剛果

**生育地**｜森林內溪畔或流水旁陰濕處岩石上或枯木上，偶爾氾濫的地區

**海拔高**｜0-1600m

水生草本，莖橫走。單葉，互生，全緣。花序腋生，佛焰苞綠白色。

小水榕可以種在水族箱中，也可以挺水栽培

水榕植株較高大，沒有小水榕那麼普遍

小水榕是水族館常見的水草

# 唐先生的花瓶

## ◎網際網路對植物知識與傳播的影響◎

現今社會，大家已經十分習慣網路購物，甚至台灣還發展出超商取貨等便利措施。但是鮮少人注意到網路購物對植物傳播的影響。

事實上，人類的貿易、購物行為，對生態產生重大影響。絲路開通是第一次世界植物的大交換，讓東亞與西亞、中亞、南亞，甚至地中海的的植物有機會交流。第二次是哥倫布發現新大陸，造成新舊世界的植物大規模交換。此後數百年，全世界植物大規模交流，形塑了我們今日的世界——無論去哪一個國家，都可以吃到熟悉的蔬果，看到類似的野草。

但是這一切都還比不上網際網路時代。特別是一九九五年微軟公司 MicroSoft 推出 Windows 視窗系統，還有一九九八年成立的 Google 公司與其建立的強大搜尋引擎，大大便利了人們認識這個世界，改變了過去只有少數人可以獲得知識的情況。

於是，當一九九〇年代中後期網路論壇興起時，「塔內植物園」、「網路花壇」等植物論壇也開始在植物玩家之間形成一股風潮。不過早期使用不便，上傳照片還要經過壓縮。二〇〇〇年代，使用者最多時期不到兩萬人，主要用戶是常接觸電腦與網路的學生、上班族。

一九九七年十二月，結合英文的 Web（網路）與 log（日誌）兩字而成的 Weblog（網路日誌）一詞被創造，後來簡化成 blog（部落格），並於九八年在美國開始流行。二〇〇〇年代，網路論壇方興未艾之際，台灣也開始陸續出現部落格服務。如二〇〇〇年成立的 PCHome 個人新聞台、二〇〇三年推出的痞客邦 PIXNET 與 Google Blogger、二〇〇四年微軟公司在 MSN 通訊軟體之後推出的 MSN space。到了二〇〇五年全盛時期，又出現了雅虎奇摩部落格、無名小站、蕃薯藤 yam 天空部落、中華電信開 Xuite 日誌……一時間百家爭鳴，許多熱愛植物的人紛紛開始經營部落格。

這時候部落格與網路論壇成為大家認識植物的重要管道。我個人也是在這階段以「胖胖樹的熱帶雨林」開始在網路上介紹植物，並且藉由這些管道，認識更多過去不曾在圖鑑上看過的植物。

在部落格全盛時期，有人開發影片為主的 Vlog，也有人朝向發文更簡單，互相追蹤更直接便利，完全不需要「後台」的社群媒體平台發展。二〇〇五年，YouTube 第一部影片上傳網路，緊接而來，臉書 Facebook 於二〇〇六年正式對一般大眾開放。

二〇〇七、二〇〇八年，YouTube 與臉書一前一後推出繁體中文平台，正式進入台灣。這時候，搭配這兩個將影響全球的社群媒體，改變世界運作規則的智慧手機相繼出世。二〇〇七年一月蘋果推出第一支 iphone 手機，同年十一月 Google 領導成立開放手持裝置聯盟，各大廠相繼推出安卓系統 Android 的智慧手機。

二〇一〇年代起，隨著網路的發展，智慧手機及臉書等社群媒體普及，幾乎所有人都可以透過手機快速分享植物照片。除了提供社會大眾更快速認識植物的管道，也促進了全球植物愛好者的交流。

同時，許多原本以為消失的熱帶植物，或是不知道何時引進的奇特植物，都相繼出現在臉書的社團。讓我們有機會知道更多不曾被記錄的植物。

當然，知識普及後，隨之而來的就是買賣與交換植物的管道，也從實體延伸到網路。這又是社群媒體發展之外，網際網路世界另外一條脈絡。

二〇〇三年世界最大的網拍公司 eBay 在台灣推出的廣告「唐先生的花瓶」一炮而紅，沒多久，台灣最大的拍賣網 Yahoo! 奇摩也拍了續集，掀開了台灣網路拍賣大戰。「什麼都有、什麼都賣、什麼都不奇怪」的網路購物風潮席捲台灣，除了改變大家的消費習慣，甚至也讓很多過去不曾引進的植物，陸陸續續進入台灣。

其中包含過去大家都不曉得長什麼樣子的天南星科植物、塊根植物，或是乳香跟沒藥，都在二〇二〇年代相繼出現在社群，甚至掀起了栽培熱潮。

回顧一九九八年至二〇〇〇年，網路拍賣發展初期，優必得 UBid 與酷必得 CoolBid 率先開啟了台灣網路交易序幕。二〇〇一年雅虎台灣跟奇摩合併，Yahoo! 奇摩成立，網路拍賣功能啟用。二〇〇二年 eBay 併購台灣最大拍賣網，改名台灣 eBay。二〇〇六 PChome Online 網路家庭及 eBay 合資成立的露天拍賣，取代原本的台灣 eBay，逐漸成為台灣最大拍賣網站。

無論是中南部、東部的植物廠商或植友，甚至是離島的玩家，都因為網路購物，讓植物買賣更加便利。打破了原本難以抵達花市，無法買到特殊植物的窘境。而沒有實體店面的玩家，也有機會將自己繁殖的植物放在網路上銷售，一些市場上消失的植物，又再度流通。

上述這些都屬於國內植物交流階段，除了台灣，許多面積更大的國家，都有類似情況。不過，真正造成世界植物大交換的，還是國際網路購物平台。影響台灣較顯著的除了 eBay，就是二〇〇三年成立中國最大網路購物淘寶網，以及一九九七年成立日本最大網路購物樂天市場 Rakuten。

在網路購物發展初期，許多玩家因為不熟悉植物貿易法規，直接在國際網購平台交易各種植物種子，加上國人對於英文、日文與簡體中文相對熟悉，在這些語系國家工作台人又相對多，於是這三個平台就成為網路交易規範渾沌不明時期，台灣民眾購買國外特殊植物的主要管道。

許多日本流行的花卉、熱帶水果、或是中國珍稀的植物，如見血封喉、望天樹，各種麵包樹，就是在這樣的背景下引進。經過一二十年，許多當初輸入的植物，都已經開花結果，並且再次繁殖。

然而，這些都還只是前奏。真正讓世界植物進入第三次大交換的還是要拜全世界大流行的臉書、二〇一〇年發布的 Instagram 等社群媒體。

二〇一〇年代起，社群媒體成為許多人生活重心。加上線上即時翻譯功能，許多來自東南亞、中南美洲、非洲，非英語、日語、華語等大家熟悉語言的玩家，可以更方便交流。以前不知道、沒看過的奇異植物，不斷透過國際性的臉書社團，進入我們的生活。

此外，腦筋動得快的店家紛紛投入臉書社團行銷的行列，臉書也順勢推出 Marketplace 功能，讓社團逐漸成為大家網路購物的新平台。

更有趣的是，原本在網路遊戲圈流行的直播功能，從線上遊戲獨立後，竟帶起了新的風潮。許多公司紛紛推出直播 app，臉書也於二〇一五年底推出直播功能，創造了新的直播帶貨商機。

社群媒體不斷推陳出新的功能，開啟了大家的眼界，同時創造新的消費模式，改變了購物習慣。回頭看，這一切彷彿是為二〇二〇年疫情期間植物大流行奠定基礎，又像

是為疫後消費模式開啟新的一頁。

在這波新的風潮下，許多過去從來不曾出現在國內花卉市場上的觀葉植物、塊根、多肉、豆科植物、橄欖科植物、鹿角蕨，紛紛引進。植物貿易來到了全新的境界。不但原本就培育植物的廠商獲利，連帶也創造了一群得利於國際植物貿易的「植物新貴」。

這股全球性流行風潮，塑造了許多「植物明星」，成為第三次植物大交換的主要物種。當中又以非洲的植物最具指標性。例如絕大多數的乳香、沒藥，都是來自非洲，其他還有許多「怪美」的塊根植物，如來自馬達加斯加的象腳漆樹[3]、列加氏漆樹[4]、象牙宮[5]、惠比須笑[6]、亞阿相界[7]，而南非龜甲龍[8]、睡布袋[9]則是來自南非。

電腦、網際網路、社群媒體、智慧手機，一步一步改變人們的生活，也影響了植物知識的普及、植物傳播與貿易。二〇二三年，Chat GPT 旋風後，ＡＩ又將如何影響植物學？植物在ＡＩ世代，又將扮演什麼樣的角色？

**3** 學名：*Operculicarya pachypus* Eggli。｜**4** 學名：*Operculicarya decaryi* H.Perrier。｜**5** 學名：*Pachypodium rosulatum* Baker。
**6** 學名：*Pachypodium brevicaule* Baker。｜**7** 學名：*Pachypodium geayi* Costantin & Bois。｜**8** 學名：*Dioscorea elephantipes* (L'Hér.) Engl.。｜**9** 學名：*Gerrardanthus macrorhizus* Harv. ex Benth. & Hook.f.

這些年流行的塊根植物，不少種類故鄉都是在非洲

# 神聖乳香

**學　名**｜*Boswellia sacra* Flueck./ *Boswellia sacra* Flück.

**科　名**｜橄欖科（Burseraceae）

**原產地**｜索馬利亞、阿曼、葉門

**生育地**｜岩石斜坡

**海拔高**｜1200m 以下

小喬木，高達 8 公尺，樹皮容易剝落。一回羽狀複葉，簇生莖頂，小葉鋸齒緣。花小，白色，五瓣，總狀花序或圓錐花序，腋生。蒴果。

中藥乳香是來自乳香屬植物的樹脂

神聖乳香是近年來受歡迎的植物

乳香、沒藥、裂欖，各式各樣的橄欖科植物都在近幾年引進台灣，成為疫後新寵

# 觀葉夯什麼？可聽過古人派艦隊、搭軍機出門蒐集植物？

受國際網紅影響，二〇二〇年觀葉植物大流行，許多植物價格暴漲。幾乎可以說是我栽培植物三十多年來，室內觀葉植物最火熱、也是價格最好的時代。

好多認識的植物商，原本有的賣蘭花、賣藥用植物、賣多肉、賣香草、賣球莖、賣藝術盆景，現在通通改賣或兼賣觀葉植物。一時洛陽紙貴，曾幾何時三株一百至一株數百的觀音蓮屬植物，漲到了一株數千元之譜。連帶著星點藤、粗肋草、合果芋、黛粉葉、蔓綠絨、龜背芋、花燭的價格也水漲船高。名貴如聖靈蔓綠絨或派翠西亞蔓綠絨，競標成交價格甚至高達數十萬元。緊接在後，二〇二三年二月六百萬天價的鹿角蕨，更是令人瞠目結舌。愛屋及烏，花器、花剪、花灑也都成了時下流行的配件。沒有跟著買，似乎就落伍了，跟不上時代。

不過，你知道嗎？歷史上有過非常多次的植物大流行，貴族階級不只競相蒐藏珍稀植物，甚至派船隊、搭戰鬥機到海外「補貨」！

十七世紀，英國哲學家培根在《隨筆》書中第四十六篇〈論園藝〉提到：「文明的起點，開始於城堡的興建。但高級的文明，必然伴隨著優美的園林。」一舉將園藝推向新高度。當時「法王路易十四不但建立廣達八百公頃的凡爾賽花園，做為炫富與中央集權的工具。甚至還派查爾斯．普米勒到拉丁美洲尋找新的植栽，意外發現了龜背芋這類葉子破洞的怪物。」

而打造大清帝國盛世的康熙皇帝，除了電視連續劇中常提到的喜歡西洋樂器，同樣也喜歡奇花異卉。不僅御賜拉丁美洲來的花卉「晚香玉」之名，還命內閣學士汪灝編撰花卉百科《廣群芳譜》。

十九世紀「正值英國維多利亞時代，英國殖民地橫跨二十二個時區，是英國日不落帝國最強盛的時期。當時英國貴族醉心於追求藝術、文化，還有更精緻的生活。在那樣的時代背景下，來自各殖民地的各種稀奇古怪的植物，成為貴族競相蒐藏，甚至炫富的工具。」除了觀葉植物，豬籠草、蘭花、多肉、積水鳳梨，各式各樣罕見的熱帶植物，都是貴族砸大錢蓋溫室蒐藏、炫富的目標。

世界各地都有喜歡蒐集植物的貴族，不勝枚舉。再回頭看看台灣，早期，林本源家族中就有喜歡園藝之人，大家到板橋林家花園參觀應該就能夠理解。一九一〇年代，一般薪水階級

鹿角蕨是二〇二三年植物界的新寵

月薪不過十至二十元，蘭花就出現每株一百至五百元的天價。而當時最狂的植物蒐藏家，莫過於有「二水總督」之稱的企業家增澤深治。他在二水的私人植物園占地六、七公頃，植物收藏達一百一十三科，約一千兩百種。是當時植物栽培圈最紅最紅的名人，開台灣私人收藏植物之先河。不但搭軍機到海外考察、蒐集植物，返台後在全台各地演說，據說還邀請九任總督到他的「萬樹園」參觀。只可惜，在一趟考察之旅座機被美軍擊落。其蒐藏不是被偷走，就是死亡。

相較於過去植物流行，這一波觀葉植物風潮才發生不久，還不清楚這股潮流會延續多久。不過，疫情與網路卻實為這股旋風帶來有別以往的樣貌。觀葉植物幾乎是全球大流行，且影響的層面更廣，並不限於貴族。引發風潮的原因，或許是二〇二〇年肺炎疫情肆虐全球，大家被迫在家。有人變成了大廚，也有不少人長出了「綠手指」。我個人就有好幾位從來沒有栽培植物經驗的朋友，突然間都加入這波在家栽培觀葉植物的行列。

許多從來沒有飼養過動物、沒有栽培植物的人都身陷這波觀葉狂潮，把植物當成寶貝，每天回家細心照料、觀察。稍微黃葉、或是葉片上有個小黑點，便心急如焚，為了這些寶貝開始四處求神問卜。喔不！是問他的植物是不是生病了，怎麼救治。進而慢慢知道，植物是有生命的，會有枯葉、黃葉是正常的現象。

原本走進書店，從來就直接跳過的園藝區塊，現在卻成為許多害羞者自學的聖地。而各式各樣跟植物有關的書籍，過去鮮少有人撰寫的題材，沒翻譯過的經典，一本接著一本出版。在我購買植物相關書籍三十多年時光中，不曾見過一年內上架這麼多植物相關書籍，也沒見過網路書店科普書榜同時有這麼多植物書籍盤據。

走在路上，咖啡店、餐廳、書店、診所、美髮店、手工飾品店、飯店、旅館、甚至汽車展售中心、機車行，全都開始大量使用植物布置。歌手新的ＭＶ當中也加入觀葉植物作為背景。更進一步，不論是時尚雜誌、設計雜誌，競相報導這波潮流。

原本引領時尚的品牌，新的商品設計加入了植物元素，甚至路易威登還在二〇二一年五月推出了栽培植物的手提沃德箱，成功製造話題。連帶的，家具、家飾、服裝、飾品、食物，都吹起觀葉植物造型風，彷彿少了觀葉，就會影響買氣。多了幾盆植物，因為駐足拍照，進而登門的客人似乎頓時增加不少。

不過，疫情或許只是起點。明星加持、網路擴散、媒體不斷報導，種種原因推波助瀾，才有機會讓二〇二〇年燃起的觀葉風潮不斷延燒至今。特別的是，明星、網紅似乎是這波潮流的領導者，而跟隨者則是年輕人。跟過去大家直觀，玩植物的都是退休人士有天壤之別。或許這是因為「觀葉」植物天生就符合ＩＧ等年輕人之間普遍使用的社群媒體吸睛的需求。而擅於查詢資料、外語能力，或許也有助於觀葉植物在年輕人之間快速流行。

此外，觀葉植物的入門方式也乾坤大挪移，給既有的植物市場一劑震撼彈。不是從身旁常見且平價的植物開始，而是直接一口氣進階到超玩家級植物。以至於許多新手認得珍稀植物，卻不認得黃金葛、黛粉葉，甚至不知道拎樹藤，更甭提那些鄉野、公園、校園常見的植物。新手從珍稀植物入門，感受植物之美，然後才逐漸認識常見植物。這現象就好比許多長輩上個世紀沒有使用過電腦，本世紀第一次上網就是智慧手機。順序跟我們這個隨著電腦網路普及而開始接觸3C的世代完全顛倒。

智慧手機的普及，讓拍照、攝影並上傳網路變得十分簡單。除了誕生許許多多的網紅，秀服飾、秀風景、秀美食，無所不秀，也促使漂亮的觀葉植物，還有以植物為主體的居家布置，終於成為秀點。但是，想要吸睛，除了外表美，網紅植物似乎還必須要有瘋狂的價格，卻又容易栽培等因素，才走得進「時尚房間」。

過去植物昂貴是因為取得不易，再加上歐美需要打造溫室來收藏這些熱帶嬌客。但是這波觀葉植物風潮卻隱隱看到一八九九年美國社會學家暨經濟學家托斯丹·范伯倫著作《有閒階級論》中提出「炫耀式消費」的概念。這項文化消費新模式有別於傳統經濟學的需求理論。傳統的經濟學，當價格上升，需求會降低；但是這波觀葉植物風潮卻是價格越高，需求數量跟著增加，符合「炫耀式消費」的基本概念。

當然，跟所有商品消費心理類似，觀葉植物風潮中也可以看到從眾、攀比、稀缺、權威等現象。「這是目前最流行的品種，不來一棵好像說不過去」；「小明有我沒有，不能接受」；「聽說很稀有，這棵賣掉不知道還有沒有下一棵」；「某位植物圈的大大推薦，大家都應該要擁有一株」

天南星科是觀葉植物流行風潮中的明星

……消費者同樣可能在期待與消費的過程中獲得滿足感，而在買到植物的當下失去消費樂趣。

更有趣的是，植物雖然不是人或卡通人物，卻仍有不少「明星物種」。除了植物本身，相關的周邊商品，如服飾、書籍、海報、掛布、抱枕、地毯、茶杯、碗盤，各式各樣的生活用品，也都搭上這股風潮，推陳出新。這類似ＩＰ經濟的模式，從小說、戲劇，衍生出很多商品。但是植物本身的形態、樣貌不是人所設計，園藝商也非ＩＰ的擁有者。每個人都可以依植物明星的樣貌打造周邊商品。因此，植物本身與周邊商品，似乎又不完全具有法蘭克福學派所謂文化工業產品的兩大特色：同質性與可預測性。

然而，跟其他炫耀式消費商品不同，植物是有生命的。即使可以「組織培養」量產，或是不停「切、切、切」無性繁殖，卻不能買了放在櫃子就一勞永逸。畢竟蒐藏植物特別花心思，所以或許也不能與一般的炫耀式消費行為直接劃上等號？

正所謂觀葉能讓你快樂，也讓你憂傷。有人受不了植物不斷死亡的壓力，也有人不喜歡照顧植物的繁瑣，於是乎，在持續有新血加入的同時，「退坑」情況也屢見不鮮。當然，更有不少人在照顧植物、觀察植物的過程中獲得心靈慰藉。植物，療癒了因疫情而緊張的諸多人心，讓觀葉植物流行，在炫耀性之外，多了陪伴經濟的價值。

人跟植物之間，出現了類似談戀愛般的幾個階段，從一開始熱戀期，然後倦怠期，接下來不是放棄，就是進入磨合期，最終好不容易來到平穩階段。

不少人看大家栽培植物，難免心癢癢，一開始一頭熱，買好多好多植物，走到哪裡都注意到身邊的植物好可愛好漂亮，彷彿發現新大陸。剛進家門看植物、吃飯看植物、睡前看植物，周末逛花市，這就是與植物戀愛的熱戀期。

過了一段時間，可能是半年、一年，或許突然變忙了，或許生小孩無暇照顧，又或者因為植物一直枯死，心生挫敗感，甚至是遭家人反對，開始呈現半放棄的狀態。家裡的植物小盆栽，從剛買回來的一日看三回變成了三日看一回。從暴增幾十盆到暴斃幾十盆。「Let it go ! let it go ! Can't hold it back anymore .」這就是植物戀愛的倦怠期。

這十幾年來我看過太多例子，有些人到這裡就放棄了，直接換興趣，或乾脆不再種植物，就是玩家們所謂的「退坑」。但也有一小部分人會在過程中不斷的摸索、學習，開始想方設法要把植物救活，然後逐漸上手，我形容這就像是磨合期。最後，像我個人栽培植物超過三十年的老妖，即所謂的平穩期。跟植物之間成為一種彷彿老夫老妻的關係，我們不能沒有彼此，但是也不需要二十四小時黏在一起。

植物，原本就以多元的樣貌融入人類的文化中。當植物變成了商品，當然也會衍生出許許多多社會現象、經濟現象。我不是社會學家，僅能就我過去學習過的淺薄社會學知識，從一個植物愛好者的角度來記錄這次的觀葉植物風潮。

說真的，看到大家這麼喜歡植物，植物重新回到人類的生活空間，我心裡面是很開心的。由衷希望藉此，大家可以更了解這些可愛的細胞壁精靈。大眾認識生物的管道不再只有恐龍、昆蟲或其他寵物，還有這些不說話、動作非常緩慢的綠色植物。而觀葉植物潮流可以讓更多人開始留意身邊的植物，進而喜歡生態、保護生態。

# 提琴葉榕

**學　名** | *Ficus lyrata* Warb.

**科　名** | 桑科（Moraceae）

**原產地** | 幾內亞比索、幾內亞、獅子山、賴比瑞亞、象牙海岸、迦納、多哥、貝南、奈及利亞、喀麥隆、加彭

**生育地** | 低地熱帶雨林

**海拔高** | 0-400m

喬木，高可達 16 公尺，小苗半著生。單葉，互生，全緣，托葉常宿存。隱頭花序腋生。

琴葉榕最早於一九〇一年引進台灣，一九六七年玫瑰花推廣中心張碁祥又自日本引進，各地常見栽培，許多公園校園都有巨大的植株。台灣沒有其榕小蜂，只能無性繁殖，扦插容易成活。幼株有一定耐陰性，原本就常被栽培在室內。二〇二〇年觀葉植物大流行，成為許多人喜愛的明星物種。不過，它喜歡通風的環境，個人建議還是室外栽培。

提琴葉榕盆栽這幾年也十分流行

提琴葉榕並非這幾年才引進，地植可以長得十分高大

# 愛心榕

**學　名**｜*Ficus umbellata* Vahl

**科　名**｜桑科（Moraceae）

**原產地**｜塞內加爾、甘比亞、幾內亞比索、幾內亞、獅子山、賴比瑞亞、象牙海岸、迦納、多哥、貝南、奈及利亞、喀麥隆、中非共和國、赤道幾內亞、剛果、薩伊、安哥拉

**生育地**｜雨林、河岸林、疏林

**海拔高**｜1100m 以下

小喬木，高可達15公尺，樹幹基部易生氣生根。單葉、互生，全緣，短尾狀，托葉略呈紅色。隱頭花序幹生。原產於非洲熱帶雨林，是當地的藥用植物，也有研究指出具抗癌的功效。二〇一〇年代末期引進，大約二〇一九年出現在市面上，因為觀葉植物流行風潮而廣受歡迎。

愛心榕屬於較大型的觀葉植物

愛心榕是這幾年才開始流行的觀葉植物

Ch——11

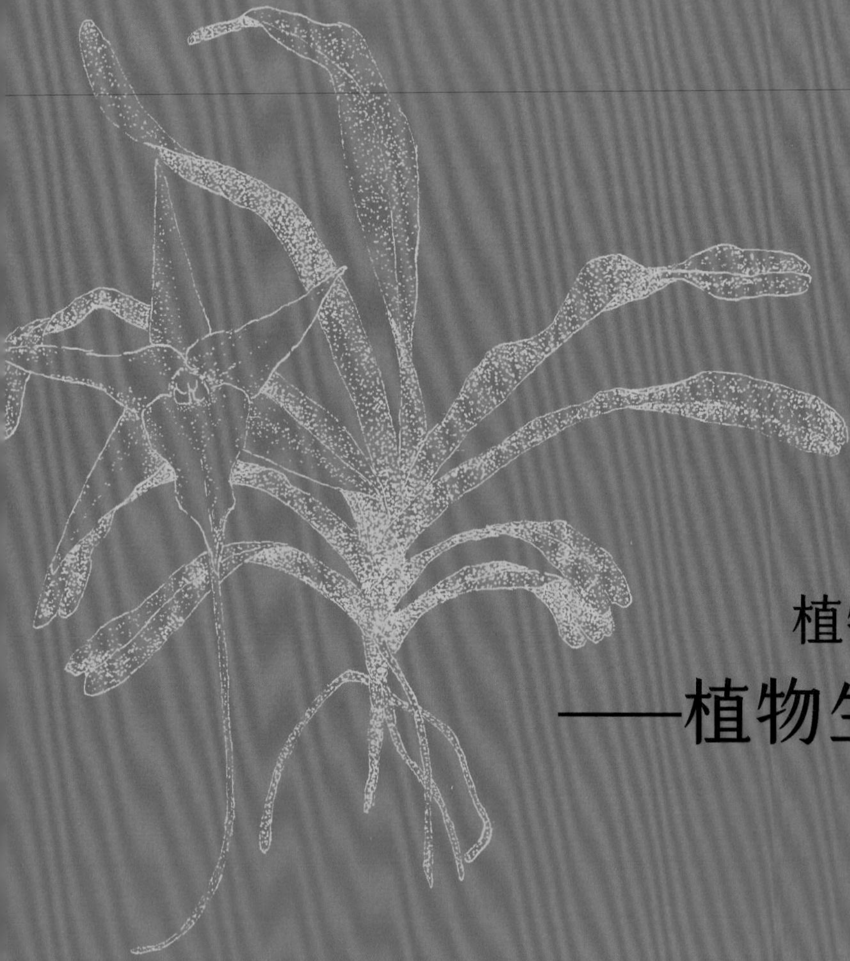

# 植物三十六計
# ——植物生存智慧

# 從偷樑換柱到走為上策

## 植物如何獲得光線

植物生活在地球上，不外乎生長、繁殖，讓族群得以生生不息。在生長過程中，植物需要陽光、空氣、水分，還有各種營養，同時需要自我保護，避免被吃掉、避免病蟲害。並且需要各種昆蟲、動物，或自然力量的協助，幫忙授粉、傳播。為此，植物演化出各式各樣的策略，與其他植物、動物，乃至於環境因子互動，形成今日多樣且奧秘的生態系統。

這些往往是學會觀察植物形態、認識植物、栽培植物之後，吸引人進入更浩瀚植物世界的主要原因。種種生態現象，不但令人讚嘆，也讓人對大自然產生敬畏之心。

在競爭陽光上，有的植物選擇在陽光充足的開闊地快速生長，完成生命週期。因為這樣的環境雖然不缺陽光，卻可能缺乏水分或養分，如沙漠，需要有能夠儲水的構造，或是可以在短短的雨季中生長。若是在潮濕環境就要比生長速度，或可以長得比任何植物都高。這樣的植物，生態學上稱為陽性植物。

有的植物選擇適應陰暗環境，演化出絕佳的耐陰性，葉子可以在低光度下光合作用，或是在每天僅有的光線直射時間快速啟動光合作用。這樣的植物被稱為陰性植物。

這些植物，為了競爭光線，演化出精采絕倫的適應力。

在森林裡，樹冠層遮住了絕大多數的光線，森林底層十分陰暗。這樣的環境中，除了提高光合作用的效率，不同植物有不一樣的策略。

以頂層大樹來說，它的幼苗期極長，植株會保持筆直往上生長的特性。在森林裡慢慢等待，等待上層喬木倒下，森林出現孔隙的那一天。

有的植物會在葉子的形態跟排列上下苦功。如複葉或裂葉，在葉表面積不變的前提下，因為羽片或裂片之間產生間距，整片葉子可以佔據更多的空間，提高接觸到光線的機率。而陽光也可以穿透羽片或裂片間的縫隙，讓下層的葉片仍舊可以接觸到陽光。當然，有葉片由外向內裂開的植物，也有由內向外，在葉片上產生孔洞的植物。目的其實都大同小異。

還有一些植物，會在葉軸或葉柄長出翅膀一樣的構造，增加光合作用的表面積。這都是在熱帶雨林裡才見得到的特殊形態，目的就是為了適應陰暗的環境。

下層的地被植物往往會演化出虹光現象，讓葉片看起來藍藍的，提高光合作用的效率。也避免大樹倒下時，瞬間的強光灼傷葉片。

這些都是植物在不改變位置的前提下，改變自己的葉片結構、提高光合作用效率，適應環境的策略。因為改變了葉片空間結構排列、改變了葉軸、葉柄的功能，甚至改變細胞內結構排列的角度。所以我稱之為「偷樑換柱」。

還有一些植物在爭取陽光上更加積極，選擇「走為上策」，離開陰暗的環境。怎麼走？

有的樹木，或許是大喬木，也可能是小灌木，長出了支柱根，讓整個植物體可以往陽光更多的地方傾斜。看起來就彷彿會走路一樣。

有的選擇從森林底層爬上大樹，去更靠近陽光的地方。爬上樹的方式有很多，巨大的藤蔓，靠卷鬚、鉤刺、吸盤等構造，或是整個植物體纏繞，或是多管齊下，快速往上爬到冠層。雖然沒有樹木那樣粗壯的枝幹，卻省下了非常多的時間。而這些藤蔓的存在，讓森林的結構更加複雜，彷彿在空中交織成網，便於動物在樹與樹之間移動。

有的植物選擇直接在樹幹上發芽，演化成著生植物。如此一來，就必須要具備在空中攔截養分跟雨水的能力。同時，根部也要有很強的黏著力，將自己牢牢固定在大樹高處。這些著生植物，在樹上營造了很多微環境，也增加了小昆蟲、小動物的棲地。

這兩年特別流行的鹿角蕨就是屬於著生植物，這也是為什麼栽培鹿角蕨需要「上板」的原因。一方面是模擬它原本的生活樣貌，一方面是因為著生植物克服了樹幹上特殊的環境，它的根不再能夠像一般植物一樣生長在土壤之中，必須要使用更透氣的介質。

鹿角蕨一共有十八個種，廣泛分布在美洲、非洲、東南亞與大洋洲的熱帶地區。其中有五種原生於非洲。象耳與三角鹿角蕨分布較廣，西非、中非、東非的潮濕森林皆可見到。而圓盾、愛麗絲與非洲猴腦鹿角蕨則分布在東非或馬達加斯加。為了適應樹上或岩石上的環境，鹿角蕨都有兩種不同型態的葉子。一種是蒐集枯枝落葉或其他有機物質的巢型葉，英文稱為 nest leaves，也就是一般玩家所謂的「冠」；另外則是多數能夠產生孢子，也能光合作用的孢子營養葉，英文是 Sporotrophophyll，有些玩家稱為「手」。過去常會將巢葉稱為營養葉，然而，有的鹿角蕨巢葉常綠，有的多半時間呈現乾枯狀態，只有吐新芽的時候具有光合作用能力，不是隨時隨地扮演營養器官的角色。因此，現在植物學上調整了鹿角蕨葉子的名稱，以求更貼近事實。

還有一些植物，選擇了中間策略。在不斷往上爬的過程中，節間不斷長出新的根，將自己牢牢固定在樹上。它們跟藤蔓一樣在地上發芽，卻因為根系，有機會成為著生植物。哪怕原本發芽的點被啃咬斷裂，也不會死去，仍舊可以持續往上爬。

為了陽光，植物搬出了十八般武藝，或走或變，各顯神通。但我總是想，如果不是因為「光線稀缺」，又怎麼會有這麼多演化？所以，缺乏一定不好嗎？植物告訴我們，缺乏反而更應該想辦法去爭取，不是嗎？

# 圓盾鹿角蕨

**學　名** | *Platycerium alcicorne* (P.Willemet) Desv./ *Platycerium vassei* Poiss.

**科　名** | 水龍骨科（Polypodiaceae）或鹿角蕨科（Platyceriaceae）

**原產地** | 肯亞、坦尚尼亞、莫三比克、尚比亞、辛巴威、馬達加斯加東部、大科摩羅島、塞席爾、留尼旺

**生育地** | 潮濕森林樹上，著生

**海拔高** | 0-600m

著生草本，多芽型。二型葉，巢型葉頂端齒狀裂不明顯，孢子葉斜上生長，先端分叉。非洲大陸的個體偏黃綠色，幾乎無毛。馬達加斯加的個體，葉偏深綠色，孢子葉較多分岔，且較多星狀毛。

圓盾鹿角蕨又稱窄葉麋角蕨，原產於東非及馬達加斯加島，一九七二年謎立吾自美國引進。在台灣較常被栽培的似乎是馬達加斯加島產的個體。冬天寒流來葉子會凍傷，但不至於枯死。

馬達加斯加島產的圓盾鹿角蕨

## 象耳鹿角蕨

**學　名**｜*Platycerium elephantotis* Schweinf./
*Platycerium angolense* Welw.

**科　名**｜水龍骨科（Polypodiaceae）或鹿角蕨科（Platyceriaceae）

**原產地**｜幾內亞、獅子山、賴比瑞亞、象牙海岸、迦納、奈及利亞、喀麥隆、加彭、中非共和國、薩伊、安哥拉、南蘇丹、衣索比亞、烏干達、肯亞、坦尚尼亞、尚比亞、馬拉威、莫三比克

**生育地**｜熱帶森林內樹幹上，著生

**海拔高**｜100-1500m

著生性草本，多芽型。二型葉，巢型葉高大直立，上緣波浪狀。孢子葉左右各一片，寬大下垂且不分叉，彷彿兩片大耳朵，故名象耳。象耳鹿角蕨主要分布在非洲赤道兩側，一九七三年諶立吾自美國引進，早期稱為闊葉麋角蕨。栽培容易，但需要比其他種類鹿角蕨更明亮的環境。寒流來襲時不要澆水，以免葉片凍傷。

象耳鹿角蕨的孢子葉不分叉，像極了一對大耳朵

象耳鹿角蕨是多芽型，旁邊會長小芽

## 愛麗絲鹿角蕨

**學　名** | *Platycerium ellisii* Baker

**科　名** | 水龍骨科（Polypodiaceae）或鹿角蕨科（Platyceriaceae）

**原產地** | 馬達加斯加東岸北部至中部

**生育地** | 紅樹林至低海拔潮濕森林樹上，著生

**海拔高** | 0-500m

著生性草本，多芽型。二型葉，巢型葉葉圓形，外觀與圓盾鹿角蕨類似，但是愛麗絲鹿角蕨孢子葉較寬，而且頂端僅二裂，故又稱為腎葉鹿角蕨。

僅分布於馬達加斯加東岸，北部至中部，是少數會生長在紅樹林的鹿角蕨。寒流來襲時要注意，避免凍傷。

愛麗絲鹿角蕨孢子頂端僅二裂

## 非洲猴腦鹿角蕨

**學　名** | *Platycerium madagascariense* Baker

**科　名** | 水龍骨科（Polypodiaceae）或鹿角蕨科（Platyceriaceae）

**原產地** | 馬達加斯加東部

**生育地** | 潮濕森林樹上，著生

**海拔高** | 300-700m

著生性草本，全株暗綠色，多芽型。二型葉，巢型葉圓形，葉脈細緻且隆起，是顯著的特徵。孢子葉寬且上揚，頂端淺裂，孢子囊生於葉尖。

非洲猴腦鹿角蕨又稱為馬島鹿角蕨，是螞蟻植物，巢型葉的葉脈隆起其實就是為螞蟻準備的通道。原產於馬達加斯加東部潮濕森林，一九七四年謝立吾自美國引進。需要較高的空氣濕度，栽培較為困難。

非洲猴腦鹿角蕨的巢型葉，葉脈細緻且隆起

## 三角鹿角蕨

**學　名**｜*Platycerium stemaria* (P. Beauv.) Desv.

**科　名**｜水龍骨科（Polypodiaceae）或鹿角蕨科（Platyceriaceae）

**原產地**｜塞內加爾、幾內亞、獅子山、賴比瑞亞、象牙海岸、迦納、多哥？、貝南、奈及利亞、喀麥隆、中非共和國？、赤道幾內亞、加彭、剛果？、薩伊、安哥拉、蘇丹、烏干達、肯亞、坦尚尼亞、莫三比克、辛巴威、聖多美普林西比

**生育地**｜林內樹幹上，著生

**海拔高**｜0-1000m

著生性草本，多芽型。二型葉，巢型葉高大，常見左右對稱生長，中間形成V字型開口。其邊緣波浪狀，春夏新長出者為綠色，秋冬則枯萎變褐色。孢子葉寬短而下垂，二至四回二叉分裂，每一分裂大小約略相等。

三角鹿角蕨廣泛分佈非洲熱帶，早期又稱為非洲麋角蕨。一九七三年楊漢欽引進，同年，諶立吾也自美國引進。它跟多數鹿角蕨不同，喜歡較潮濕而略遮陰的環境。

三角鹿角蕨喜歡較為陰暗的環境

# 請別吃我

## 植物的自我防衛

每次導覽，大概都會有學員提出類似的問題：「老師，請問為什麼植物有毒？有奇怪的味道？為什麼植物會長刺、長毛？為什麼植物有這麼漂亮的花紋？」

植物生存，除了競爭陽光，最重要的就是降低被吃掉的機會。畢竟植物遇到威脅無法逃跑。因此，為了避免被動物吃掉最重要的營養器官，演化出各式各樣的因應之道。

有的樹木會在枝條、葉片邊緣，甚至葉脈上長出硬刺，自我防禦，降低被大型草食動物啃咬的機會，如麒麟花。有的植物會在葉片與嫩芽長出各種毛狀物或鱗片、蠟質，藉由讓自己「不好吃」，降低啃食率，如西瓜、葫蘆、迷迭香、天竺葵，都有毛。還有一些會在葉子或葉軸表面產生黏液，或是在被啃咬後快速分泌黏液，將停留或爬行的小蟲黏住或阻礙其爬行。還有更奇特的是含羞草利用觸發睡眠運動，快速將葉片收起，達到驚嚇效果。這些都屬於物理防治。

除此之外還有化學防治法。或是產生精油，如迷迭香、茴香、蒔蘿，或是體內含有乳汁，如綠珊瑚、沙漠玫瑰、蓖麻、海芋，藉由有毒的生物鹼或特殊味道，讓各種植食動物敬而遠之。

更特殊的是有一些植物葉片會產生各種花紋或斑點，特別是在幼苗的階段，以便讓植物可以順利度過脆弱的幼苗期。如觀葉植物當中的非洲面具便是如此，葉片上白色的紋路只在幼株身上可見，成熟後就消失了。我總是戲稱這類植物屬於「小時了了」的觀葉植物。

在葉片上產生斑紋、斑點，除了讓自己看起來「不像植物」、不像葉子，我覺得最了不起的是，有些斑點是擬態昆蟲在葉片上產卵，或是模擬受到病毒感染，藉此讓昆蟲或其他動物以為早有先馳得點的競爭者，或是認為植物已經不健康而離開，大幅降低被啃食的機會，提高幼苗存活率。

一些森林裡的大樹，當葉片上有過多病蟲害時會落葉，直接把這些不健康

植物幼苗葉片上的斑點有助於降低被啃食的機會，提高幼苗存活率

的葉子跟病源通通拋棄，然後快速吐新葉。這種熱帶地區快速落葉的現象，科學家稱為瞬時落葉，我則喜歡稱之為「換葉」。這些樹往往高達數十公尺，蟲隨著葉片落到林地裡，恐怕沒辦法在吐新芽時爬回冠層，將活活被餓死，或是被其他森林底層活動的動物吃掉，彷彿一場無聲無息的殺戮現場。

還有一些植物會跟螞蟻共生，讓螞蟻住進自己的體內，讓其他動物不敢任意進犯，就像是雇了傭兵一樣。例如非洲猴腦鹿角蕨，一整個螞蟻窩，一般動物絕對不敢動歪腦筋。

當然，更多植物會選擇一種以上的方式來保護自己。或是有毛又有毒，或是同時有刺有精油，或是有斑紋又有毒，彷彿直接對動物發出警告：「我有毒！不要吃我。」不同的植物有不同的自我保護機制。保護機制越多，被吃掉的機會就越低，在弱肉強食的生態系統中才有辦法存活。當然，植物是生產者，動物是消費者，動物仍舊會演化出吃食各種植物的能力。甚至一些昆蟲的幼蟲，又藉由吃食有毒植物，把毒累積在體內，減少自己被更大型動物吃掉的機會。

我們人類，其實也跟植物一同演化，演化出可以吃含有精油、特殊味道植物的能力。不然，那麼多動物或昆蟲不敢碰、不喜歡的植物，如何成為香料？

看似在食物鏈最底層的植物，仍舊懂得使用各種強大的武器，還有欺騙的手段，甚至拉幫結派，以求自保。看似脆弱，實則強大無比。

# 非洲面具

**學　名**｜*Cercestis mirabilis* (N.E. Br.) Bogner/ *Rhektophyllum mirabile* N.E. Br.

**科　名**｜天南星科（Araceae）

**原產地**｜貝南、奈及利亞、喀麥隆、赤道幾內亞、加彭、剛果、剛果共和國、安哥拉、烏干達

**生育地**｜低地潮濕森林中樹上、岩石上或地生

**海拔高**｜400m 以下

多年生草本，地生或著生。葉簇生於短直立莖上。幼株葉箭型，葉脈處綠色，葉肉處有不規則白色斑紋。成株葉一回羽狀深裂，白色斑紋會消失。佛焰花序，佛焰苞褐色。

大家俗稱的非洲面具又稱為網紋芋，繁殖方式十分特別，先是一株獨立生長，像是一般地生的天南星科植物。等植株成熟後會開始伸出走莖，然後到定點再長出一株獨立的植株。藉由走莖擴張地盤，可在地上長出一片，甚至爬到樹上。

原產於非洲的低地雨林，最早於一九六八年引進，一九七二謀立吾又自美國引進。栽培容易，喜歡潮濕半日照的環境。早期台灣栽培的人不多，僅偶爾會在市面上出現。二〇二〇年觀葉植物風潮，成為玩家競相蒐藏的種類。

非洲面具也是這幾年觀葉風潮下的明星物種

# 達爾文的臆測

## 植物花心事

在遙遠的非洲，有一個植物圈都津津樂道的動植物共同演化故事，是關於達爾文與大彗星風蘭。

大彗星風蘭因為開花期在十二月到一月，花星芒狀，所以被稱為Christmas star orchid，意思是聖誕星蘭。又因為聖誕星伯利恆之星是一顆彗星，所以華語稱之為大彗星風蘭。

它的花最特別之處，在於唇瓣之後有長達三十公分的花距，花蜜位在花距底端。而替它授粉的蛾也有長三十公分的口器可以吸到花蜜。花朵的構造，正巧讓這種天蛾。在採蜜時可以順利替大彗星風蘭授粉。不過，這些我們現在已知的科學事實，在一百多年前可是引起許多爭議，很多人都不相信。

一八六二年達爾文收到大彗星風蘭時，世界上並沒有人見過口器那麼長的天蛾。但是達爾文仔細觀察，大膽假設這樣的生物必定存在，不然大彗星風蘭無法順利授粉，傳宗接代。然而，先知是孤獨的，當時科學界並不相信達爾文的假設，而且很遺憾的是，直到達爾文過世，都沒有人發現達爾文描述的昆蟲，無法證明他的說法。

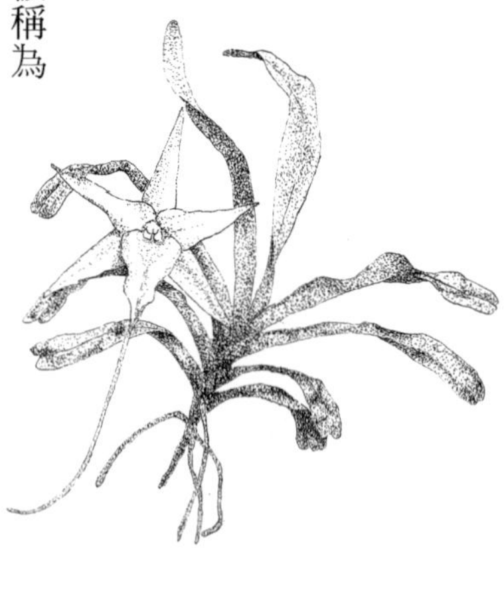

後來，科學家陸續發現口器達二十公分的天蛾，但是達爾文的臆測卻始終不見蹤影。直到一九〇三年，整整過了四十年，知名的銀行家暨動物學家沃爾特．羅斯柴爾德[1]等人，終於在馬達加斯加島採集到口器長達三十公分的巨大天蛾，達爾文的預測終於獲得證實。

不過，故事還沒有結束喔！有花，有蟲，就一定代表是這種蟲幫大彗星風蘭授粉嗎？科學家可沒有這麼輕率，必須眼見為憑才能證明。於是，科學家展開長期的野外監測，想證明兩者之間的依存關係。但你知道科學家等了多久嗎？直到一九九二年，距離達爾文收到大彗星風蘭一百三十年，科學家快要放棄之前，終於看到這種稀有的天蛾在深夜裡出現，伸出長長的口器到大彗星風蘭的花距當中採蜜，並且在吃飽喝足準備離開之際，口器剛剛好碰到了蘭花的蕊柱，花粉塊不偏不倚掉在天蛾的口器與頭部之間，順利讓天蛾帶到下一朵花，完成授粉。

這是我在求學時反覆聽到的故事，生物課課堂上老師必提的經典案例。一方面呈現出植物為了傳宗接代，費盡心機；一方面也讓我們知道，動物跟植物之間高度依存。少了彼此，都無法獨自存在。

這樣的故事還有很多，像是我在《看不見的雨林——福爾摩沙雨林植物誌》還曾

1 德文：Lionel Walter Rothschild, 2. Baron Rothschild

介紹過蘭花蜜蜂與吊桶蘭的故事，蘭花蜜蜂、蘭花與巴西栗的三角關係。不過，千萬別誤會，可不是只有蘭花有心機，所有植物的花，都是無所不用其極，花招百出。

除了藉由「結構」，讓昆蟲非帶走花粉不可，還有顏色、氣味、溫度、擬態等等策略。不同的花使用不同的方式，讓昆蟲或其他動物，知道「花開了」！

視覺跟嗅覺是最直接的方式，不同的花色，目的是要吸引不同種類的昆蟲，不同的味道，當然也是同樣道理。有的植物需要蝴蝶、有的需要蛾，有些在等蜜蜂或花金龜，甚至是蒼蠅。還有一些則是靠更大型的動物，如鳥、蜥蜴、狐蝠、甚至猴子。

因為多數植物無法自行授粉，必須依靠動物，所以得向動物們宣告。但是這些看得到顏色的動物，對顏色偏好不同，因此，那麼多，白、粉、紅、橙、黃、藍、紫，甚至綠色的花，其實都是為授粉者「客製化」的顏色。

更有趣的是，植物經過百萬年的演化，有顏色的並不一定都是「花瓣」。有的是花萼，有的是苞片、有的甚至是葉子假裝的。像是前面介紹過的麒麟花，紅色部分其實是整個花序最外層的苞片，海芋白色的部分也是苞片。還有奇特的天堂鳥，橘色部分是花萼，藍紫色的才是花瓣，跟最外層的苞片一起組合成豔麗的花序。

味道來說，花朵具有香氣，我想是大家都熟悉的。從古至今，不同國家、民族，都會利用花的香氣來製做香水、薰香。但是，仔細觀察，花十分聰明，不同的香氣，其實也是跟著動物一起演化。花希望這些授粉的動物有專一性，可以一直在同一種花之間來回，才能準確地把花粉帶往下一朵花。如果這些小蟲沒有專一性，花粉到了其他不同物種的花上，就是一種浪費。

為了更精準讓授粉者接收到訊息，花的香氣往往也不會無時無刻都有。有的花想要吸引夜間的昆蟲，所以夜晚才會出現香氣，避免不必要的浪費。

當然，海濱有逐臭之夫，蟲界也有喜歡腐臭味的傢伙。許多生長在陰暗潮濕環境的植物，如天南星科，就會發出腐臭味來吸引特定昆蟲，如蒼蠅、埋葬蟲、蠓。

更有趣的是，科學家發現，某些天南星科、棕櫚科、蘇鐵科、大花草科、鞭寄生科的植物，除了有特殊氣味，還會製造熱能。在較低溫的時候開花，藉由熱吸引授粉者接近。所以植物並非冷冰冰的，它們跟哺乳動物、鳥類一樣可以控制溫度。

顏色、香氣、溫度，都彷彿是餐廳開幕，敲鑼打鼓、廣告、發傳單，目的就是吸引授粉者上門飽餐一頓，並且帶走花粉到下一朵花，替植物完成授粉。然而，植物的心機可沒有這麼簡單就結束。

有的植物，特別是蘭花，會擬態——模擬其他東西的形態。例如模擬其他有花粉植物的花朵，模擬成雌蜂吸引雄蜂來交配，摸擬成雄蜂讓其他雄蜂來攻擊競爭者。這些蘭花並不提供花蜜，只是很奸詐的欺騙昆蟲。

還有一些蘭花，如拖鞋蘭，會將唇瓣擬態成蒼蠅、或是爬滿蚜蟲的狀態，欺騙捕食者，同時設下陷阱，達到昆蟲非替花朵授粉不可的目的，但是卻沒有給予這些昆蟲任何好處，如花粉或花蜜。還有模擬菌菇的馬兜鈴、蜘蛛抱蛋，模擬動物皮毛的羅氏根花、魔星花。除了模仿動物皮毛的顏色，長毛，還發出屍體的腐臭味。真不知道究竟當初為何會選擇往這個方向演化。

上述這些植物都是經由接觸，直接將花粉沾黏到動物身上，但是接觸的方式也千奇百怪。大家最容易想像的應該是觸碰之後沾滿全身。不過，唇形科鼠尾草屬就非常聰明，將四個雄蕊設計成兩個倒置的蹺蹺板，並卡在花的入口。當授粉昆蟲推動入口的兩枚雄蕊，另外一端的兩枚雄蕊就會受槓桿原理的作用往下擺盪，將花粉壓到昆蟲背上。而且這兩枚雄蕊還會同時帶著雌蕊一起動作。如此一來，當昆蟲造訪下一朵花，花粉就可以精準的沾上雌蕊。

也有像茄屬這樣藉由昆蟲靠近時拍打翅膀的頻率產生共振，抖落花粉。蘭花的花粉全部結成一塊花粉塊，設計尤為巧妙。如大彗星風蘭，是將花粉塊擺在採蜜必定碰到的位置，或是如吊桶蘭讓昆蟲必須從特定通道離開，飄唇蘭則彷彿有啟動開關，被碰到後精準快速彈射出去，黏在昆蟲背上。

千萬不要誤以為無法移動、不會咬人的植物就特別單純。為了生存，為了異花授粉，增加基因的多樣性。植物還會改變性別、囚禁昆蟲、錯開雌雄花開的位置或時間……植物的把戲遠比想像中的多更多。

還有少數的花不需要依靠動物，而是靠風或水等大自然的力量來授粉。靠風或水傳粉要能成功傳播需要的條件，跟動物傳播又不太一樣。一來需要花粉能夠輕鬆被帶走，二來需要大量的花粉，三來，花粉的形狀跟大小要恰到好處，飛行的距離不能太遠，也不能太近。不只花本身形態精巧，顯微鏡下，花粉也是爭奇鬥艷，彷彿異星世界的產物。

當然，風媒花也不是完全沒有好處，一味的浪費花粉。因為不倚靠動物，就不需要誇大的花瓣、不必產生香氣，可以把資源都投注在花粉上。許多裸子植物、禾本科、木麻黃科、楓香科、殼斗科、楊柳科、樺木科就是採取這樣的傳粉策略。而靠水流，想當然就是水生植物的專利。

賞花、品花是一般認知中的風雅行為，但科學家卻不斷嘗試掀開花朵爭奇鬥艷背後的合作、競爭、剝削……各種狡詐手段。我以為，這些比花朵外觀更精采的生態故事，才更加引人入勝。

## 大彗星風蘭

**學　名**｜*Angraecum sesquipedale* Thouars

**科　名**｜蘭科（Orchidaceae）

**原產地**｜馬達加斯加東部

**生育地**｜低地潮濕森林樹上或岩石上

**海拔高**｜150m 以下

著生性草本，單莖性，根粗大。單葉，互生，全緣，寬而長，厚革質，下垂。總狀花序，腋生。花白色，略呈六角星形，唇瓣較左右兩側的花瓣及萼瓣寬，唇瓣後有長距。蒴果。

大彗星風蘭的花有奇怪的腥臭味，栽培的人較少。一般多半栽培明日之星風蘭[2]，擁有四分之三大彗星風蘭的血統，四分之一象牙白風蘭[3]的血統。

2 學名：*Angraecum* Crestwood 'Tomorrow Star'

3 學名：*Angraecum eburneum* Bory

台灣常見的明日之星風蘭（攝影／陳志雄）

大彗星風蘭的小花窄葉變種（攝影／ Alvin Tam@ 春及殿）

## 帝王魔星花

**學　名** | *Stapelia gigantea* N.E. Br.

**科　名** | 夾竹桃科（Apocynaceae）

**原產地** | 尚比亞、馬拉威、莫三比克、辛巴威、波札那、南非北部、史瓦濟蘭

**生育地** | 乾燥草原、灌叢、石礫地、岩石裂縫

**海拔高** | 50-1200m

草本，莖肉質四稜，多分支，高約30公分。葉退化。總狀花序，生於莖底部。花冠五裂，表面有毛與橫紋。蓇葖果細長，尖角狀，成對生長。種子一端有成簇柔毛，可隨風傳播。

魔星花一般被歸類為多肉植物，該屬有31種，全部是非洲南部特有。屬名是一七五三年林奈所命名，紀念荷蘭的植物學家斯塔佩爾[4]。

帝王魔星花除了觀賞，在當地被視為鎮定、通便的藥用植物、毒藥，也被視為具有魔力，可以保護人不受侵犯的民族植物。

一九六五年張發自日本引進帝王魔星花、大花魔星花等數種魔星花屬植物。其中帝王魔星花栽培最普遍。

4 德文：Johannes Bodaeus van Stapel

帝王魔星的花朵有毛，並且會發出腐臭味

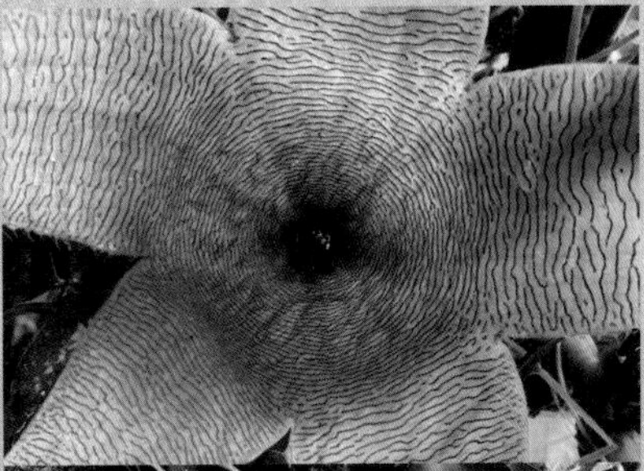

帝王魔星花的植株多肉質，類似仙人掌

帝王魔星花的花朵巨大

# 送你離開千里之外

## ◎植物傳播與植物王國◎

從小在植物圖鑑上，「原產地」這個欄位總是令我特別疑惑。撇開人為引進，有些植物自然分布原本就非常廣泛，甚至跨越海洋。我十分納悶，究竟是什麼力量讓植物能夠分布如此遼闊。

從搶陽光到避免被吃掉，再到為了授粉而出現的種種，相信大家已經認識更多植物心機。但是，植物的謀略並非到此結束。植物不只是把動物們騙過來替自己授粉就沒事了，授粉只是開始，授粉後果實傳播又是另外一層需要傷腦筋的大代誌。

類似授粉，植物傳播果實、種子也是依靠自然力與動物力，以及果實本身的各種力量。最基本的就是依靠重力，在成熟後落地，然後向外滾。另外，蒴果類會在成熟後自然裂開，如非洲鳳仙花、洛神，就是依靠這個力量將種子彈射出去。

可以食用的果實，如前面介紹過的各種瓜果，可想而知就是倚靠動物的力量。不過，不同的動物食用的果實種類不同，這也使得果實香氣不同、大小不同。例如榕樹需要在大樹上發芽，果實種子就要符合鳥內消化道的大小。臘腸樹果實巨大且堅硬，則是倚靠大象、河馬等大型動物傳播。還有一些果實不能吃，但是有黏毛或鈎刺，屬於強迫帶走的路線。相信大家都有被鬼針草、羊帶來等果實黏上的經驗吧！有些植物，為了可以牢牢勾住，會長出各種棘刺，如胡麻科植物，種子的刺千奇百怪，甚至被稱為魔鬼之爪或惡魔之爪。

果實成熟後落地，往往也會有動物取食，發生二次傳播。動物傳播的距離視動物移動能力而異，有的動物會飛行，如鳥類、狐蝠，就有機會讓植物翻山越嶺，甚至越過海洋。其中有幾種傳播距離特別誇張，令人覺得不可思議的是象牙樹與火筒樹。它們都是台灣中南部低海拔可以見到的原生樹種，依靠鳥類傳播，但是非常不可思議的是，它們在野外遍及整個非洲、亞洲到大洋洲。在台灣低海拔可以見到的歸化植物山苦瓜，同樣也是如此，都是自然情況下跨亞非兩洲分布。

除了少數特例，一般來說以上兩種傳播方式往往沒有自然力傳播那麼遠。真的可以讓果實或種子飄洋過海的力量，主要還是風跟水。

前面幾章介紹過的植物，如火焰木、沙漠玫瑰、昭和草，種子都有翅膀或飛行傘一般的毛狀物，讓它能夠藉由風勢隨風飄揚。只要環境適合，到處都能生長。當然，這類植物被引進其他國家後，往往也很容易變成入侵種。

自然情況下，依靠風力可以傳播最遠的往往是蕨類的孢子與蘭花種子。風，特別像是颱風、季風，或是地球自轉柯氏力造成的信風，還有整個大氣循環，就有機會把細小的東西傳到遠方。像大家熟悉的鐵線蕨、長葉腎蕨、熱帶鱗蓋蕨，都有能力分布全球熱帶、亞熱帶。而星蕨、海岸擬茀蕨、帶狀瓶爾小草等，亦遍及西非至大洋洲，台灣也是其自然分布地。蘭花種子細小，雖然也可以傳播極遠，但是需要特殊的真菌輔助才能發芽，分布受到限制。不過，依舊有能夠跨洲分布的蘭科植物，如長距根節蘭與銀線脈葉蘭，都是台灣野外可以見到，但是非洲也有自然分布的物種。

還有就是靠水，特別是海水傳播的植物。這類植物我們稱為海漂植物，果實往往有特殊的飄浮構造，並能抵抗海水侵蝕，所以可以隨著洋流漂散到世界各地。特別是印度洋跟西太平洋，有非常多相似的植物生長。

台灣野外可以見到的黃槿和老虎心，都是能夠跨越三大洋，成為全球分布的物種。而海檬果、白水木、欖仁、草海桐、瓊崖海棠、蓮葉桐、棋盤腳、穗花棋盤腳、刺桐、繖楊、葛塔德木、銀葉樹等植物，則是廣泛分布在東非、熱帶亞洲及大洋洲。

也有植物能夠跨越大西洋，成為美洲跟非洲都可以見到的植物。如圓滑番荔枝、一口可梅、吉貝木棉。當然，它們採用的傳播策略不同，前兩者種子透過海漂，科學家則相信吉貝木棉是藉由風力帶著具棉絮的種子向外擴張地盤。

回溯達爾文與虎克的年代，植物學家試著了解，為什麼相隔遙遠的大陸之間，會有極為相近，甚至相同的物種。早期板塊飄移以及陸橋的學說更受到支持，後來，因為植物起源的地質年代實在跟板塊飄移時間相隔太遠，達爾文所支持的長距離傳播的學說似乎更加有說服力。

除了植物本身的生理與形態研究，植物地理學家還在意植物的起源、傳播，以及在地球上的分布。當然，這也包含了植物受氣候、土壤等環境因子影響而產生的不同

源自非洲的山苦瓜目前廣泛歸化於中南部地區

## 生態系與植群。

博物學家洪堡德是一般公認的植物地理學之父。他藉由氣候、地質，了解生物在地球上的分布。確立了等溫線、等壓線的概念，繪製出全球的等溫線圖，比較同緯度大陸跟海洋氣候的差異，描述並繪製了植物在不同海拔的變化，甚至畫出第一張全球的植群分布圖。時至今日，科學家能夠精確地描述氣候帶，了解不同地區可能出現的植群，相關的生態，還有植物與植群的演化史，洪堡德功不可沒。

洪堡德之後，氣候學與植物地理學持續不斷發展。今天我們所熟悉、廣泛使用的柯本氣候分區，依照每月均溫、雨量、緯度劃分所謂的熱帶雨林氣候、熱帶莽原、溫帶海洋、地中海氣候……其實跟植群密不可分。

植群又稱為植被，將地球區分成熱帶雨林、熱帶季風林、熱帶草原、沙漠、溫帶草原、溫帶森林等不同生態，這是大家較熟悉的劃分方式。

另外，植物地理學家考慮植物特有的科屬與各區演化與遷移狀況，將植物分成六大植物區系，就好像植物的王國，或是植物聯盟一樣。最大的植物區系是北方植物區系，包含北美洲、歐洲、北非與亞洲溫帶地區。另外還有中南美洲所屬的新熱帶；非洲經南亞、東南亞到新幾內亞的舊熱帶；澳洲自己一個植物區系；智利最南角、紐西蘭都屬於南極植物區系。而最小最小的是非洲好望角，自己一個植物區系。每個區系下又劃分許多小區塊，以台灣來說，通常會跟中南半島劃在一起。

無論是植群圖還是植物區系圖，都跟植物的分布、傳播，還有演化有一定的關係。但是千萬不要忘了，分界線是人畫的。自然界的植物生長與分布都是漸進式的改變，又不是人造花園，不可能規規矩矩依線來生長。科學家之所以畫這些圖，只是想找到規則方便大家認識植物世界。

# 苦瓜

**學　名**｜*Momordica charantia* L.
**科　名**｜瓜科（Cucurbitaceae）
**原產地**｜熱帶非洲、印度
**生育地**｜森林內開闊處或林緣
**海拔高**｜0-1650m

一年生草質藤本，全株被毛。掌狀裂葉，互生，葉柄長。單性花，雌雄同株，花瓣五裂，淡黃色，單生，腋生。瓜果，紡錘形，表面有疣狀突起，成熟時橘黃色，會開裂成三裂，假種皮紅色。

苦瓜一般相信是非洲與印度的原生植物，史前便在東南亞馴化，普遍栽培及食用。台灣一般食用的苦瓜是栽培種，在十七世紀便引進，《台灣府志》書中早有記載。俗稱山苦瓜或短角苦瓜的苦瓜原生種，果實大約只有三到五公分，約在一九八〇年代出現在台灣，從台南、高雄、屏東開始逐漸往北傳播。一開始被視為有毒植物，後來才變成山產店的名產。

食用苦瓜是山苦瓜的培育種

山苦瓜成熟果實會開裂

山苦瓜的花為淡黃色

# 氣味是植物傳遞訊號的工具及武器，更是人類文明的基礎

## 植物二次代謝

除了顏色、形態外觀，味道也是我記憶這些大樹的方式，總會在特別的時候，腦海中自然浮現過往關於植物氣味的記憶。

或是在棲蘭山上，誤踩到腐朽的檜木，此後每一步都帶著檜木的芬芳，步步生香。又或是花蓮台九線旁樟樹造林地疏伐作業現場，樟樹精油瀰漫在空氣中，彷彿天然的結界，蚊蟲皆退避三舍。更有意思的是細雨時的美濃雙溪熱帶植物園，伴著雨水才會出現在高大樹冠層中，彷彿瓦斯中所添加的硫化物，那是大葉巴克豆的葉片所產生的臭味，淡淡的，如同魅影一般時有時無，需要靜下心來大口呼吸才能發覺。

《嗅聞樹木的十三種方式》書中，作者哈思克生動的文字描述，讓我對植物的氣味有了另外一種認識，他說：「『氣味，是樹木的語言。』我們嗅覺聞到植物的味道，就彷彿是在偷聽植物傳遞給彼此或其他物種的訊息。可是我們卻用『青翠』、『刺鼻』、『苦澀』、『松香』等等拙劣的轉譯方式，不精準的描述以分子作為單字，『以有機化

學文法書寫的植物意向』。」

生物為了維繫生命，讓細胞可以生長、發育、繁殖，在生物體內進行的種種化學反應，我們稱之為新陳代謝。而跟維繫生命無直接關聯的化學反應則稱為二次代謝，或次級代謝。植物經由二次代謝產生各種生物鹼、精油，除了如前面所述，避免被啃咬與病蟲害、花香吸引授粉者、果香吸引傳播者，還有許多目的。

例如植物受傷時飄散出來的味道，除了抵抗之外，還具有向其他植物傳遞自己遭受攻擊的訊號，讓其他植物提早因應，甚至是讓動物知道自己正在被蟲啃咬，讓鳥類等吃蟲的動物過來為自己除蟲。

另外，植物不只會毒害吃植物的動物，還會藉由揮發、枯枝落葉分解，或是根部直接分泌等方式產生毒素，毒殺其他同種或不同種的植物，減少競爭。有名的例子像是澳洲的桉樹、拉丁美洲的銀合歡，台灣常見的榕樹，還有來自馬達加斯加島的鳳凰木。這也是為什麼通常我們在這些樹木下，很少看到其他植物的原因。

當然，植物的二次代謝也跟環境有密切相關。除了抵抗較乾旱的環境，甚至可以引發大火。科學家研究發現，一些季節性乾旱的環境在乾季的時候特別容易發生大火，如大家熟悉的松樹林或桉樹林。這些植物的枯枝落葉因為含有精油，往往不容易分解，反而累積在林地裡作為「燃料」。當火災發生時，這些燃料所含的精油還會讓大火更加猛烈。然而，這些製造燃料的植物本身，又因為二次代謝產物，對大火有一定的抵抗能力，不會那麼容易被燒死；也因為二次代謝產物，能夠快速在大火之後恢復生長。

大火甚至有助於這些植物的種子傳播及發芽，提高競爭力。無怪乎科學家稱生存於這樣環境的植物為「火災適存植群」。

此外，關於樹木彼此之間能夠「溝通」，也是這幾年大家所津津樂道。特別是加拿大蘇珊．希瑪爾教授公開演講並出版了《尋找母樹：樹聯網的祕密》之後，成為普遍的認知。依據書上所說，樹木會透過藏在地底下的真菌所產生的網絡，分享、傳遞物質，包含醣類、水分、養分，以及遭受昆蟲攻擊時二次代謝產生的防禦物質，甚至還能夠辨識自己的子代或親屬，藉由這些真菌傳遞各種資源，讓這些子代在脆弱時能夠順利成長，彷彿是樹木能夠溝通一樣。

當然，這樣的溝通模式，並非樹木所獨有，草本植物同樣也能夠藉由真菌傳遞物質。而且，科學家還發現，這些真菌能傳遞的不只是資源，能夠毒害其他植物的化學成分，除了前述的方式，如揮發、根部分泌等，更有效的傳遞就是透過真菌的網絡。

植物的二次代謝產物，在生態界當中，扮演重要的角色，既是植物傳遞訊息的方式，也扮演保護植物的角色，甚至是與其他植物競爭的工具。但是這一切，跟人類有關嗎？

不要忘記，我們喜歡的香草、香料、香花、水果，所有誘人的香氣都是植物的二次代謝產物啊！而且，這些化學物質，不只保護植物，也保護了人類。

在沒有化學工業之前，全世界都仰賴草藥來治病，即使到了今日，許多化妝品、保健食品中都含有植物成分。現在化學發達後，人類終於能夠分析這些生物中各式各樣的化學物質，究竟是哪些化合物對人體有所助益。

簡單舉例，提振精神的咖啡因、治療瘧疾的奎寧與青蒿素、抗癌的紫杉醇、顧眼睛的花青素、β-胡蘿蔔素、止痛的嗎啡、香菸中的尼古丁……都是大家熟悉的植物二次代謝產物。

我常說人類的歷史是植物寫成，進一步推敲，這些歷史幾乎都與植物二次代謝產物相關。由此延伸，除了嗅覺所感知的種種味道，植物還有許許多多與人類的歷史與文化交織，難以言喻的複雜滋味，縈繞在我們日常之中。我想，這正是我特別喜歡樹木、喜歡植物的主要原因吧！

Ch —— 12

# 原來蔬菜並非都是植物
# ——進入植物學的核心

# 蔬菜就是植物嗎？

## 到底什麼才算是植物

火鍋料裡面那麼多蔬菜，全都是植物嗎？直接先說答案，香菇、草菇、木耳、金針菇都不是植物，海帶也不是植物。滴血認親後，香菇跟動物關係還比較接近。那麼，究竟什麼才是「植物」呢？這得從科學家如何收納說起。

宇宙終究會趨向「最大亂度」，這是自然組同學都會學到的熱力學第二定律。所以我們常開玩笑說要向科學家看齊，傾向不要收納，讓書桌或房間盡可能保持一個亂中有序的狀態。甚至還有一些研究或報導，找來很多書房很亂的名人以佐證不整理其實是一種較聰明的表現。但是可別因為這樣，就覺得科學家不善於收納，其實科學家是非常善於收納的一群人。

科學家為了方便理解這個世界，天生就愛收納，把這個世界可以看到的一切都分門別類，一一擺放。而且每隔一段時間還會重新整理，越整理越有條理。稱科學家為收納王當之無愧。

當人類成為人類，對周遭環境開始產生總總疑問：「世界是怎麼產

並不是所有蔬菜都是植物

生的？人是怎麼產生的？為什麼會打雷閃電？為什麼星星會發光？為什麼鳥會飛？什麼植物可以治病？什麼水果可以吃？」所有人類生而為人發出的疑問，自古以來就有一群聰明絕頂的人試著為大家解答，而答案就漸漸成為「知識」，事後被印證不是真正答案的答案就變成了「傳說」。

當知識開始被記錄，被傳遞給下一代，人類就越來越聰明。但是，當知識體系越來越複雜，人類自然而然開始分類知識。物理被分出去了、化學又從物理中抽出。醫學被分出去了，生物學又從醫學裡分出去。還有跟表達有關的語言、祭祀時會用到音樂與舞蹈、美術、體育、推算祭祀時間的天文曆法……越分越細。不過，即便知識系統如此龐大，還是有一群人什麼都懂，西方稱為博物學家，東方就是神機妙算上知天文下知地理什麼都會如諸葛孔明、劉伯溫或是素還真之輩。

當然，就像多數人的直覺一樣，人類開始把物質世界分成三類，有生命的動物、植物，以及無生命的礦物。古希臘哲學家亞里斯多德率先開始有系統的描述動物，他的學生則描述了植物。你沒有看錯，在那個時代，哲學家就是這麼牛逼，什麼都懂。東方也是如此，看看《本草綱目》你就會發現李時珍也是一個收納（分類）專家。

生物分為動植物這個二分法從古代的古代，一直延續到十八世紀，當偉大的生物學家林奈提出分類學之後，依舊是這樣分。哪怕當時候已經覺得真菌——簡單說就是菇菇家族——是怪怪的一群，它還是被放在植物界當中。

時間再拉回十六世紀。當時西方開始突飛猛進發展，包含地理大發現後從新大陸找到了各種奇特生物；近代解剖學問世，解剖學的觀察方法從醫學進一步應用到動植物觀察。還有還有，最重要的是顯微鏡被發明了，人類開始可以看到肉眼以外的微觀世界。

之後故事就是大家中學都學過的，那位理化課本跟生物課本都會出現過的虎克（不是船長）發現了細胞。此後，生物學進入了一個嶄新的領域。人類開始觀察到肉眼看不到的生命，開始知道還有很多微小的生命存在，也對於疾病傳染有更深的認識。於是到了十九世紀中葉，生物有了三界：動物界、植物界，以及細小的原生生物界。

繼續發展下去，到了離現在已經非常近的二十世紀中葉，從細胞核的構造，生物被切成兩大塊：真核生物與原核生物。於是有了第四界，就是細菌所屬的原核生物界，還有上一段介紹的其他原本三界所屬的真核生物。

一九六九年人類終於良心發現，把菇菇家族和酵母菌這些生物獨立成真菌界，生物有了五界。沒多久，一九七七年細菌又被分成細菌與古細菌，進入了六界時代。所以像我們這些上個世紀結束前就念中學的人，基本上生物課本就已經是這樣教了。如果繼續走生物這條路，都知道真菌不是動物也不是植物，是菌物。

但是，生物分類不會就此停住。二〇〇五年我們這些人大學畢業後真正崩潰的事情才要發生。畢竟跟植物一樣有葉綠體可以行光合作用，但是卻會游來游去的奇怪生物太多樣了，通通放在原生生物界實在太亂了，科學家不好好的收納（分類）一下這部分，心裡總是過意不去。特別是本世紀滴血認親大法（DNA技術）進步之後，什麼都要滴血認親一下。不滴血不打緊，一滴之後世界都變了，我們以前學的都不對了，或是說都不夠用了。

不但底層的科屬有許多變動，如樟樹肉桂分家，迷迭香被鼠尾草團滅，對於生物演化的順序也有了更多認識。於是以前學的單子葉與雙子葉植物的概念也過時了。當然，對於原本通通被放在原生生物界裡面的生物，人類也有了更多的認識跟了解。

直接講結果。目前真核生物分成兩大類，單鞭毛跟雙鞭毛。單鞭毛包括了變形蟲界、動物界跟真菌界；而動物跟真菌又屬於後鞭毛生物。雙鞭毛就更複雜了，包括眼蟲所屬的古蟲界、矽藻與褐藻所屬的不等鞭毛界、草履蟲所屬的囊泡蟲界、外骨骼可以形成「星砂」的有孔蟲所屬的有孔蟲界，而以上三界常被合稱為ＳＡＲ超界，另外還有很複雜的泛植物。以上看來，目前被承認的就有十界，但是還有很多在以上十界以外的奇特生物尚未被分類，所以分類還很有得研究，故事也未完待續。

回到餐桌上，經過幾百年科學家收納大法不斷進化，目前所有的菇類，包含木耳、靈芝，都是真菌界，跟它最接近的是動物。海帶、昆布是褐藻，長得像電話線的海茸也是褐藻，它們都是不等鞭毛界，跟植物關係也十分遙遠。順便提一下，以前學的所謂「藻類」，目前廣泛散在真核生物或原核生物中的數個界，遠比我們過去學的複雜太多，本文就不繼續探討了。

好了，回到多數人學生物最崩潰的分類學，其實一點也不複雜。所謂的分類學就是生物學家的收納大法，以生物之間演化關係的親疏遠近一層又一層的分類。最大的櫃子是生物，裡面有古細菌、真細菌、真核生物三個大抽屜。真核生物裡又有單鞭毛跟雙鞭毛兩個中抽屜，中抽屜裡又有很多小抽屜，小抽屜裡有小小抽屜，小小抽屜裡有小小小抽屜。暫時無法分類的仍舊會有自己的抽屜，一層又一層有條不紊。科學家的世界就是這麼井然有序。

一般俗稱的菇或芝都是真菌，不是植物，也不是動物

## 先會說話，還是先上語言課

### 植物分類系統

我們每個人學習母語的過程，都是自然而然會說話之後，才到學校上課，學習語言相關的知識，包括寫字，還有語法……這是自然學習法。但過去我們這一代學習英文等第二外語，則是從背字母、單字、文法開始。以至於許多人聽到英語就卻步。

同樣道理，我認為學植物不令人卻步的方式，也是先產生興趣，然後再深入了解。如果一上來就開始講植物的定義、講分類、要求背學名，我想很容易讓原本有意思想學植物的人打退堂鼓。

我個人學習植物是自然而然的。小時候因為好奇心，開始觀察身邊的植物，對植物的根、莖、葉、花、果實、種子開始有基本了解。同時也會因為喜歡，所以嘗試栽培植物、收集植物。從觀察當中獲得許多樂趣。

稍微長大一點，藉由書籍、報紙、廣播、電視等，了解植物跟動物之間的生態，為生命的種種現象讚嘆不已。也因為這樣，深深為植物及其生態著迷，一頭栽進植物這個大坑之中。

而後，我四處找尋各種植物圖鑑，憑藉記憶力硬背，想認識身旁所有的植物，也想知道，到底什麼是植物。然而，大學以前，關於植物的一切，無論是它的長相、科屬、分布……都是死記，並沒有系統化學習，對於植物的分類並沒有太深的概念跟了解。直到大學以後才正式接觸，漸漸了解背後的原理。

一般大家認知的植物，包含苔蘚、蕨類、裸子、被子四大類，而被子植物又常分成單子葉與雙子葉。沒有接觸植物學以前，很容易誤以為植物是由藻類演化出苔蘚，苔蘚演化出蕨類，蕨類演化出裸子植物，裸子植物又演化出雙子葉植物，雙子葉演化出單子葉。誤以為單子葉植物比較高等，而蕨類與苔蘚比較低等。學習植物學之後有更開闊的視野，才知道幾乎每一種現生植物都是近代才演化出來，每一種植物都有適應環境的方式，不應該片面的認定哪些植物比較高等，哪些就一定比較低等。

無論苔蘚、蕨類、裸子、被子，都屬於有胚植物，有專門的生殖器官，有性繁殖過程會有精卵的結合，因此又有人稱之為高等植物。而蕨類、裸子、被子都有輸送水分養分的維管束，所以可以長得更高大，稱為維管束植物。

這幾年植物學有了突飛猛進的發展，維管束植物又有了新的分法，分成石松類植物與真葉植物。石松類植物包含石松、卷柏與水韭，這些植物葉子比較小，只有單一葉脈，跟其他真葉植物比較起來，沒有複雜的葉片跟葉脈。

真葉植物顧名思義，有了真正的葉子，結構比較複雜，葉脈也比較多。又分成兩類，即蕨類植物與種子植物。先來說說蕨類植物。早期廣義的蕨類，有擬蕨類與真蕨類之分，擬蕨類包含了石松類植物的石松、卷柏、水韭，以及木賊、松葉蕨，擬蕨類

苔蘚植物不具維管束

與真蕨類都是一般大家認知的蕨類植物。但是後來經過親緣關係鑑定後，發現所謂的擬蕨類並不是同一個分類群。木賊跟松葉蕨與其他蕨類植物關係較近，都屬於蕨類植物，或稱為鏈束植物比較不會混淆，其下又分木賊、松葉蕨、合囊蕨與真蕨。石松類植物雖然一般也被當作廣義的蕨類植物，但是它跟具有真正葉片的蕨類植物關係其實比較遠，很早就分開演化。

種子植物包含裸子與被子比較沒有大改變。值得注意的是，現今存在的裸子植物與被子植物之間並沒有誰演化出誰這樣的關係，它們是兩個不同的演化路線。

今日存在的裸子植物當中，包含了蘇鐵、銀杏、松柏，以及買麻藤。其中，買麻藤類植物又可以分成全球熱帶分布的買麻藤科[1]、非洲納米比亞沙漠特有的千歲蘭科，以及麻黃科。因為葉子較為寬大，透過昆蟲授粉，木質部中有導管，這些特徵皆與被子植物相似，卻又跟其他裸子植物一樣胚珠裸露，因此過去曾被認為是裸子與被子植物演化的橋樑。但是新的研究發現，它與松柏目關係較接近，來自相同祖先，跟現今的被子植物沒有關係。

被子植物又稱為顯花植物或開花植物，過去分成雙子葉與單子葉，而雙子葉又分成離瓣花[2]與合辦花[3]。但在新的分類中，考量植物演化，被子植物不再只有單子葉與雙子葉，還有更細緻的分類。值得注意的是，合辦花在演化過程中多次獨立出現，在今日的分類中已不再具有意義。

跟現今核心被子植物較早分開演化的包含了無油樟目、睡蓮目與木蘭藤目三個演化支。早期這些植物都被視為較古老的雙子葉植物，新的分類系統，考慮系統發生學將它們分開，不再屬於雙子葉植物。這三個目裡大家較熟悉的除了睡蓮之外，還有木蘭藤目當中五味子科的五味子與八角茴香[4]。

之所以稱為核心被子植物，是因為百分之九十九的植物都屬於這一群。不過，仔

1 請參考《舌尖上的東協——東南亞美食與蔬果植物誌》｜2 離瓣花分類上屬於古生花被亞綱。｜3 合瓣花分類上屬於後生花被亞綱。｜4 八角茴香科在新的分類當中，併入五味子科。

細區分又可以分成五個分支。包括最大的真雙子葉植物與單子葉植物，第三大的木蘭類植物，以及跟木蘭類植物同源的金粟蘭目，跟真雙子葉植物同源的金魚藻目。其中，真雙子葉植物的特徵是花粉有三個或三個以上的孔，跟單子葉植物、木蘭類植物等其他分支的花粉無孔，或是只有單孔或雙孔不同。

過去以為雙子葉植物跟單子葉植物是兩個完全不同的演化方向，所以將單子葉植物稱為百合綱，與雙子葉的木蘭綱並立。但是新的演化概念中，單子葉植物與雙子葉植物同源，是演化出真雙子葉植物之前分出去的一個特化支罷了！

木蘭類植物現在有四個目，大家較不熟悉的白樟目；樟科與蓮葉桐科所屬的樟目，另外是木蘭目，底下大家較熟悉的有木蘭科、番荔枝科、肉豆蔻科，最後還有胡椒科、馬兜鈴科所屬的胡椒目。木蘭類植物在舊的演化觀念中被視為原始的雙子葉植物，新的觀念中，它們既不是雙子葉植物，也非單子葉植物。

繞到這裡，我想大家都暈了。其實，植物學家不是在找麻煩，而是要找規則，讓大家了解不同植物之間的親疏遠近，彼此之間的差異，並且替植物命名。這就是植物分類。

就如同前一篇文章所述，替身邊的一切分門別類，原本就是人類理解世界的方式，或者也可以說是一種天性，自古皆然，東西方都是如此。換成任何學科，也都有分類的概念。例如，文學會區分文體，韻文又會細分詩、詞、曲、賦。經濟學有個體經濟學、總體經濟學之分。料理也有台菜、川菜、日式料理、泰國料理、法式料理、義大利菜等等不同菜系。學習任何一門學問，了解分類及其定義，都是重要的一環。

在今日普遍使用的《被子植物ＡＰＧ分類法》[5]出現前，台灣最常使用的分類系統有歐陸學派的恩格勒系統與英美學派的郝欽森系統。

前面提到將種子植物門分為裸子與被子植物，被子植物又區分單子葉和雙子葉植物，並將雙子葉植物分為離瓣花和合瓣花，就是來自恩格勒系統。這套分類系統是恩格勒與普蘭特[6]歷時二十八年，於一九一五年完成的著作《植物自然分科》[7]中所建立，更是達爾文一八五九年發表了《物種源始》[8]之後，植物分類史上第一個完整的分類系統。

相對於恩格勒系統，早期普遍使用的植物分類系統還有英國植物學家約翰·郝欽森[9]在著作《顯花植物分科：根據它們發生史的新分類方法》[10]所建立的郝欽森系統，該書於一九二六年至一九七三年陸續出版及改版。特點是認為草本植物較木本植物更進化。

因為分子生物學的技術發展，一九九八年，藉由ＤＮＡ來定義親緣關係的《被子植物ＡＰＧ分類法》誕生，而後陸續修訂三次，分別是二〇〇三年第一次，發表了

5 APG是Angiosperm Phylogeny Group的縮寫，可翻譯作被子植物種系發生學組。｜6德文：Karl Anton Eugen Prantl。｜7德文：Die Natürlichen Pflanzenfamilien。｜8英文：On the Origin of Species。｜9英文：John Hutchinson。｜10英文：The Families of Flowering Plants: Arranged According to a New System Based on Their Probable Phylogeny

ＡＰＧⅡ；二〇〇九年又發表了ＡＰＧⅢ，許多新的分類概念陸續發表，新的分類系統也開始建立。然而，一直要等到二〇一六年的ＡＰＧⅣ出現之後，目前的分類系統才算建立完成，並且因為其分類方式客觀，普遍被全世界植物學家所接受。而我們這些學傳統分類的學生們開始大崩潰，不但得了解新的分類架構，也必須重新學習新的植物科屬。學習新的知識一開始總是很痛苦。但是，科學就是如此，才能不斷進步，不是嗎？

傳統的植物分類系統以植物形態為基礎，同時混合了分類學家主觀的想法與經驗。近代的分類法雖然以ＤＮＡ為主要分類依據，卻仍舊會考慮花粉形態。學習各科特徵，或是了解物種之間的差異，也仍需仰賴形態特徵。因此學習植物形態，無論是對於理解植物分類，或是日常的植物觀察，仍舊十分重要。

植物學有其系統跟架構。如果將植物學的所有知識比喻成構築一幢建築的所有建材，那植物學本身就是一幢建築。學習植物形態、分類等基礎知識，彷彿是為這一幢建築打好地基，熟悉建築規則。如此一來，零散的建材就有機會能夠打造成一幢美麗的建築；相反的，如果不學習這些知識，建材永遠零散且混亂，想用也無法好好發揮它的力量。

或許每個人一開始都是自然而然開始喜歡植物、栽培植物，透過自然學習法認識植物、觀察植物。但是，隨著了解越深，想進入植物學的殿堂一窺堂奧，還是要打好基礎，對植物的形態、分類有一定程度的了解。如此一來，相信一定可以事半功倍。

# 植物的專屬二維碼

## 植物學名

常有人問我，究竟為什麼會知道那麼多植物的故事。其實也不是什麼秘密，就是特別常掃一下植物的二維碼——拉丁學名。

很多人會認為：「我只是種種植物，何必要去管植物的學名？」我想這是因為過去的學習經驗，對拉丁學名有所誤解。

植物的學名既可以說是植物分類的最低位階（最小抽屜），同時也可以說是植物資訊的專屬二維碼。所有跟植物有關的資訊，全部都在拉丁學名之中。學名本身，往往跟植物的形態、發現故事，或是產地有關。了解學名的意義，基本上對該植物就有了一定程度的認識。

在沒有學名的前提，查詢任何資料，都容易卡關，常這個沒有，那個也沒有。有了學名之後，彷彿獲得鑰匙，就有機會查到全世界植物學家對該植物的紀錄與描述，包含了植物在自然界的一切，還有植物跟人之間的所有連結。

或者也可以說學習植物的拉丁學名，就像是掌握解壓縮的技術，可以反過來獲得更多植物相關知識與訊息，對認識植物大有幫助。

對於認識植物純屬興趣，不必參加考試的大人來說，我並不鼓勵大家「背學名」。人腦應該用來學習跟思考，記憶交給電腦去做就可以。了解學名，善用學名的意義與好處，遠大於背誦。

了解學名的用途之後，要來替大家拆解學名的組成。以油橄欖的拉丁文學名 *Olea europaea* L. 來說明，放在前面且字首大寫的 *Olea* 是油橄欖的屬名；*europaea* 是種小名，或稱為種加詞、種本名，字首要小寫，用來形容或描述該植物。屬名加種小名就是油橄欖的學名，或者稱為物種名。這種學名的命名方式稱為二名法，用斜體標示。學名後面正體字是命名者，也就是給這種植物取做這個學名的植物學家。L. 最簡單，即為我每一本書中反覆提到一七五三年寫了《植物種志》的林奈。

再舉一個例子，高粱的學名是 *Sorghum bicolor* (L.) Moench。前面斜體依舊是屬名加上種小名的格式，後面命名者有兩個，代表植物有改過屬名。括弧裡的 L. 代表最早將高粱種小名命名為 bicolor 的林奈，括號後面的 Moench 是德國植物學家康拉德·莫希。

還有所謂的三名法，例如一九二八年法國植物學家佩里耶·德拉巴思替麒麟花取的學名 *Kalanchoe globulifera* var. *coccinea* H.Perrier。最前面開頭字母大寫的 *Kalanchoe* 當然還是屬名，緊接在後的 *globulifera* 是種小名，而正體字的 var. 是 variety 的縮寫，代表變種的意思，後頭跟著的 *coccinea* 是變種名。最後的 H.Perrier 是命名者佩里耶。這邊也可以看出一些規則，只要是植物本身的「名」，不管是屬名、種小名或變種名，通通要斜體，但是只有屬名開頭大寫，其他都小寫。其他部分除了少數情況，通通正體表示。

除了 var.，有時也會看到 subsp.，是 subspecies 的縮寫，亞種的意思，後面接的當然就是亞種名。亞種是因為地理隔離產生了形態差異，一般情況下，不同的亞種因為地理上的隔離不會雜交，但是理論上仍保有雜交的能力。變種是同一物種，但是因為自然分布的位置或環境不同，形態有所差異，但仍然有機會雜交繁殖。變種的分類位階在亞種之下，所以特殊情況下會出現四名法的學名，即亞種之後還有變種。當然，不論變種或亞種，都是自然產生。

至於人為培育出來的品種，以前會以栽培品種 cultivar 的縮寫 CV. 來表示。現在通常會在學名後加上上下引號 ' '，引號內每個字開頭都大寫，並且不需要斜體表示。以哈密瓜為例，因為它是甜瓜的一個品種，所以學名寫作 *Cucumis melo* L. 'Hami'。前面是甜瓜的學名，包含屬名、種小名、命名者，而 'Hami' 是哈密瓜的品種名。

如果屬名跟種小名之間有個正體的 ×，表示這個植物是雜交種。可能是天然雜交種，也可能是人為。每個植物，在植物學發展過程中，可能被植物學家重複命名，或是因為分類上的調整，改過多次學名。這些，不是正式的學名，通通都稱為異學名或異名，英文是 Synonyms。

實際上關於植物的拉丁學名，還有很多縮寫，用來表示各種特殊情況。命名時，關於用字，也仍有許多規範，必須符合《國際藻類、真菌和植物命名法規》與《國際栽培植物命名法規》。對於一般讀者，我想只要簡單了解屬名、種小名、亞種或變種名、命名者、異學名的意義，就足以應付九成以上的植物學名。

如果不確定完整的學名或命名者究竟要怎麼表示，可以用屬名和種小名，參考密蘇里植物園營運，美國的植物學在線資料庫 Tropicos；或是英國邱園營運的植物物種資料庫 Plants of the World Online。一般情況下，同一種植物，兩個資料庫呈現的學名都是一樣的，但是有少數植物會有所不同，特別是新命名的植物，或是一些分類有爭議的植物。台灣的植物可參考中央研究院的資料庫 TaiBNET - 臺灣物種名錄，以及台灣大學所管理的台灣植物資訊整合查詢系統 Plants of TAIWAN。

不同的地區或國家，都有各自的資料庫，一般情況下植物的學名都會一致，但是有時候特定國家的植物學家，對於境內的植物分類會有特別的看法，這時就會出現差異。我個人建議，查詢所有資料，至少都要用 Tropicos、Plants of the World Online，以及植物原生地的地區資料庫交互比對。以台灣常見的植物來說，我一般都還會交叉參考印度、中國、泰國、越南、馬來西亞、新加坡、菲律賓、東南亞、澳洲等地區或國家的植物資料庫。

知道學名的意義，了解如何查詢，最後依舊要話說從頭，了解一下學名的由來。今日二名法的學名，最早應該是文藝復興時期瑞士的醫師暨植物學家加斯帕爾．博安[11]所提出。他在一六二三年的著作《植物圖解》[12]提出了屬跟種的概念，並使用屬名與種小名來描述植物，只是在當時並未受到重視。而後，林奈不但以博安做為羊蹄甲的屬名 *Bauhinia*，以紀念博安兄弟[13]，並在他的名著《植物種志》，以及修改了十二次的《自然系統》[14]確立了二名法，並成為植物學家的共識，越來越多人接受並使用。

不過，千萬不要認為林奈開始用，其他人跟著用，故事就結束了。科學發展，最後總是得建立規則。

一開始二名法使用是不成文規定，十分紊亂。於是植物學家在一八六七年召開國際植物學大會，起草植物命名法，並在會後出版植物命名規則，成為現行法規的起點。而後一百五十年間，經過十多次會議，不斷修正，才確立了今日我們普遍使用的拉丁文學名相關的使用規則，如優先權、屬名跟種名不能相同等等細節。

學名、學名，多少人學植物的夢魘；學名、學名，顧名思義是學術圈使用的名稱。學名主要用途，不是要區隔學習植物者的專業與否，而是要在那麼多那麼多俗名當中，確立一個獨一無二的植物物種名，方便全世界溝通，避免誤解或資訊傳遞錯誤。

藉由學名可以爬梳到的資料包羅萬象，包含當初命名的故事，命名的原始期刊或書籍，地區首次發現紀錄，還有一大堆的同種異名。光是這些紀錄就可以撈出海量的故事。當然，學名也可以爬出已經數位化的標本，甚至還有連結 iNaturalist 的資料庫，如全球生物多樣性資訊機構[15] GBIF。可以同時看到標本，以及植物在原生地的模樣，真的非常方便。

---

**11** 法文：Gaspard Bauhin；拉丁文：Casparus Bauhinus。| **12** 拉丁文：Pinax theatri botanici；英文：Illustrated exposition of plants。| **13** 加斯帕爾．博安與其哥哥讓．博安（法文：Jean Bauhin；拉丁文：Johann Bauhin），兩人都是瑞士的植物學家。
**14** 拉丁文：Systema Naturae。| **15** 英文：Global Biodiversity Information Facility

學名可以找到關於該植物形態、傳播、起源、生理、文化……各式各樣的期刊論文、書籍，可以知道它在全世界各地區的俗名，甚至地方傳說。如此大量的資訊，可以找到、看到過去國內沒有人提出或介紹過的資訊，也可以訂正錯誤的訊息。

有沒有學名，獲得的資訊量天差地遠，不是翻倍，而是翻數百數千倍，所以你說，學名是不是植物的二維碼呢？

# 驚！兩棵愛文芒果生下來的孩子不再是愛文芒果

## 植物物種與品種的區別

我發現很多人對植物有很大的誤會。最常見的就是，以為拿特定品種的水果種子來繁殖，就可以得到該品種的水果。基本上，愛文芒果的種子種出來，哪怕外型跟味道再接近，也不再是愛文芒果。玉荷包荔枝是如此，金枕頭榴槤是如此，絕大多數特定品種的水果都是如此。為什麼？那麼，想得到特定品種的植物，該如何繁殖？我盡量以條列式方式來說明，希望大家可以對植物這種生物有更多認識。

首先要說明，因為器官組織構造有極大的差異，動物和植物繁殖的方式也大不同，對於「品種」的定義也有所差異。以犬貓為例，大家都知道，要維持特定品種，必須以血統純正的兩隻動物「有性繁殖」而得。因此，哪怕生下來的毛色不一樣，但都是特定外型，就可以算是純種。

但植物可不是這麼一回事。植物要能夠稱得上特定「品種」，其性狀基本上不可以有差異。以蝴蝶蘭為例，哪怕只是褪色百分之十，客戶都無法接受，一定會全部退貨。因此，為了維持特定品種的優良基因，所有特定品種的植物，都是「無性繁殖」，以確保基因不會產生變化，味道、顏色、外形，或是人類在意的點都不能跑掉。PS：環境造成的差異先不討論。

接下來說明物種跟品種。大家中學生物都學過生物的分類階層：界、門、綱、目、科、屬、種。這裡的種，英文是species，完整稱作物種，簡稱種，不可以叫做品種，不可以叫做品種，不可以叫做品種。它是「自然存在的」。以動物來說，獅子是獨立的物種，老虎是獨立的物種。植物來說，龜背芋是一個物種，窗孔龜背芋是一個物種、花葉龜背芋是一個物種。一般情況下，物種會選擇跟相同物種有性繁殖，以確保該物種不會滅絕，因為跨物種雜交的子代很多時候會沒有辦法再有下一代。白話文就是，雄獅子正常情況下會跟母獅子睡覺，大猩猩會跟大猩猩睡覺；獅子不會跑去睡老虎，大猩猩不會跑去睡黑猩猩。這就是物種最簡單的定義，雖然不完整，但是方便理解。自然情況，或非自然情況下的跨物種雜交太過複雜，不是本文重點就先不討論了。

再回到植物，什麼叫做品種，英文Cultivar。以荔枝為例，荔枝本身是一個「物種」；但是黑葉、玉荷包、糯米、鵝蛋、妃子笑……這些稱為荔枝的不同品種。品種在分類階層中低於物種，一個物種下可以有很多品種。品種可能是人類從野生的植物中特別選出來，或是經過不斷育種的方式所培育出來。但是，品種是「人類造成的」，由人類來定義。植物的品種，基本上所有的基因都是一模一樣，不一樣就不能稱為同一個品種。請不要再將物種跟品種混為一談，這就跟把總經理稱為經理一樣不尊重。

品種跟品種之間因為是相同物種，當然可以進行有性繁殖。也就是說黑葉跟玉荷包生下的小孩還是荔枝這個物種，不可能變成龍眼等其他物種，但是它混血過了，大家不會認為它還是黑葉或玉荷包。植物育種家如果要得到新品種，就必須採用有性繁殖，讓基因經過減數分裂，重新排列組合。如此一來，才可能產生新的性狀。從這裡知道，開花結果這種有性繁殖產生的種子，基因跟親本不一樣了，所以即使是黑葉交黑葉，就不能再叫做黑葉荔枝。果樹大家可能感受不大，用蝴蝶蘭為例。兩棵相同品種的黃色蝴蝶蘭互交，是可能產生不同花色的子代。但是不同顏色的蝴蝶蘭，就不會有人認為他們還是相同品種了吧！這就是植物跟動物最大的差別。

再一次強調，開花結果這種有性繁殖產生的子代，就不再是特定品種了，因為基因已經不一樣，表現出來的形態與生理特徵也都不可能完全一樣。孩子長得再像爸爸，就算取一樣的名字，還是不一樣的。如果要維持植物品種不變，只能進行無性繁殖。

植物無性繁殖的方式有幾種，包含大家這兩年繁殖觀葉最常用的切切切，這個專有名詞叫做扦插。另外還有分株、壓條、嫁接、組織培養等形式。只要是直接使用植物的營養器官來繁殖，沒有經過繁殖器官，沒有減數分裂與精卵結合的過程，基因就不會重新排列組合，就是可以保留母株性狀的無性繁殖。

再來說說嫁接，農民一般會稱接枝，這是果樹繁殖常用的方式。嫁接方式有非常多，先不解釋。基本上，嫁接就是器官移植手術，要在同物種，或是關係非常接近的物種上進行，成功率才會高。例如愛文嫁接在土芒果上，就是同物種嫁接。有些果樹本身實生苗就發育不好，所以必須跨物種嫁接。例如超級怕冷的榴槤蜜接在較耐寒的波蘿蜜上。如果你聽過榴槤（木棉科）接在波羅蜜（桑科），這種跨科跨很大的，基本上都是鬼扯蛋。不認識榴槤蜜這麼好吃的水果，請購買一本《舌尖上的東協——東南亞美食與蔬果植物誌》。

特殊品種果樹，除了嫁接之外，當然可以進行高壓或扦插繁殖，同樣可以保留母株的特性。但是高壓或扦插所獲得的苗，有時候根系發育較不理想，可能會影響果樹後續的發育與壽命。所以一般經濟果樹，都是特殊品種嫁接在種子繁殖的不特定品種上。目的是希望實生苗發育良好的根系，可以讓嫁接其上的品種發育良好。

嫁接除了保留母株性狀，還可以讓果樹提早開花結果。因此果樹嫁接通常都會選擇已經開過花的成熟枝條來進行，目的是為了縮短植株成熟時間，促使其提早開花結果。以榴槤來說，沒有嫁接過的榴槤實生植株，通常要

在植物莖上環狀剝皮，包覆水苔等保濕介質促使其發根，稱為高壓繁殖

二三十年才會結果，嫁接過後可以縮短至五六年。其他果樹就更快了，本來五六年才會結果的樹種，嫁接後可能一年就結果了。

以上關於果樹繁殖的一些小知識，跟大家分享，希望大家可以對植物有更多了解。特別強調，這篇只是入門，關於植物繁殖，還有遺傳學，比這篇文複雜非常多。其他關於什麼變種、亞種的問題，或者是品系與品種的差別，同品種不同基因的特例，甚至無性繁殖產生突變的情況，又更複雜，為了不要讓大家崩潰，就先不解釋了。

最後請不要忘記，生物是非常奇妙的，所以常常會有例外，好巧不巧芒果就是個例外。有些芒果有「多胚現象」，這又比前面描述的更複雜了。因此，芒果種子中的胚，有可能會是沒有減數分裂所產生的，實際上還是跟原本母樹的基因一模一樣。也就是說，植物產生種子不見得都是有性繁殖。幸好，愛文芒果沒有「多胚現象」，本文仍舊成立。

記得第一隻複製羊桃莉誕生時，曾經轟動全世界。但是你知道嗎？如果按照動物繁殖的邏輯來看，植物是一種很可怕的生物，因為它老早就可以不斷地複製自己，然後達到永生不死的境界！

再舉一個例子。這兩年觀葉植物大流行，大家都流行在家裡切切切。於是乎，你家的觀葉可能跟我家的觀葉有一模一樣的基因。細思極恐。

Ch——13

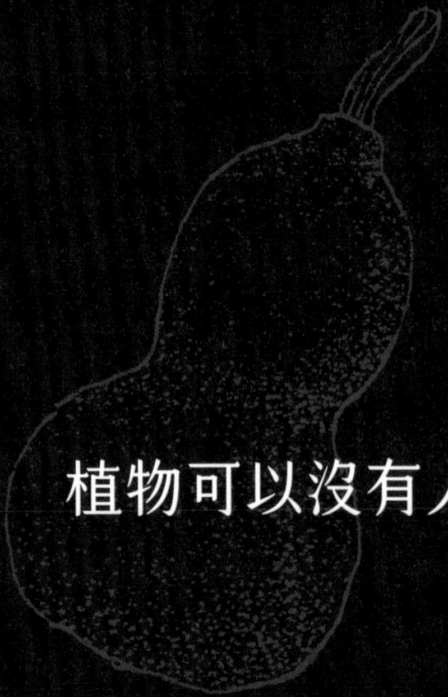

# 植物可以沒有人類，但人類不能沒有植物
# ——植物與文明

# 植物學是自然科學還是人文科學？

常有人問我，到底人類怎麼知道哪些植物可以吃，哪些可以做藥？說真的，這是千古疑團，我們沒有辦法搭時光機回去，只能從留下來的傳說推知一二。

就是因為太難回答了，所以在不同文化中都有相似的角色，例如華人文化中有嚐百草的農業與醫藥發明者神農氏；印度傳說中，印度醫學阿育吠陀是梵天創造，傳給醫療之神雙馬童[1]；希臘神話中阿波羅之子阿斯克勒庇俄斯是醫藥之神，他手拿的蛇杖甚至成為全世界醫療的標誌——如世界衛生組織WHO與我國衛生福利部。在亞馬遜部落傳說中，叢林女神又稱為草藥之母，會把草藥知識交給薩滿巫師[2]。但實際上真的是如此嗎？

我們來看看紅毛猩猩，牠們的育幼時間長達七八年，這段時間裡，紅毛猩猩會教育孩子分辨哪些東西可以吃、哪些東西可以治病。甚至會有一隻年紀較長的孩子作為幫手，協助小紅毛猩猩社會化。除了紅毛猩猩，黑猩猩、大猩猩也有很長的育幼時間。科學家發現，黑猩猩、大猩猩，都會吞食豆科大葉山螞蝗[3]的葉片，驅除體內寄生蟲。而

1 關於阿育吠陀，請參考《悉達多的花園——佛系熱帶植物誌》｜2 關於亞馬遜的薩滿儀式，請參考《被遺忘的拉美——福爾摩沙懷舊植物誌》｜3 學名：*Pleurolobus gangeticus*，廣泛分布在熱帶非洲、亞洲至大洋洲，台灣也是其自然分布範圍

紅毛猩猩則會使用坎特利龍血樹[4]塗抹在身體特定部位，緩解疼痛。當然，吃特定草藥也不是靈長類的專利，還有許多動物，例如貓狗，也都有類似的自我療癒行為。

所以我總是猜想，人類使用植物，無論是食用、藥用、染色、纖維，都是在人類發展過程中逐漸發現、慢慢累積而來，不是一時一地一人所發現。

植物學原本是巫醫學的一部份。在人類文明發展歷程，植物作為一門學問是自然而然產生，是人類生存所必須，特別著重實用性。包含了採集可食植物以及藥用植物、利用植物進行編織，或是如葫蘆，將植物作為容器。初期對植物的了解，包含如何分辨植物，如何找到植物，如何利用植物，這當中具有分類學、生態學、藥學等概念。等到進入農耕階段，植物學便多了栽培與採收的知識。這就是為什麼神農氏同時是醫藥之神，也是農業之神。

華文的植物學發展主要與醫藥學並進，有文字紀錄的部分從秦漢時期的《神農本草經》開始，到了明代李時珍《本草綱目》集大成。除此之外，還有地方志當中對物產的描述，及一部份對花卉的栽培與紀錄。其他地區或民族的植物學發展狀況大抵也是如此，都是側重在藥學的研究。不過還是一定程度記錄了植物由來、名稱緣由、形態外觀、生長環境、分布與用途。其他不同民族文化，植物學發展大抵都與藥學有一定關聯。

不過，特別的是古希臘哲學家亞里斯多德的學生泰奧弗拉斯托斯[5]，他不但有自己的植物園，還完成了《植物志》[6]與《植物之生成》[7]兩本書。雖然書中還是很多神話般的描述，但泰奧弗拉斯托斯對植物觀察細微，不但有系統地介紹植物，以及它的用途與栽培方式的知識，還藉由植物的形態進行分類，是一般公認最早的植物學著作。

而後，人類對植物的了解，除了食用、藥用等方面的研究，也陸續增加關於花朵、果實的觀察。

歐洲文藝復興之後，整個社會產生了劇變，對於植物的觀察範圍從歐洲跨到整個世界，觀察的方法也因為解剖學的進展與顯微鏡的發明而大幅提升。近代植物學便在這樣的環境氛圍下，由許多科學家持續努力研究，開始快速發展。

植物學發展史當中，植物學家不計其數，介紹幾位我認為特別重要的人。首先是十七世紀英國博物學之父約翰·雷[8]。他最知名的莫過於是第一位對「物種」提出定義的科學家，也是率先將開花植物分為單子葉與雙子葉之人。雖然我們今天已經知道開花植物並非只有雙子葉與單子葉兩類，但是這個分類概念卻影響了往後三百年的植物分類。

還有我每一本書反覆提到的卡爾·馮·林奈，十八世紀的植物學家、動物學家，也是一位醫生。大名鼎鼎的林奈被譽為生物分類學之父，因為他除了確立拉丁學名二名法，命名了數以千計當今重要的植物，還提出了植物的花粉與雌蕊作為基礎的分類系統，創立了綱、目、屬、種的分類階層。

---

**4** 學名：*Dracaena cantleyi*，分布於馬來半島、婆羅洲。｜**5** 希臘文：Θεόφραστο，英文：Theophrastus。｜**6** 希臘文：Περὶ φυτῶν ἱστορία，英文：Enquiry into Plants。｜**7** 學希臘文：Περὶ αἰτιῶν φυτικῶν，英文：On the Causes of Plants。｜**8** 英文：John Ray

除了分類，人類對植物的分布、受環境的影響，還有生態也十分感興趣。十九世紀初，植物學家卡爾．路德維希．韋爾登諾[9]，他於擔任柏林植物園園長期間，提出植物受氣候與地理環境影響，會有相似的特徵。這些觀念影響了洪堡德，使他被譽為植物地理學的開創者。而後，博物學家洪堡德不但對生物地理學奠定了基礎，他還提出人類破壞森林，闢建農場，不但會造成土壤貧瘠，雨水沖刷土壤，甚至會改變微氣候，對後代造成不可預期的衝擊。這些觀點，也讓洪堡德被視為生態學之父與環保主義先驅。

這些都是自然史當中，大家津津樂道的科學家。也是過去我們學習植物學時，老師們會反覆提起的人物與貢獻。但，後來還有一段歷史，我個人覺得更加有趣。

二十世紀初，美國植物學家約翰．威廉．哈什伯格[10]在北歐、北非、北美許多地方研究各地植物的實際用途，並提出了「民族植物學」的概念，研究植物與人類文化之間的關係，包含各民族食物、藥物、宗教儀式當中，植物多元使用情況。而後，《眾神的植物：神聖、具療效和致幻力量的植物》其中一位作者理查．伊文斯．舒爾茲[11]開始研究墨西哥的致幻仙人掌，以及亞馬遜雨林著名的死藤水中所包含的植物，「民族植物學」才廣受重視。

但弔詭的是，植物學最初便是從人類對植物的應用開始發展，不是嗎？不論是古希臘、古印度、古代中國，各地方的植物學發展，起初植物做為食物、藥物、纖維來源，都是民族植物學的範疇啊！林奈也好，洪堡德也罷，也都曾經關注當地原住民使用植物的情況。民族植物學，原本就是植物學家關注的一部份。人類不能沒有植物，植物學家也一定會考慮植物在人類文明中的角色。

如此說來，我們每個人，每天從早上開始，從吃稀飯、饅頭、吐司，喝咖啡、豆漿、奶茶，乃至於抽取衛生紙，就跟植物產生密不可分的連結，就活在民族植物的研究範疇之中而不自覺。

回到最初的命題：「植物學究竟是自然科學還是人文科學？」就我認為，植物學是存在於自然當中的自然科學，也是人類文化中占相當高比例的人文科學。

9 德文：Carl Ludwig Willdenow。｜10 英文：John William Harshberger。｜11 英文：Richard Evans Schultes

# 從餐桌到學術殿堂

植物學迷人之處，在於它既可以是學術殿堂裡最頂尖的學問，也可以是平凡百姓餐桌上的一道料理。

從生態學的角度來看，植物是生產者，人類是消費者，兩者之間的關係原本就密不可分。如果就民族植物學的立場，植物在人類文化中扮演重要角色，無論食衣住行育樂，各方面都無法分割。只是隨著都市化的腳步，人類所面對的都是被加工過後的產品，而非植物本身，以至於多數人往往忽略了植物對於人的意義。

從小，我就處在一個充滿植物的環境，家中長輩熟悉身邊的草木，並在生活中加以應用，耳濡目染下，漸漸熟悉那些青草知識。可是，隨著年紀增長，有很長一段時間，我似乎忘記了這一切。

總是只記得自己從小就夢想著打造一座雨林植物園，只記得從小就特別喜愛自然科學，每天與動植物為伍，多數時間裡除了自然科學，只喜歡聽歷史故事，對人文科學總是興趣缺缺。甚至只記得高中以後開始對生命的意義感到疑惑，接觸了哲學之後，漸漸對宗教學、人類學感到好奇。大學以後，除了原本植物科學各領域，也開始對民族植物學產生濃厚興趣。

這些是開始寫作前，自己喜歡植物、學習植物的記憶。當時，對於植物學跟人類文明之間的關係，總覺得還有一道莫名的關卡未能突破，猶如一道無形的牆卡在心裡。我不知道究竟是什麼原因，只能在心裡跟自己解釋是經驗或年紀所造成。

開始寫作後，我開始不停回想自己過去學習植物科學的點點滴滴。特別是二〇一九年實際前往自幼便嚮往的亞馬遜雨林，在厄瓜多看到了許多從小熟悉的植物，接觸了當地的薩滿與民族植物，喝了傳說中的死藤水。許多早已塵封的幼年記憶突然間跑了出來，赫然察覺自己從小就不斷接受民族植物學的薰陶而不自知。彷彿頓悟了，對於植物學與人文科學之間的連結終於不再有疑惑。而那道莫名的關卡，也隨著尋回失落的記憶後而自動瓦解。

仔仔細細回顧自己過往的經驗，從單

純的接觸、採集、栽培植物開始，植物就是我兒時的玩伴。後來如願進入大學殿堂學習植物科學，對我而言如魚得水。除了上課，下課後我仍不斷學習，企圖翻遍圖書館裡所有植物書籍，企圖認識校園與植物園的所有植物，樂此不疲。

當時自然而然對民族植物產生興趣，想知道植物怎麼應用，想知道更多植物的歷史故事，想知道植物怎麼來到台灣，想知道植物怎麼改變世界。

十年前，原本就特別喜歡熱帶雨林的我，開始著手調查東南亞市場的植物，一一考證佛經植物。彷彿拼上了自己植物研究的最後一塊拼圖。

後來開始寫作，思考著如何引起更多人的興趣，如何讓大家從不同的角度接觸植物；從雨林生態到文化，從台灣歷史到世界植物。這些，都一一成為我寫作的養分。總令我不禁想到亞歷山大·馮·洪堡德說過的名言：「在這條偉大的因果之鏈上，沒有任何事實能被單獨考量。」

後疫情年代，串聯了社群平台，植物以前所未有的方式回到人類生活之中。原本冰冷的植物，突然成為療癒的力量。園藝治療、森林療育、芳香療法，以及諸多自然療法當紅，人們渴望走向自然，藉此獲得壓力釋放。現代人面對種種文明病，內心同時承受許多壓力，渴望尋求自然解方。

當然，我們不能忘記，餐桌、藥鋪、雜貨店、青草巷、夜市、供桌、甚至百貨公司化妝品專櫃，這些場域原本就是植物佔領的地盤，充斥無數植物元素。而疫後興起的植物栽培風潮，一方面藉由植物妝點生活環境，一方面也讓植物從各種不同的實用角色中直接跳脫，成為一種陪伴，「綠色寵物」之名於焉而生。

洪堡德：「只有大事才能激發我們的想像力，但是熱愛自然哲學的人，面對小事也應給予同樣的深思。」由衷希望每一個喜愛閱讀的人，無論是否喜歡植物、喜歡自然療法，都可以打開這本書，跟著胖胖樹的腳步，從身邊不起眼的一草一木，去思考人類與自然的關係，我們究竟想要一個什麼樣的未來世界。

# 原來是植物選擇了我

胖胖樹踏上寫作之路，原本是一個意外。但是這個意外，卻又像是上天刻意的安排。

最初最初，第一次想寫書，起心動念想寫的主題其實是我在台中東協廣場，或是其他東南亞市集認識的各種蔬菜水果香草。但是當時東南亞議題還很冷，我的兩位好朋友知道後大力勸阻，跟我說絕對不會有出版社幫我出，也不會有人想買。於是，這個計劃就暫時在心裡擱著。

直到二〇一七年，摯友與麥浩斯出版社淑貞社長鼓勵下，才開始認真思考究竟想要寫什麼書。當時淑貞社長看出我有很多想說的植物故事，對我說：「不要急，把第一本當作緒論，一本一本慢慢寫，慢慢說清楚。」當時回家想了想，心中設定的便是五本書：緒論、東南亞、南亞、非洲、拉丁美洲。

因為喜歡地理學，起初心裡面設定的就是以地區作為主軸。只是，一開始還不清楚每一本要怎麼寫。只能先動筆，然後邊寫邊構思。

第一本書《看不見的雨林——福爾摩沙雨林植物誌》，我一個下午將大綱生出來。因為那是過去十多年在心裡反覆思考過，究竟「熱帶雨林」植物為何重要的答案。說服自己，也說服別人。書裡每一篇文章的順序，都是不可以調動的，一篇勾出一篇，每一篇都在鋪哏下面的篇章。同時，也藉由第一本書預告了後面東南亞、南亞、非洲、拉丁美洲各本。

第一本書出版前，我每天擔心害出版社賠錢，所以盡了洪荒之力，藉由過去賣房子開發客戶的方式，一天發幾十則訊息、email，請所有人支持。大概發了上千封有吧！很幸運的，一出版就再刷了。至今已經賣了十多刷。

第一本書完成後，編輯跟社長問我下一本要寫什麼，有沒有興趣寫佛經植物。這時候，東南亞議題方興未艾，在一個大雨滂沱，如東南亞午後天氣的日子，我大膽的把原本最初寫作的計畫提出，獲得淑貞社長的支持。

很幸運的，在二〇一九年，台灣開放東南亞移工三十周年的日子，出版了《舌尖上的東協——東南亞美食與蔬果植物誌》，迎來寫作之路的第二個高峰。對我來說，東南亞是離我們最近，卻是大家最陌生的地方。偏偏我們餐桌上，有大量來自東南亞的食材，不論動物或植物。

因為第三本書早就了然於胸，第二本書中我一直在鋪哏，偷偷預告著第三本書。對我來說，想更全面了解東南亞、了解台灣的文化，不能不了解佛教。但是，過去幾乎沒有人好好地說過佛教植物，所以無論多難寫，考證上有多麻煩，我都沒有放棄。

而且，也因為這本書，才知道我跟淑貞社長的緣分，原來從一三年我回台中那年就開始。那年我想回台中，那年她開始四處找人寫佛經植物，但是一直沒有找到合適的人選。沒想到後來我們相識，完成了第三本書《悉達多的花園──佛系熱帶植物誌》。

在第三本書交稿前，非常非常幸運的，在溫佑君老師的邀請下，踏上了從小嚮往的國度厄瓜多。在那裡，我的感官全部被打開了。宗教、醫學、植物學、人類學、歷史學、社會學，乃至於所有學問之間的關係，原本只是書本上的知識，可是在亞馬遜短短幾天的時間，我用自己的身體跟所有感官，理解了這些知識在人類文明中的演進。

於是，回到台灣後，繼續完成了《悉達多的花園》最後一塊拼圖，也開始動筆寫作《被遺忘的拉美──福爾摩沙懷舊植物誌》。把所有原本被我放進鐵盒裡的記憶，全部倒出。

寫作的過程中我很快意識到，對於整個世界來說，當初發現新大陸，開始了地理大發現時代，是為了南亞與東南亞的香料，所以接續在東南亞與南亞之後，必定是拉丁美洲，而不會是地理位置相近的非洲。而台灣連結世界的故事，也因為補上拉丁美洲這塊版圖而完整。

從時間軸來看，非洲，事實上是地理大發現，全球化最後最後的故事。最先，也是最後一塊融入全球化的大陸，是非洲。人類文明從非洲開展，但是人類文明走到今日，也是收在非洲。從文化來看，拉丁美洲之所以成為今日的拉丁美洲，源頭仍是非洲。畢竟當初為了開發美洲大陸，歐洲人帶了太多太多非洲裔前往美洲。雖然每一本書都是「植物誌」，但內容並不只限於植物，反倒像我在新書分享會無數次提到過的，「誌」也可以代表歷史。這五本書是以植物為主角，地理跟歷史為橫軸與縱軸，介紹台灣與東南亞、南亞、拉美、非洲的千絲萬縷。

做為整個系列的緒論，《看不見的雨林——福爾摩沙雨林植物誌》除了介紹膠、油、藥、彩妝、紡織、飲料、香料、水果，生活中看不見卻無所不在的熱帶雨林植物，熱帶雨林的生態，以族群劃分的熱帶植物引進史，也刻意點到後面幾本書要講的主題，包含台灣可見的東南亞香料與市集、佛經植物典故、拉丁美洲與地理大發現、非洲植物與植物學的概念。

《舌尖上的東協——東南亞美食與蔬果植物誌》除了介紹東南亞各國的歷史文化，特色香料與蔬果，台灣各地的東南亞市集與成因。書中一直在鋪佛教哏，目的是寫第三本《悉達多的花園——佛系熱帶植物誌》，把大家拉到南亞，介紹生活中無所不在的佛教典故與植物，如日本動漫、金庸小說、建築等。

在《悉達多的花園》書中刻意介紹阿育吠陀，印度餐桌與植物傳播，以及莫名其妙被當成佛教植物的拉美植物，加上《舌尖上的東協》一直提到地理大發現，是想帶出整個台灣四百年的歷史與《被遺忘的拉美——福爾摩沙懷舊植物誌》。

《被遺忘的拉美》主軸又回到台灣，一方面將地理大發現做了收尾，但是又刻意拉出了民族植物學，加上反覆提到美洲有許多來自非洲的移民，《利未亞的禮物——生活中的非洲植物誌》置於拉美之後便順理成章。

第五本書是胖胖樹一開始設定寫作目標的最後一本。《利未亞的禮物》將帶大家認識更多融入生活、融入文化，大家熟悉的植物。並且藉由這些植物，認識「植物學」這門可以高大上，也可以十分生活化的學問。

仔細看應該會發現，每一本都是前一本的前傳。順著寫歐洲地理大發現與殖民的歷史，但是從一九九〇年代開始倒敘台灣史。像剝洋蔥一樣，一層又一層順序不能調動。

對於我個人來說，寫作也是認識自己的過程。寫第一本書的時候，心裡一直有個說不出口的心情。那麼多國外的書籍，《改變世界的幾種植物》、《影響歷史的幾種植物》之類，但是為什麼從來沒有書告訴我們這些植物究竟改變了台灣什麼，台灣在世界史的角度中究竟是怎麼回事。

這個階段，我一直急切想做的是告訴大家雨林是什麼，跟人類有什麼關係；究竟植物為何重要，台灣為何有那麼多熱帶植物，我的夢想是什麼，究竟我是誰。所有的一切，都是想要對外發聲。

第二第三本書的主題是我學習植物學最後的兩大研究方向與課題。把最後的課題搬到最前面，因為在那當下已經有所體悟，以人為本的敘事方式是有效建立溝通的第一步。人類一開始通常只關心自己，關心對自己有用的事物。所以從吃、從生活的角度切入東南亞，讓美食，替我聚集更多的讀者與聽眾。

只有當人遇到挫折，才有機會進入宗教的範疇，尋找心靈寄託。所以，第三本書應運而生。在此之後，人會開始回憶，開始尋找自己、認識自己。這時候，大量的童年「記憶」會先被找回，於是有了第四本以懷舊為主題的書。

最後的最後，人會真正的理解自己，了解我之為我的原因，了解究竟為什麼自己會是現在這個樣子。透過第四本的寫作，重新，也從心認識自己。原來，是植物形塑了我的一生，原來，自己從出生就一直一直沉浸在民族植物學的範疇之中。

第五本書，在重新認識自己後，回頭來看植物學，藉由自己的學習經驗，分享個人目前所理解植物與人類文化，乃至於人類文明發展歷程的關係。

記得第一本書出版時，我跟另外一位摯友在榮星花園聊天，跟他約定好，也跟自己約定好，無論寫作多麼辛苦，一定要完成這五本書。五年多過去，第五本書即將付梓。對我來說，一方面是達成對自己的承諾，一方面也是完成胖胖樹熱帶植物整個系列。是值得開心之事。

想藉由每一本書，說一個關於植物與人類，還有台灣與世界的大歷史。不斷不斷的告訴大家，植物對人類文明的重要性，透過每一本書的架構，讓大家看見台灣與世界的連結。最後回歸最初，說一說我自己學習植物的歷程，希望有助於大家學習植物科學，並藉此了解，為何植物是上天給人類的「禮物」。

過去，總覺得是我選擇學習植物，但是隨著年紀增長，漸漸相信，不是我選擇了植物，而是植物選擇了我。我替植物說故事，植物改變了我的一生。對我來說，植物也是上天給我最美的「禮物」。

非常感謝老天爺，替我安排了人生中無數的環節，也安排我完成了這偌大的工程。如果非要留下什麼文字給這個世界，或許就是這五本書所想表達的故事與一點點的個人觀點吧！

| 分布 | | | | | 氣候或生態 | | | |
|---|---|---|---|---|---|---|---|---|
| 西非 | 中非 | 東非 | 南非 | 印度洋 | 地中海 | 沙漠 | 草原 | 森林 |
| | | | | | | | ● | |
| | | | | | ● | | | |
| | | | | | ● | | | |
| | | | | | ● | | | |
| | | | | | ● | | | |
| | | | | | ● | | | |
| ● | ● | ● | | | | ● | ● | |
| | | ● | | | | | | ● |
| | | ● | | | | | | ● |
| ● | ● | ● | ● | ● | | | ● | ● |
| | | ● | | | | | | ● |
| ● | ● | ● | | | | | ● | |
| | | ● | | | | | ● | |
| | | ● | | | | | ● | |
| ● | ● | ● | | | | | ● | ● |
| ● | | | | | | | ● | |
| | ● | | | | | | | ● |
| ● | | | ● | | | | | ● |
| ● | ● | ● | | | | | | ● |
| ● | ● | ● | | | | | | ● |
| | | | ● | | ● | | | |
| | | | ● | | | | ● | ● |

| 章節 | 中名 | 用途 | | | | |
| --- | --- | --- | --- | --- | --- | --- |
| | | 食用 | 藥用 | 觀賞 | 其他 | 北非 |
| 1、2、3、11 | 西瓜 | ● | ● | | | ● |
| 1、2、9、11 | 迷迭香 | ● | ● | ● | | ● |
| 2、12 | 油橄欖 | ● | ● | ● | | ● |
| 2 | 月桂 | ● | ● | ● | | ● |
| 1、2、8、11、12 | 茴香 | ● | ● | | | ● |
| 2、8、11 | 蒔蘿 | ● | ● | | | ● |
| 3、11 | 沙漠玫瑰 | | ● | ● | | |
| 3、4、8 | 裂瓣朱槿 | | ● | ● | | |
| 3、11 | 非洲鳳仙花 | | | ● | | |
| 1、3 | 輪傘莎草 | | ● | ● | | ● |
| 3 | 阿拉比卡咖啡 | ● | ● | ● | | |
| 1、3、4、12 | 高粱 | ● | ● | | ● | |
| 1、3、8、11、13 | 葫蘆 | ● | ● | ● | | |
| 3、6、11 | 蓖麻 | | ● | ● | ● | |
| 3、10 | 猢猻木 | ● | ● | ● | | |
| 3、4 | 豇豆 | ● | ● | | | |
| 4 | 幸運竹 | | | ● | | |
| 3、4、8 | 美鐵芋 | | | ● | | |
| 4、8 | 羅非亞椰子 | | ● | ● | ● | |
| 4、8、10、11 | 火焰木 | | ● | ● | ● | |
| 5 | 防蚊樹 | | ● | ● | | |
| 5 | 天堂鳥蕉 | | | ● | | |

| 分布 | | | | | 氣候或生態 | | | |
|---|---|---|---|---|---|---|---|---|
| 西非 | 中非 | 東非 | 南非 | 印度洋 | 地中海 | 沙漠 | 草原 | 森林 |
| | | | ● | | | | ● | ● |
| ● | ● | ● | ● | ● | | | ● | ● |
| | | | | | ● | | | |
| | | | | ● | | | ● | ● |
| | | | | ● | | | ● | |
| | | | | ● | | | ● | |
| | | | | ● | | | ● | ● |
| | | | | ● | | | | ● |
| | | ● | ● | ● | | | ● | |
| | | | | ● | | | ● | ● |
| | | | | ● | | | ● | ● |
| | | | | ● | | | ● | |
| ● | ● | ● | | | | | | ● |
| ● | ● | | | | | | | ● |
| ● | ● | | | | | | | ● |
| | | ● | | ● | | | | ● |
| | | | | ● | | | | ● |
| ● | ● | ● | ● | | | | | ● |
| ● | ● | ● | ● | | | | ● | ● |
| | | ● | ● | | | | | ● |
| | | ● | ● | | | | ● | ● |
| ● | ● | | | | | | ● | ● |

| 章節 | 中名 | 用途 | | | | 北非 |
|---|---|---|---|---|---|---|
| | | 食用 | 藥用 | 觀賞 | 其他 | |
| 1、5、11 | 海芋 | | ● | ● | | |
| 5、11 | 昭和草 | ● | ● | | | |
| 2、5 | 茼蒿 | ● | ● | ● | | ● |
| 6 | 長春花 | | ● | ● | | |
| 6 | 酒瓶椰子 | | | ● | ● | |
| 6 | 棍棒椰子 | | | ● | | |
| 1、6 | 羅望子 | ● | ● | ● | ● | |
| 1、4、6、8、9、11 | 鳳凰木 | | ● | ● | ● | |
| 6、11 | 綠珊瑚 | | ● | ● | ● | |
| 4、5、6、8 | 旅人蕉 | | | ● | | |
| 6、11、12 | 麒麟花 | | ● | ● | | |
| 6、8 | 長壽花 | | | ● | | |
| 8 | 香龍血樹 | | | ● | | |
| 8 | 星點木 | | | ● | | |
| 8、9 | 油點木 | | | ● | | |
| 4、8 | 百合竹 | | | ● | | |
| 8 | 紅邊竹蕉 | | | ● | | |
| 8 | 吊蘭 | | ● | ● | | |
| 8 | 火球花 | | ● | ● | | |
| 8 | 文竹 | | ● | ● | | |
| 8 | 武竹 | | | ● | | |
| 1、8 | 虎尾蘭 | | ● | ● | ● | |

| 分布 | | | | | 氣候或生態 | | | |
|---|---|---|---|---|---|---|---|---|
| 西非 | 中非 | 東非 | 南非 | 印度洋 | 地中海 | 沙漠 | 草原 | 森林 |
| | | | | ● | | | ● | |
| | | | | | ● | | | |
| | | | | ● | | | | ● |
| ● | ● | | | | | | ● | |
| | | ● | | | | | ● | ● |
| ● | ● | ● | ● | | | | ● | ● |
| ● | ● | ● | | | | | | ● |
| ● | ● | | | | | | | ● |
| ● | ● | | | | | | | ● |
| | | ● | | | | ● | | |
| ● | ● | | | | | | | ● |
| ● | ● | | | | | | | ● |
| | | ● | | ● | | | | ● |
| ● | ● | ● | | | | | | ● |
| | | | | ● | | | | ● |
| ● | ● | ● | | | | | | ● |
| | | | | ● | | | | ● |
| ● | ● | ● | | | | | | ● |
| | | | | ● | | | | ● |
| | | ● | ● | | | | ● | |
| ● | ● | ● | ● | | | | ● | ● |

| 章節 | 中名 | 用途 | | | | |
|---|---|---|---|---|---|---|
| | | 食用 | 藥用 | 觀賞 | 其他 | 北非 |
| 8、9 | 落地生根 | | ● | ● | | |
| 2、8 | 芹菜 | ● | ● | | | ● |
| 6、8 | 紅刺露兜樹 | | | ● | ● | |
| 1、8、11 | 洛神 | ● | ● | ● | ● | |
| 8、12 | 甜瓜 | ● | ● | | | |
| 8、10、11 | 臘腸樹 | | | ● | | |
| 1、4、10 | 油椰子 | ● | ● | ● | ● | |
| 10 | 大水榕 | | | ● | | |
| 10 | 小水榕 | | | ● | | |
| 3、10 | 神聖乳香 | | ● | ● | | |
| 10 | 提琴葉榕 | | | ● | | |
| 10 | 愛心榕 | | | ● | | |
| 11 | 圓盾鹿角蕨 | | | ● | | |
| 11 | 象耳鹿角蕨 | | | ● | | |
| 11 | 愛麗絲鹿角蕨 | | | ● | | |
| 11 | 三角鹿角蕨 | | | ● | | |
| 11 | 非洲猴腦鹿角蕨 | | | ● | | |
| 8、11 | 網紋芋 / 非洲面具 | | | ● | | |
| 8、11 | 大彗星風蘭 | | | ● | | |
| 5、11 | 帝王魔星花 | | | ● | | |
| 8、11 | 苦瓜 | ● | ● | | | |

# 參考文獻

A. Van Voorst & J. C. Arends, 1982. The origin and chromosome numbers of cultivars of *Kalanchoe blossfeldiana* VON POELLN.: Their history and evolution. Euphytica volume 31:573-584.

Ambra Edwards，The Plant-Hunter's v Atlas: A World Tour of Botanical Adventures, Chance Discoveries and Strange Specimens。楊詠翔譯，2022。改變世界的植物採集史：18～20世紀的植物獵人如何踏遍全球角落，為文明帝國注入新風貌（初版）。墨刻。

Anita S. WaghSantosh, Santosh Butle, 2018. PLANT PROFILE, PHYTOCHEMISTRY AND PHARMACOLOGY OF SPATHODEA CAMPANULATA P. BEAUVAIS (AFRICAN TULIP TREE): A REVIEW.International Journal of Pharmacy and Pharmaceutical Sciences 10(5): P1-6.

Antonello Paparella, Bhagwat Nawade, Liora Shaltiel-Harpaz and Mwafaq Ibdah, 2022. A Review of the Botany, Volatile Composition, Biochemical and Molecular Aspects, and Traditional Uses of *Laurus nobilis*. Plants 2022, 11(9)： 1209.

Barto EK, Hilker M, Müller F, Mohney BK, Weidenhamer JD and Rillig MC., 2011. The fungal fast lane: common mycorrhizal networks extend bioactive zones of allelochemicals in soils. PLoS One.6(11):e27195.

C. Aruna, K.B.R.S. Visarada, B. Venkatesh Bhat, Vilas A. Tonapi edit, 2018. Breeding *Sorghum* for Diverse End Uses, A volume in Woodhead Publishing Series in Food Science, Technology and Nutrition. Elsevier Ltd.

Cassandra Leah Quave，The Plant Hunter: A Scientist's Quest for Nature's Next Medicines。駱香潔譯，2022。我的尋藥人生：從病房到雨林島嶼，一位民族植物學家探尋自我、採集新藥的不尋常之旅（初版）。臉譜。

Ch. Dabonneville, 2011. Philibert Commerson et Jeanne Barret, un couple hors du commun. La Garance voyageuse N94:12-18.

Chang-Hung Chou & Lih-Ling Leu, 1992. Allelopathic substances and interactions of *Delonix regia* (Boj) Raf. Journal of Chemical Ecology volume 18: P2285–2303.

Christine Ro, 2019. Why 'plant blindness' matters — and what you can do about it. BBC NEWS.

Christopher W. Dick, Eldredge Bermingham, Maristerra R Lemes, Rogério Gribel, 2007. Extreme long-distance dispersal of the lowland tropical rainforest tree *Ceiba pentandra* L. (Malvaceae) in Africa and the Neotropics. Molecular Ecology 16(14):3039-49.

Clarke, Andrew C.; Burtenshaw, Michael K.; McLenachan, Patricia A.; Erickson, David L.; Penny, David., 2006. Reconstructing the Origins and Dispersal of the Polynesian Bottle Gourd (*Lagenaria siceraria*). Molecular Biology and Evolution. 23 (5): 893–900.

David George Haskell，Thirteen Ways to Smell a Tree: Getting to Know Trees through The Language of Scent。陳錦慧譯，2022。嗅聞樹木的十三種方式：從氣味的語言了解樹木（初版）。商周出版。

DK編輯部，Flora: Inside the Secret World of Plants。顧曉哲譯，2020。FLORA英國皇家植物園最美的植物多樣性圖鑑：深入根莖、貼近花果葉，發現生命演化的豐富內涵（初版）。積木文化。

Drew, Bryan T.; González-Gallegos, Jesús Guadalupe; Xiang, Chun-Lei; Kriebel, Ricardo; Drummond, Chloe P.; Walker, Jay B.; Sytsma, Kenneth J., 2017. Salvia united: The greatest good for the greatest number. Taxon. 66 (1): 133.

Elisabetta Illy, Aroma of the World: A Journey into the Mysteries and Delights of Coffee. 方淑惠譯，2013。喚醒世界的香味：一趟深入咖啡地理、歷史與文化的品味之旅（初版）。大石國際文化。台北。

Eng Soon Teoh, M.D., 2015. Secondary Metabolites of Plants. Medicinal Orchids of Asia. Nov 5 :P59–73.

Erickson, D. L; Smith, B. D; Clarke, A. C; Sandweiss, D. H; Tuross, N., 2005. An Asian origin for a

10,000-year-old domesticated plant in the Americas. Proceedings of the National Academy of Sciences. 102 (51): 18315–20.

Fowler A, Koutsioni Y, Sommer V., 2007. Leaf-swallowing in *Nigerian chimpanzees*: evidence for assumed self-medication. Primates 48: P73–76.

Gary Paul Nabhan, Cumin, Camels, and Caravans: A spice Odyssey。呂奕欣譯，2017。香料漂流記：孜然、駱駝、旅行商隊的全球化之旅（初版）。麥田。

Horng-Jye Su, 2001. PLANT GEOGRAPHY Version 3.3. Dept. of Forestry, National Taiwan University. Taipei.

Ira A. Herniter, María Muñoz-Amatriaín, Timothy J. Close, 2020. Genetic, textual, and archeological evidence of the historical global spread of cowpea (*Vigna unguiculata* [L.] Walp.).Legume Science Volume2, Issue4.

Jacob Solomon Raju Aluri, Venkata Ramana Kunuku, Prasada Rao Chappidi, Prasad K B Jeevan, 2020. Pollination Ecology of *Hibiscus tiliaceus* L. (Malvaceae), an Evergreen Tree Species Valuable in Coastal and Inland Eco-Restoration. Transylvanian Review of Systematical and Ecological Research 22(2): 47-56.

Jonathan Drori，Around the World in 80 Trees。杜蘊慧譯，2020。環遊世界八十樹（初版）。天培。

Josef H. Reichholf, Regenwälder：Ihre bedrohte Schönheit und wie wir sie noch retten können。 鐘寶珍譯，2022。熱帶雨林：多樣、美麗而稀少的熱帶生命（初版）。日出出版。

Kistler, Logan; Montenegro, Álvaro; Smith, Bruce D.; Gifford, John A.; Green, Richard E.; Newsom, Lee A.; Shapiro, Beth, 2014. Transoceanic drift and the domestication of African bottle gourds in the Americas. Proceedings of the National Academy of Sciences. 111 (8): 2937–2941.

Lawrence James，Empires in the Sun: The Struggle for the Mastery of Africa。鄭煥昇譯，2018。烈日帝國：非洲霸權的百年爭奪史1830-1990（初版）。馬可孛羅。

Luciano B. Mason, Melissa Setter, S.D. Setter, Thomas Hardy and M.F. Graham, 2008. Ocean dispersal modelling for propagules of pond apple (*Annona glabra* L.). Sixteenth Australian Weeds Conference: P519-521.

Mansour Miran, Keyvan Amirshahrokhi, Yousef Ajanii, Reza Zadali, Maxwell W. Rutter, Ayesheh Enayati and Farahnaz Movahedzadeh, 2022. Taxonomical Investigation, Chemical Composition, Traditional Use in Medicine, and Pharmacological Activities of *Boswellia sacra* Flueck. Evidence-Based Complementary and Alternative Medicine.

Melvin Calvin, 1980. Hydrocarbons from plants: Analytical methods and observations. Naturwissenschaften volume 67: P525-533.

Molles, M.C., Ecology：Concepts and Applications （2e）. 金恆鑣等譯，2002。生態學：概念與應用（初版）。麥格羅希爾。台北。

Morrogh-Bernard HC, Foitová I, Yeen Z, Wilkin P, de Martin R, Rárová L, Doležal K, Nurcahyo W, Olšanský M., 2017. Self-medication by orang-utans (*Pongo pygmaeus*) using bioactive properties of Dracaena cantleyi. Sci Rep.7(1):16653.

N. Guerrero Maldonado, M. J. López, G. Caudullo, D. de Rigo, 2016. *Olea europaea* in Europe: distribution, habitat, usage and threats. European Atlas of Forest Tree Species.

Nivo Rakotoarivelo, Aina Razanatsima1, Fortunat Rakotoarivony1, Lucien Rasoaviety, Aro Vonjy Ramarosandratana, Vololoniaina Jeannoda, Alyse R Kuhlman, Armand Randrianasolo and Rainer W Bussmann, 2014. Ethnobotanical and economic value of *Ravenala madagascariensis* Sonn. in Eastern

Madagascar. Journal of Ethnobiology and Ethnomedicine 10(57).

Oliwa, J., Kornas, A. & Skoczowski, 2016. A. Morphogenesis of sporotrophophyll leaves in *Platycerium bifurcatum* depends on the red/far-red ratio in the light spectrum. Acta Physiol Plant 38, 247.

Patrick Roberts, JUNGLE：How Tropical Forests Shaped the World–and Us。吳國慶譯，2022。叢林：關於地球生命與人類文明的大歷史（初版）。鷹出版。

Pavaphon Supanantananont,Foliage Plantsไม้ใบ。楊侑馨、阿懶譯，2021。觀葉植物圖鑑：500種風格綠植栽培指南（初版）。麥浩斯。

Peter A. Thomas, 2014. Trees: Their Natural History (2nd edition). Cambridge University Press.

Peter H. Raven, Ray F. Evert, Susan E. Eichhorn, 1998. Biology of Plants 6th edition. W. H. Freeman and Company Worth Publishers.

Renner, Suzanne, 2020. Bitter gourd from Africa expanded to Southeast Asia and was domesticated there: A new insight from parallel studies. PNAS. 117 (40): 24630–24631.

Richard Evans Schultes, Albert Hofmann, Christian Rätsch，Plant of the GODS: Their Sacred, Healing, and Hallucinogenic Powers。金恆鑣譯，2010。眾神的植物：神聖、具療效和致幻力量的植物（初版）。商周。

Roger S Seymour, Erika Maass, Jay F Bolin, 2009. Floral thermogenesis of three species of *Hydnora* (Hydnoraceae) in Africa. Ann Bot 104(5):823-32.

Rut, G., Krupa, J., Miszalski, Z. et al., 2008. Crassulacean acid metabolism in the epiphytic fern *Patycerium bifurcatum* . Photosynthetica 46, 156–160.

S Patiño, J Grace, H Bänziger, 2000. Endothermy by flowers of *Rhizanthes lowii* (Rafflesiaceae). Oecologia 124(2):149-155.

S.D. Johnson, A. Jürgens, 2010. Convergent evolution of carrion and faecal scent mimicry in fly-pollinated angiosperm flowers and a stinkhorn fungus. South African Journal of Botany Volume 76 Issue 4: P796-807.

San-Miguel-Ayanz, J., de Rigo, D., Caudullo, G., Houston Durrant, T., Mauri, A., 2016. European Atlas of Forest Tree Species. Publication Office of the European Union, Luxembourg.

Santacruz-García AC, Bravo S, del Corro F, García EM, Molina-Terrén DM, Nazareno MA., 2021. How Do Plants Respond Biochemically to Fire? The Role of Photosynthetic Pigments and Secondary Metabolites in the Post-Fire Resprouting Response. Forests. 12(1): P56.

Sharman Apt Russell, Anatomy of a Rose: Exploring the Secret Life of Flowers. 鍾友珊譯，2022。花朵的祕密生命：解剖一朵花的美、自然與科學（五版）。貓頭鷹。

Song YY, Zeng RS, Xu JF, Li J, Shen X and Yihdego WG., 2010. Interplant communication of tomato plants through underground common mycorrhizal networks. PLoS One.5(10):e13324.

Suzanne Simard, Finding the Mother Tree: Discovering the Wisdom of the Forest. 謝佩妏譯，2020。尋找母樹：樹聯網的祕密（初版）。大塊文化。

Suzanne Simard, Kevin J. Beiler, Marcus A. Bingham, Julie R Deslippe, Leanne J. Philip and Francois Teste. 2012. Mycorrhizal networks: Mechanisms, ecology and modelling. Fungal Biology Reviews 26(1):P39-60.

Tahiry Ranaivoson, Katja Brinkmann, Bakolimalala Rakouth, Andreas Buerkert, 2015. Distribution, biomass and local importance of tamarind trees in south-western Madagascar. Global Ecology and Conservation Volume 4: P14-25.

Teixeira Sde P, Borba EL, Semir J., 2004. Lip anatomy and its implications for the pollination mechanisms of *Bulbophyllum* species (Orchidaceae). Ann Bot 93(5):499-505.

YanYan Zhao, Annalisa Cartabia, Ismahen Lalaymia, and Stéphane Declerck, 2022. Arbuscular mycorrhizal fungi and production of secondary metabolites in medicinal plants. Mycorrhiza 32(3-4): 221–256.

小林智洋、山東智紀，世界のふしぎな木の図鑑。盧姿敏譯，2022。有趣到不可思議的樹木果實圖鑑：300種果實驚人的機能美和造形美，前所未有的鑑賞級寫真（初版）。遠流。

中華民國荒野保護協會，2021。東馬婆羅洲熱帶雨林：崩落的野生物天堂（初版）。書林出版。

尤次雄，2003。探索台灣香草產業的過去、現在與未來。休閒作物資源之開發與應用研討會專刊：P21-36。農委會花蓮區農業改良場。

尤次雄，2018。Herbs香草百科：品種、栽培與應用全書（二版）。麥浩斯。

王博群、吳宗賢、趙淑妙，2021。正本溯源——生物親緣演化樹的脈理和論戰。

王毓華、鄧汀欽、余志儒，2009。西瓜栽培管理。興大農業71期：P7-15。中興大學農業推廣中心。

王瑞閔，2018。看不見的雨林——福爾摩沙雨林植物誌：漂洋來台的雨林植物，如何扎根台灣，建構你我的歷史文明、生活日常（初版）。麥浩斯。

王瑞閔，2019。舌尖上的東協——東南亞美食與蔬果植物誌：既熟悉又陌生，那些悄然融入台灣土地的南洋植物與料理（初版）。麥浩斯。

王瑞閔，2020。悉達多的花園——佛系熱帶植物誌：日常中的佛教典故、植物園與花草眾相（初版）。麥浩斯。

王瑞閔，2021。被遺忘的拉美——福爾摩沙懷舊植物誌：農村、童玩、青草巷，我從亞馬遜森林回來，追憶台灣鄉土植物的時光（初版）。麥浩斯。

王義仲、林志欽、王力平、黃曜謀等，2005。竹子湖地區自然與人文資源細部調查。內政部營建署陽明山國家公園管理處委託研究報告。

王裕文，2010。台灣咖啡歷史、現況與展望。臺大農業推廣通訊雙月刊82期。

王禮陽，1994。台灣果菜誌（初版）。時報。

吳國政、方怡丹，2012。臺灣西瓜產業發展現況。 農政與農情第242期。

吳雪月，2006。臺灣新野菜主義（初版）。天下文化。

吳道子、花草生信心，2014。招財盆栽：不懂風水、不是綠手指也能馬上征服的風水植栽圖解全攻略（再版）。廣毅文化創意有限公司。

吳劍明，2013。老兵小孩高粱情。金門日報。

吳聰敏，2003。台灣經濟發展史。

吳聰敏，2023。台灣經濟四百年（初版）。春山出版。

呂長澤、莊貴竣、鄭杏倩, 2017。蘭的10個誘惑：透視蘭花的性吸引力與演化奧祕（初版）。遠流。

李佳芳，2020。彰化田尾特有仙人掌地景！仙人掌、書店與多肉的神秘貿易。《LaVie》2020年3月號。

李振良，唐代對東非的記載—從杜環和段成式的記載看唐代人對東非的認識。

李瑞宗，2012。沉默的花樹：台灣的外來景觀植物[軟精裝]（初版）。行政院農業委員會林業試驗所。

沈百奎、鄧汀欽、余志儒、林俊義，2002。西瓜栽培管理。行政院農業委員會農業試驗所特刊103號。行政院農業委員會農業試驗所。

沈孟穎，2005。咖啡時代：台灣咖啡館百年風騷（初版）。遠足文化。

林正文，2017。當台灣咖啡館密度超過巴黎 黑金風潮 商機無窮。食力雜誌。

林炳炎，2020。竹腰會社的南進與第六海軍燃料廠生質燃料的原料。竹塹文獻雜誌第70期：「微觀：六燃．新光社」：P53-82。新竹市文化局。

林炳炎，2020。第六海軍燃料廠新竹施設的一些殘跡。竹塹文獻雜誌第70期：「微觀：六燃．新光社」：P9-52。新竹市文化局。

邱建一，2021。西瓜竟源自非洲　消暑聖品背後的「千年祕史」。

邱蕙瑜、鄭勝華, 2009。陽明山竹子湖地區農業類型變遷歷程與轉型機制。華岡地理學報vol.23：P57-84。

施俞安，2021。臺灣高粱產業發展與展望概述。臺中區農業專訊第113期：P13-16。臺中區農業改良場。

夏洛特，2009。我的雨林花園（初版）。商周。

夏洛特，2009。雨林植物觀賞與栽培圖鑑（初版）。商周。

孫冠花，아름다운 생활공간을 위한 분식물 디자인。李靜宜、莊曼淳譯，2022。全球園藝美學盆栽聖經（權威新訂版）：千幅圖表示範，園藝博士30年密技，創造全綠氧空間（初版）。方言文化。

翁世豪，2014。台灣咖啡育種先驅-田代安定與恆春熱帶植物殖育場。茶葉專訊90期。

翁世豪、劉千如。臺灣咖啡簡史。行政院農業委員會茶業改良場網站（https://www.tres.gov.tw/view.php?catid=1488）。

高瑞卿、伍淑惠、張元聰，2010。台灣海濱植物圖鑑（初版）。晨星。

張文亮，2011。聖經與植物：從聖經看見上帝奇妙的創造（初版）。青橄欖。

張正衡、石易平，2011。百年的苦與甜：台灣的咖啡身世。人籟論辨月刊第 201106 期。

張治國，2005。台灣盆花產業現況與發展方向。農政與農情153期。

張隆仁，1995。高粱。台灣農家要覽。豐年社。

張隆仁、黃勝忠，1995。臺灣高粱品種改良之成就與展望。臺灣省農業試驗所專刊49號——雜糧作物生產技術改進研討會專刊：P125-133。臺灣省臺中區農業改良場。

張源修、邱譯萱，2011。以風水觀點探討植栽於空間設計之研究。明道學術論壇7(2)：P3-32。

章錦瑜，1990。最新室內觀賞植物（初版）。淑馨。

郭力昕，1991。一位布希人在台灣。天下雜誌122期。

郭華仁、蔡元卿，2006。栽培植物的命名。台灣之種苗(85)：P15-19。

陳宛茜，2005。台灣史上 不能錯過的咖啡館。聯合報。

陳昱安，2017。臺灣水稻田轉作政策之思維演變。農政與農情第301期。

陳柔縉，2008。發現台灣第一家咖啡店。思想（8）後解嚴台灣文學（初版）。聯經出版公司。

陳省吾，2018。清代台灣蔬菜的引進與利用。東海大學歷史學系碩士論文。

陳根旺，2017。從花卉拍賣市場看臺灣花卉消費需求。農業試驗所特刊第204號：花卉生活應用研討會專刊：P1-20。農業試驗所。

陳敏郎，1999。一句「茼蒿」值一億元。今周刊。

陳淑美，1998。隨我走天涯——旅遊文學正發燒。台灣光華雜誌。

陳德順、胡大維，1976。台灣外來觀賞植物名錄（初版）。作者自行出版。

彭鏡毅，2012。植物學百科圖典（二版）。貓頭鷹。

游永福，2019。尋找湯姆生：1871臺灣文化遺產大發現（初版）。遠足文化。

游旨价，2020。通往世界的植物：臺灣高山植物的時空旅史（初版）。春山出版。

紫鷸，有著非洲血統的富貴竹，怎麼就成為了東方的神秘力量？物種日曆（https://read01.com/Rn342ko.html）。

黃國棟，2020。國內盆花市場現況與未來發展趨勢。花卉研討專刊。社團法人中華盆花發展協會。

傳田哲郎，2015。隱藏在草海桐果實與花中的秘密。林業研究專訊 Vol. 22 No. 6：P22-28。

楊致福，1951。台灣果樹誌（初版）。台灣省農業試驗所嘉義試驗分所。

楊益，2021。你一定想看的非洲史（初版）。海鷹文化。

楊雅淨、傅仰人，2015。長壽花品種‘桃園3號-紅妃’及‘桃園4號-橘兒’之育成。桃園區農業改良場研究彙報78：1-13。

楊藹華，2014。高粱栽培與管理。台南區農業專訊第87期：P7-11。臺南區農業改良場。

溫珮妤，2003。唐先生的破花瓶掀起戰事。Cheers雜誌第35期。

葉怡蘭，2007。輕啖地中海養生精華。遠見雜誌。

劉棠瑞、蘇鴻傑，1983。森林植物生態學（初版）。台灣商務。台北。

劉維正，2022。切盆花商情報導。花汛報導。台北花卉產銷股份有限公司。

稻垣榮洋，怖くて眠れなくなる植物学。黃薇嬪譯，2019。圖解恐怖怪奇植物學（初版）。奇幻基地。

蔡孟穎、范綱祐、許毓純，2022。植物界的孔明借東風—風力傳播的花粉多樣性。2022 臺灣博物季刊153 41卷第1期：P 40-49。

鄭元春，1988。台灣的常見野花——最常見篇（初版）。渡假。

鄭元春，1993。神奇的多用途植物圖鑑（初版）。綠生活雜誌。

鄭元春，1997。台灣的常見野花——新增篇（初版）。渡假。

鄭仲良，2019。《獅子王》電影中的植物（上）：辛巴家鄉的稀樹草原。國語日報科學版。

鄭仲良，2019。《獅子王》電影中的植物（下）：彭彭與丁滿的花草樂園。國語日報科學版。

鄭旭凱，2006。麻花馬拉巴栗 風靡全球。自由時報。

鄭怡婷、朱建鏞，2009。重瓣長壽花之育種。興大園藝（Horticulture NCHU）34(3):41-54。

魯志玉，2011。刺竹、綠珊瑚與林投—早期臺灣聚落防衛植物的生態特性與施種情形。臺灣博物第110期：P48-51。國立臺灣博物館。

應紹舜，1992。台灣高等植物彩色圖誌第四卷（初版）。作者自行出版。

應紹舜，1993。台灣高等植物彩色圖誌第二卷（二版）。作者自行出版。

應紹舜，1995。台灣高等植物彩色圖誌第五卷（初版）。作者自行出版。

應紹舜，1996。台灣高等植物彩色圖誌第三卷（二版）。作者自行出版。

應紹舜，1998。台灣高等植物彩色圖誌第六卷（初版）。作者自行出版。

應紹舜，1999。台灣高等植物彩色圖誌第一卷（三版）。作者自行出版。

韓學宏，2021。試釋臺灣詩文當中「珊瑚」與「鐵樹」的名稱混用。長庚人文社會學報14(2):P149-178。

顏健富，2022。穿梭黑暗大陸：晚清文人對於非洲探險文本的譯介與想像（初版）。國立臺灣大學出版中心。

# 利未亞的禮物
## ——生活中的非洲植物誌

給大人的植物學，來自非洲大陸的植物學啟蒙

作　　者　胖胖樹 王瑞閔
美術設計　Bianco_Tsai
內頁編排　關雅云
插圖繪製　胖胖樹 王瑞閔

社　　長　張淑貞
總 編 輯　許貝羚
行銷企劃　呂玠蓉

發 行 人　何飛鵬
事業群總經理　李淑霞
出　　版　城邦文化事業股份有限公司 麥浩斯出版
地　　址　104 台北市民生東路二段 141 號 8 樓
電　　話　02-2500-7578
傳　　真　02-2500-1915
購書專線　0800-020-299

發　　行　英屬蓋曼群島商家庭傳媒股份有限公司城邦分公司
地　　址　104 台北市民生東路二段 141 號 2 樓
電　　話　02-2500-0888
讀者服務電話　0800-020-299（9:30AM~12:00PM；01:30PM~05:00PM）
讀者服務傳真　02-2517-0999
讀者服務信箱　csc@cite.com.tw
劃撥帳號　19833516
戶　　名　英屬蓋曼群島商家庭傳媒股份有限公司城邦分公司

香港發行　城邦〈香港〉出版集團有限公司
地　　址　香港灣仔駱克道 193 號東超商業中心 1 樓
電　　話　852-2508-6231
傳　　真　852-2578-9337
Email　hkcite@biznetvigator.com

馬新發行　城邦（馬新）出版集團 Cite (M) Sdn Bhd
地　　址　41, Jalan Radin Anum, Bandar Baru Sri Petaling, 57000 Kuala Lumpur, Malaysia.
電　　話　603-9056-3833
傳　　真　603-9057-6622
Email　services@cite.my

製版印刷　凱林印刷事業股份有限公司
總 經 銷　聯合發行股份有限公司
地　　址　新北市新店區寶橋路 235 巷 6 弄 6 號 2 樓
電　　話　02-2917-8022
傳　　真　02-2915-6275

版　　次　初版一刷 2023 年 9 月
定　　價　新台幣 680 元／港幣 227 元



利未亞的禮物 : 生活中的非洲植物誌 : 給大人的植物學 , 來自非洲大陸的植物學啟蒙 / 胖胖樹王瑞閔著 . -- 初版 . -- 臺北市 : 城邦文化事業股份有限公司麥浩斯出版 : 英屬蓋曼群島商家庭傳媒股份有限公司城邦分公司發行 , 2023.09
面 ;　公分
ISBN 978-986-408-954-3( 平裝 )
1.CST: 植物志 2.CST: 非洲
375.26　112010710

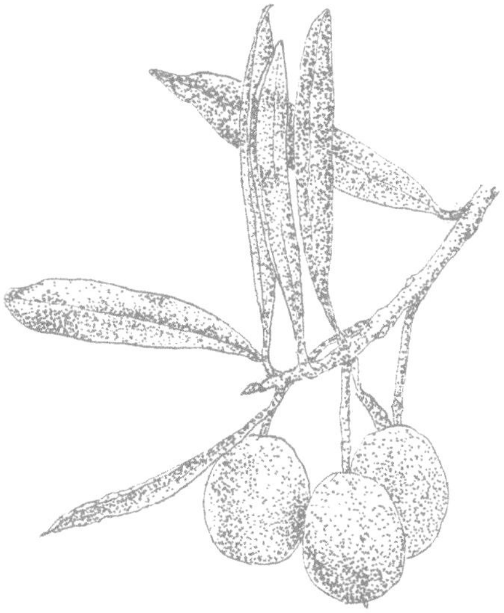